29 janv travail parafine — Vide — 1 jour après

Violent 2000 — 13c

---

30 janv

petite bouchée paraffine et trav dans flacon bouché émeri — 24 heures app (0)

dedans — 2 kg 9
dehors — 2 " 3

Vide — golaz

golaz même appareil vide
dehors 900 — 20
dedans 900 24

mouvement propre 900 — 34..

à Ivri à même corps très actif appauvrissant pas de petites reviennent app. ordinaire

---

paraffine — 1 janv

pas de petites revenues

avec gauze

ap. n° 1 dedans 900 14"
ap. n° 1 dehors 900 25"

mouv. propre — rien

impossible. Nous. petites petites

ビジュアル

美しい元素の歴史図鑑

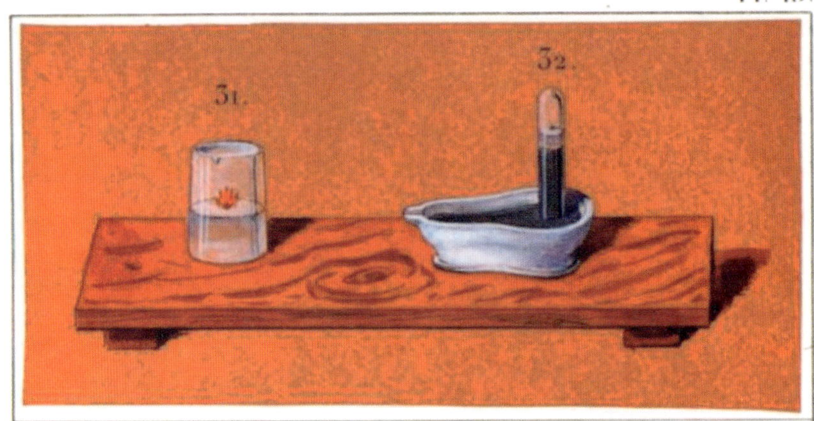
31.
32.

33.
34.

35.

ビジュアル

美しい元素の歴史図鑑

フィリップ・ボール 著
若林文高 監修
武井摩利 訳

創元社

[著者]フィリップ・ボール(Philip Ball)

オックスフォード大学で化学の学位を取得した後、ブリストル大学で物理学の博士号を取得。20年以上『ネイチャー』誌の編集者を務めた。科学ジャーナリストとして『ニュー・サイエンティスト』誌、『ニューヨーク・タイムズ』紙などに寄稿している。『量子力学は、本当は量子の話ではない』(化学同人)、『人工培養された脳は「誰」なのか』(原書房)、『音楽の科学』(河出書房新社)、『かたち――自然が創り出す美しいパターン』(ハヤカワ文庫)など邦訳多数。『Critical Mass』で2005年に王立協会科学図書賞を受賞した。

[監修者]若林文高(わかばやし・ふみたか)

国立科学博物館名誉館員・名誉研究員。同館の元理工学研究部長。専門は触媒化学、物理化学、化学教育・化学普及。博士(理学)。京都大学理学部化学科卒業、東京大学大学院理学系研究科修士課程修了。主な監修・訳書に、『楽しい化学の実験室I・II』(東京化学同人)、ロブ・ルイス、ウィン・エバンス『基礎コース 化学』(東京化学同人)、セオドア・グレイ『世界で一番美しい元素図鑑』、『世界で一番美しい分子図鑑』、『世界で一番美しい化学反応図鑑』、『世界でいちばん美しいこども元素ずかん』(いずれも創元社)などがある。

[訳者]武井摩利(たけい・まり)

翻訳家。東京大学教養学部教養学科卒業。主な訳書にB・レイヴァリ『船の歴史文化図鑑』(共訳、悠書館)、R・カプシチンスキ『黒檀』(共訳、河出書房新社)、M・D・コウ『マヤ文字解読』(創元社)、T・グレイ『世界で一番美しい元素図鑑』、『世界で一番美しい分子図鑑』、『世界で一番美しい化学反応図鑑』、『世界で一番美しい「もの」のしくみ図鑑』、『世界で一番美しいエンジン図鑑』(同)、P・ソハ&W・グライコフスキ『ミツバチのはなし』(徳間書店)などがある。

ビジュアル　美しい元素の歴史図鑑

2025年4月20日　第1版第1刷発行

著　　者　フィリップ・ボール
監 修 者　若林文高
訳　　者　武井摩利
発 行 者　矢部敬一
発 行 所　株式会社創元社
〈本　社〉　〒541-0047 大阪市中央区淡路町4-3-6
Tel.06-6231-9010㈹　Fax.06-6233-3111
〈東京支店〉　〒101-0051 東京都千代田区神田神保町1-2 田辺ビル
Tel.03-6811-0662㈹
〈ホームページ〉　https://www.sogensha.co.jp/

装丁・組版　齋藤佳樹

ISBN978-4-422-42011-0　C0043

落丁・乱丁のときはお取り替えいたします。定価はカバーに表示してあります。

前々ページ: カリウムとアンモニアに対する水の作用と、アンモニアの調製を描いた図。[J. Pelouze et E. Fremy, *Notions générales de chimie*, Paris: Victor Masson, 1853, plate XIII. National Central Library of Florence.]

もくじ

はじめに

この世界に関して人類が行ったあまたの発見のなかで、最も深い意味を持ち最も役に立ったもののひとつは、「世界は何からできているか」であろう。私たちが目にするもの、触れるものは、すべて90種類ほどの原子で構成されている。原子はあまりに微小で、光学顕微鏡では見ることができない。そのうえ、原子の種類のうち多くは存在する量が極めて少なく、私たちが身近な世界で出会う原子はおそらく20 ～30種類程度である。こうしたそれぞれの原子は元素と呼ばれ、私たちが周囲の世界を理解する際の考え方をシンプルにすることに大きく貢献している。元素が知られる前には、すべての物質を比較的少数の基本的構成要素に分解し、分類できるとは、想像すらされていなかった。生物界と比べてみるといい。世界には多種多様な生物種が存在し、甲虫だけとってみても30万種以上が知られている。だから、元素のリストが管理しやすい数に限られているのは、ありがたい話だ。

それでもやはり、初めて化学を学ぶ学生にとっては気が遠くなるほど長いリストである。炭素や酸素はなじみがあるにしても、スカンジウム？　プラセオジム？　名前を読むだけで舌を噛みそうな元素がいくつもある。ましてや、その元素について何かを覚えたり、覚えようという気になるための動機を見つけるのは大変である。

そんな時は、歴史が役に立つかもしれない。元素は、非常に長い年月の間に、ひとつまたひとつと発見されてきた。1730年頃から2、3年に1個という驚くほど安定したペースで発見され、時折は立て続けに見つかったり、長く音沙汰のない時期をはさんだりしながら、現代に至る。近年、つまり数十年前からは、新元素は大規模な研究チームが人工的に作り出すものになっているが、少なくともそれ以前は、学者たちが協力して元素を探索し発見することはなかった。元素の発見は、行き当たりばったりであった。科学者や技術者は、あまり知られていない鉱物の中から新元素を発見したり、太陽光のスペクトルを観測して、未知の元素がその元素に特有な色の光を吸収して暗くなった部分（暗線）を探したり、空気を液化や蒸留してごく微量の貴ガスを見つけたりした。こうした発見物語は伝記に似ており、元素を「わけがわからないものの寄せ集め」ではなく、「私たちはいかにして周囲の環境を理解しようとし、またそれを操作しようとしてきたか」をめぐる長大な叙事詩の登場人物のように感じさせることができる。化学者たちは、元素を人格を持つ存在のように感じている。役に立つ元素、御しがたい元素、興味をそそる元素、退屈な元素、友好的な元素、危険な元素。元素に疎(うと)い人は、化学者が定期的に「お気に入りの元素」の投票を行っているのを見て、マニアックにすぎると思うかもしれない。しかし自ら元素を知るとそれが変わり、ほぼ間違いなく、自分にも好きな元素と嫌いな元素があることに気付くはずだ。

元素のなかには、非常に有用なものもある。医薬品やその他の薬品の重要な成分となる元素や、新素材（たとえば、既存の素材よりも硬度や強度が高かったり、輝きが美しかったり、電気伝導性が優れていたりする素材）の材料になる元素などはその例である。顔料や染料として重宝される色鮮やかな化合物を作る元素もある（化合物とは、元素が別の元素と結びついたもののこと）。エネルギー源になるものや、健康に不可欠な栄養素であるもの、深宇宙よりも低い温度を作り出す冷却材になるものもある。一部の元素は、その特性や用途によって、文化的語彙の中で特別な地位を獲得するまでになっている。たとえば、黄金時代、白銀(しろがね)に輝く雲、鉛のように重い心、鉄の掟などがあげられよう。ネオンサイン、水素爆弾、バリウム検査、ラジウム温泉などは、なぜその元素名が入っているのかをろくに理解しないまま口にされていることがある。英語で元素をあらわすelement(エレメント)という単語には、化学にとどまらない「基本的な原理」や「要素」という意味もある。古代ギリシャの数学者エウクレイデス（ユークリッ

右ページ: 古代の錬金術の知識が記された板を手にした賢者。ムハンメド・イブン・ウマイル・アル＝タミーミーの『銀の水（*Al-mâ' Al-waraqî*）』の後世の写本（1339年頃）より。[Topkapi Sarayi Ahmet III Library, Istanbul.]

ド）の数学書『原論』の英題は*Elements*であり、イングランドの哲学者トマス・ホッブズの政治理論書『法の原理』の原題は*The Elements of Law*である。

これらを合わせて考えると、元素の発見史を語ることは、単に学問としての化学の発展の解説にとどまらず、もっと大きな意味を持つことがわかる。元素発見史は、私たちが自然界をどのように理解するに至ったかを教えてくれる（そこには、人間が何からどのようにできているかも含まれる）。さらに、その知識がいかに技術や工芸の進化と手に手を取って進んできたかも示してくれる。「手に手を取って進む」は、適切な表現である。なぜならこの物語は、「科学は常に発見から応用へと進む」という、一般に広まってはいるが実は正確ではない見方に挑戦するものだからだ。実際はしばしばその逆なのである。鉱石の採掘や製品の製造といった実際的な関心事から疑問や課題が生まれ、それが新たな発見につながることは多い。

また本書では、科学上の発見が非人間的で不可避なプロセスではなく、個々の人間の動機、能力、そして時には奇矯さにどれほど大きく左右されるかも語られる。発見には、強い意志、想像力、野心、洞察力、そしていくばくかの幸運が必要なのだ（決して運を過小評価してはならない）。

ひとつ避けられない事実は、この種の歴史が、特に過去数世紀については、今の時代の私たちの神経をいらだたせるほど、ヨーロッパ的伝統に連なる男性の功績や業績の話ばかりになってしまう点である。近年まで、女性が科学研究機関に入ることは非常に困難であっただけでなく、入ることのできた数少ない女性たちも、しばしば激しい差別と偏見に直面した。たとえば、19世紀末のラジウムとポロニウムの発見において、作業の大部分はマリー・キュリーが行ったが、その発見に1903年のノーベル物理学賞が贈られた際、彼女はあやうくはじかれかけ

Periodische Gesetzmässigkeit der Elemente nach Mendelejeff.

Reihen	Gruppe I R^2O	Gruppe II RO	Gruppe III R^2O^3	Gruppe IV RH^4 RO^2	Gruppe V RH^3 R^2O^5	Gruppe VI RH^2 RO^3	Gruppe VII RH R^2O^7	Gruppe VIII RO^4
1	H=1							
2	Li=7	Be=9,08	B=11	C=12	N=14	O=16	F=19	
3	Na=23	Mg=24	Al=27,04	Si=28	P=31	S=32	Cl=35,37	
4	K=39	Ca=40	Sc=44	Ti=50,25	V=51,1	Cr=52,45	Mn=54,8	Fe=56, Co=58,6 Ni=58,6, Cu=63
5	(Cu=63)	Zn=65	Ga=68	Ge=72	As=75	Se=78,87	Br=79,76	
6	Rb=85	Sr=87,3	Yt=89,6	Zr=90	Nb=94	Mo=96	–=100	Ru=103,5, Rh=104 Pd=106, Ag=107,6
7	(Ag=107,6)	Cd=111,7	In=113,4	Sn=117,4	Sb=120	Te=126	J=126,5	
8	Cs=133	Ba=136,8	La=138,5	Ce=141,2	Di=145	–	–	– – – –
9	(–)	–	–	–	–	–	–	
10	–	–	Er=166	–	Ta=182	W=184	–	Os=191,12, Jr=192,6 Pt=194, Au=196
11	(Au=196)	Hg=200	Tl=204	Pb=206,4	Bi=207,5	–	–	
12	–	–	–	Th=232	–	U=240	–	– – – –

左ページ: メンデレーエフの理論に従った初期の元素周期表。1893年。[京都大学吉田南総合図書館]

上: F·キングズリーが製作した「化学マジック:実用化学キット」。1920年頃。[History of Science Museum, Oxford.]

た。当初、この賞は彼女の夫にして共同研究者のピエール・キュリーだけに贈られる予定で、事前に打診を受けたピエールが単独受賞を拒否したことで共同受賞になったのだ。同様に、18世紀フランスの著名な化学者アントワーヌ・ラヴォアジエの研究に対する妻マリー=アンヌ・ポールズ・ラヴォアジエの貢献も、長い間、科学的な共同研究者というよりは、むしろ妻の務めを果たしたに過ぎないとみなされていた。1950年代になってもそれは大して変わらなかった。新たな重い放射性元素の発見に重要な貢献をした米国の核化学者ダーリーン・ホフマンは、新しいチームのリーダーになるためロスアラモス国立研究所に到着した時、人事部に「当該部門で女性を雇うはずがないから」あなたが来たのは何かの間違いに違いない、と言われた。

他方、有色人種がこの物語にほとんど登場しないのはなぜかといえば、それは近代に入って以降の西洋による世界の支配と搾取の歴史全体と関係していることが一因であり、さらにもうひとつ、今日もなお科学界で有色人種が活躍しにくい状況の原因となっている偏見と構造的バイアス〔少数派の人々に不利な結果を日常的に生み出す一連の制度的思考〕も絡んでいる。元素発見の物語がこの先いつまで続くかは定かではない。しかし、もしさらなる新元素発見があるとすれば、少なくともアジアでは科学研究が卓越した水準に達していることから、今後は元素発見史に文化的な豊かさと多様性が増すだろうと期待できるし、そうあってほしいものである。

元素紹介ページの
情報の見方

本書で紹介されている元素のほとんどについて、最初のページの左側の欄に原子番号、元素記号、原子量、元素の族名とその番号が記され、場合によっては標準温度圧力（0℃、1000 hPa。略称STP）での状態（固体か液体か気体か）も示されている。

IUPAC（国際純正応用化学連合）無機化学命名法では、ランタノイドに71番ルテチウム（Lu）を、アクチノイドに103番ローレンシウム（Lr）を含めているが、原書では含めていない（両方の考え方がある）。本書では、本文中ではIUPACに準拠して記述している。

57 La ランタン 138.9	58 Ce セリウム 140.1	59 Pr プラセオジム 140.9	60 Nd ネオジム 144.2	61 Pm プロメチウム (145)	62 Sm サマリウム 150.4	63 Eu ユウロピウム 152.0
89 Ac アクチニウム (227)	90 Th トリウム 232.0	91 Pa プロトアクチニウム 231.0	92 U ウラン 238.0	93 Np ネプツニウム (237)	94 Pu プルトニウム (239)	95 Am アメリシウム (243)

- ランタノイド
- アクチノイド
- その他の非金属
- ハロゲン
- 貴ガス
- まだ性質がよくわかっていない元素

* IUPAC（国際純正応用化学連合）などの国際的組織により定義された用語ではなく、「周期表上で、遷移金属より右側で半金属の左側にある金属元素」とされるが、「遷移金属」や「金属元素」の考え方の違いで、含まれる元素が変わってくる。

								2 He ヘリウム 4.003
			5 B ホウ素 10.81	6 C 炭素 12.01	7 N 窒素 14.01	8 O 酸素 16.00	9 F フッ素 19.00	10 Ne ネオン 20.18
			13 Al アルミニウム 26.98	14 Si ケイ素 28.09	15 P リン 30.97	16 S 硫黄 32.07	17 Cl 塩素 35.45	18 Ar アルゴン 39.95
28 Ni ニッケル 58.69	29 Cu 銅 63.55	30 Zn 亜鉛 65.38	31 Ga ガリウム 69.72	32 Ge ゲルマニウム 72.63	33 As ヒ素 74.92	34 Se セレン 78.97	35 Br 臭素 79.90	36 Kr クリプトン 83.30
46 Pd パラジウム 106.4	47 Ag 銀 107.9	48 Cd カドミウム 112.4	49 In インジウム 114.8	50 Sn スズ 118.7	51 Sb アンチモン 121.8	52 Te テルル 127.6	53 I ヨウ素 126.9	54 Xe キセノン 131.3
78 Pt 白金 195.1	79 Au 金 197.0	80 Hg 水銀 200.6	81 Tl タリウム 204.4	82 Pb 鉛 207.2	83 Bi ビスマス 209.0	84 Po ポロニウム (210)	85 At アスタチン (210)	86 Rn ラドン (222)
110 Ds ダームスタチウム (281)	111 Rg レントゲニウム (280)	112 Cn コペルニシウム (285)	113 Nh ニホニウム (278)	114 Fl フレロビウム (289)	115 Mc モスコビウム (289)	116 Lv リバモリウム (293)	117 Ts テネシン (293)	118 Og オガネソン (294)

64 Gd ガドリニウム 157.3	65 Tb テルビウム 158.9	66 Dy ジスプロシウム 162.5	67 Ho ホルミウム 164.9	68 Er エルビウム 167.3	69 Tm ツリウム 168.9	70 Yb イッテルビウム 173.0
96 Cm キュリウム (247)	97 Bk バークリウム (247)	98 Cf カリホルニウム (252)	99 Es アインスタイニウム (252)	100 Fm フェルミウム (257)	101 Md メンデレビウム (258)	102 No ノーベリウム (259)

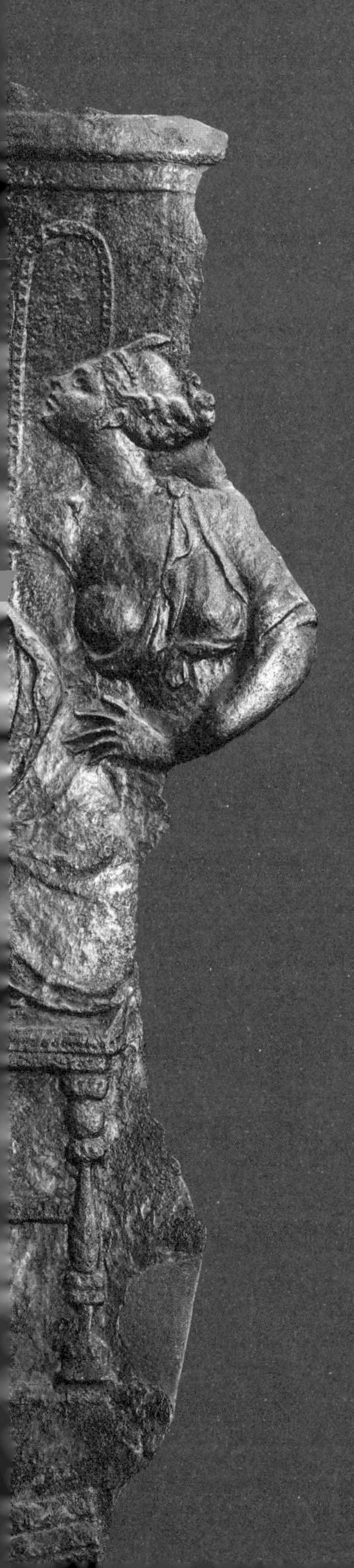

第1章

古代の元素観

左: 伝説の賢者あるいは神とされるヘルメス・トリスメギストスが、エジプトのアレクサンドリアで活躍した天文学者プトレマイオスに世界の仕組みを教えているところ。銀板レリーフ、500-600年頃。[The J. Paul Getty Museum, Villa Collection, Malibu, California.]

古代の元素観

紀元前850頃
フェニキア文字を元にしてギリシャ文字が作られる。

紀元前776
記録に残る最初のオリンピックが開催される。

紀元前624頃-545頃
数学における幾何学と公理的推論の父と言われるミレトスのタレスの生没年。

紀元前571頃-497頃
サモスのピタゴラスの生没年。彼の弟子の中には、地球は宇宙の中心ではなく、「中心火」の周りを回っていると唱えた者もいた。

紀元前460頃-370頃
コスのヒポクラテスの生没年。医学におけるヒポクラテス学派を創始し、西洋医学の基礎を築き、病気は神罰によるのではなく自然のプロセスであると主張した。

紀元前380
ソクラテスの弟子のプラトンが、アテナイに学園(アカデメイア)を創設。

紀元前384-322
アリストテレスの生没年。プラトンの教えを受け、哲学の逍遥学派(ペリパトス学派)を創始して、アリストテレス主義伝統の基礎を築いた。

紀元前287頃-212
シラクサのアルキメデスの生没年。発明家、技術者、数学者、天文学者であった。

プラトンは紀元前360年頃、その広範な哲学的対話篇『ティマイオス』の中で、宇宙の身体は土、空気、火、水の4つの元素で構成されており、宇宙の構築者はその4つのひとつひとつについて、すべてを完全に取り入れ、何も外部に残すことはなかった、と述べた。言い換えれば、私たちが自分の周囲で目にするものは、すべてこれらの元素でできているということである。

この四元素はしばしば、古典古代の世界における普遍的な図式として語られる。しかし実際はそうではなかった。四元素は紀元前5世紀に、哲学者エンペドクレスによって体系化された。彼は風変わりな逸話に事欠かない人物で、死者を目覚めさせることのできる魔術師だったと言う者もあれば、自分は不死の神だと考えてエトナ火山の噴火口に飛び込み、死んだとする伝説もある。信頼できる歴史記録のない時代に生きて

下: 15世紀イタリアの手稿本に描かれた四元素の絵。[The British Library, London]

いた人々に関するさまざまな記述と同様、こうした逸話は話半分に受け止めるべきだろう。

エンペドクレスの元素体系は、アリストテレスやプラトンといった大家が支持したおかげもあって、中世の西洋でも存続し、さらにそれ以降にも生き残ったが、世界が何でできているかについては、ギリシャの哲学者たちの間でさえ、いくつかの異論が唱えられていた。当然である。なぜなら、答えは明白ではないし、答えを見つけることも困難だからだ。しかし、世界を構成する基本要素を探そうとする努力は、ふたつの原則に導かれてきたように見える。最初の原則は、基本的な区分の探索である。世界を織りなす材料は、固体や液体や気体など、多様な性質を持っている。もちろん、もっと細かい区別も可能で、軟らかくて粘着性のあるもの（泥など）もあれば、丈夫だがしなりのあるもの（木など）もある。物質の色、味、においも多様である。それでもギリシャの哲学者たちの多くは、基本的な要素は何かを解明しようとした時、最も根本的な区別だけに目を向けた。たとえば、色は表面的で、変わりうる。銅が緑青に変化するのがいい例である。しかし、「固体であること」は、「土のような」性質の度合いが強い物質すべてが共有していた。

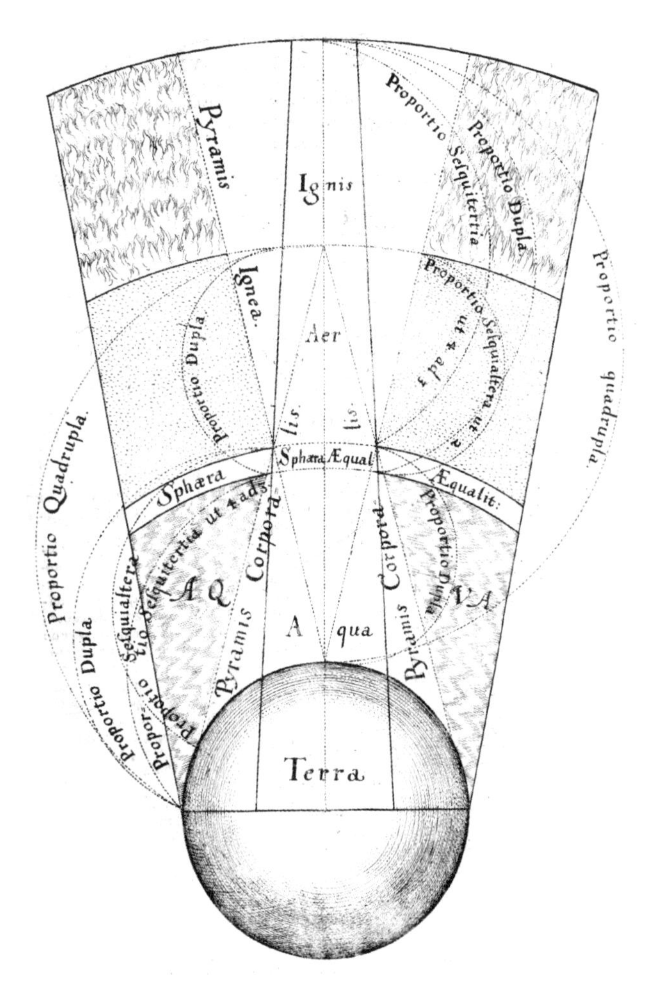

上: 古典的な四元素――土（*terra*）、水（*aqua*）、空気（*aer*）、火（*ignis*）――が、同心円状の宇宙に配置されて描かれている。ロバート・フラッドの『大宇宙と小宇宙の形而上学的、形而下的、技術的歴史（*Utriusque Cosmi Maioris Scilicet et Minoris Metaphysica, Physica Atque Technica Historia*）』（1617）より。Getty Research Institute, Los Angeles]

2番目の原則は、物質は変化しうるということである。丸太を燃やすと、大部分は空気中に消えて、灰だけが残るように見える。銅や鉄は融かして流体にできる。従って、元素の理解とは静的で不変の世界を記述するための探求であるだけでなく、身の回りで見られる変化をも説明できなければならなかった。

古代の元素説が生み出されたのも、後の時代の化学者たちが周期表を作成し、原子とは何かという統一的な見解で元素を説明したのも、現代の物理学者たちが原子は少数の基本的粒子から構成されているという理論を展開するに至ったのも、同じ単純さの追求が原動力だったのではないかと想像したくなる。おそらく、概念的な統一性を見出そうとする欲求が働いたのだろう。複雑なものごとやプロセスを分解して把握しやすい単純なものにしようとする試みが役に立つことを、人類はずっと経験してきた。それが科学という学問の大きな部分をなしている。しかし、元素を理解しようとする探究には、実際的な動機もあった。パンがかまどで焼かれている時や、しっくいがレンガの間で固まる時や、陶器の釉薬（ゆうやく）が窯（かま）の中で光沢のある硬い層になる時に、何が起こっているのか? 元素発見の歴史を振り返る時、決して忘れてはならないことがある。多くの元素は、科学者、職人、技術者が最初からそれを探していたから見つかったのではなく、何か役に立つものを作ろうとしていた際に発見された、という点だ。化学は、昔も今も、主として「何かを作る」わざである。そして、私たちが元素とは何かを知りたがるのは、いつだって、自分たちが使う材料を理解するのに役立つからなのだ。

第一質料（*prote hyle*）

「初期の哲学者の大半は、万物の本質は物質的な原理に還元できると信じていた」という言葉は、最近の歴史書からの引用のように聞こえることだろう。ところが、実はこの言葉を書いたのは紀元前4世紀のアリストテレスである。彼にとっては、200年前の哲学者たちはもはや歴史だったのだ。アリストテレスはこう続ける。「万物はそこから生まれ、それこそが万物の生成のおおもとの状態であると、彼らは信じていた。(…)まさにそれが、彼らが元素とみなすものであり、ものごとの原理だと考えるものである。物質の状態は変化しうるが、物質そのものはもとのままである」。アリストテレスがここで言っているのは、究極的には根源となる物質がたったひとつだけ存在し、他のすべてのものはそこから発生するという考え方である。

下: 日時計を手にするミレトスのアナクシマンドロス。3世紀のモザイク画。[Rheinisches Landesmuseum, Trier.

もしそれが本当なら、本書はあっというまに終わってしまうだろう。それでも、アリストテレスが描いた図式は、今日ほとんどの科学者が信じているものとそれほど大きくは違わない。私たちの宇宙はビッグバンで始まった。その瞬間に、空間と時間とそこに含まれるすべてが、人類が持つ最高の物理理論をもってしても説明できないほど小さくてエネルギーが詰まった1個の種子から飛び出してきた。私たちが知っているのは、無限に近いほど小さな時空の泡の中には、多様なものが存在するスペースがほとんどなかったということだ。いま私たちが目にしているすべての差異、すなわち、異なる元素の原子同士の違い、原子内部の基本粒子の間にある違い、そしてそれらが互いに及ぼしあう力などは、創造の最初の瞬間まで時間を巻き戻せば、消え去ってしまうに違いない。それは私たちが想像できる究極の統一であるが、それがどんなものであったかを教えてくれる理論はまだない。

ただし、アリストテレスが唱えた根源的物質——しばしばギリシャ語でπρώτη ὕλη（第一質料）、あるいは後には同じ意味のラテン語で*prima materia*と呼ばれる——は、そこまで想像を絶するものではなかった。ギリシャの哲学者たちの考えは、創造主は四元素を使って世界を作ったわけではなく、使ったのはひとつだけで、残りの3つはそこから何らかの形で生じた、というものだった（彼らは宇宙の創造神の存在を疑わなかった。彼らが想像していた神がユダヤ・キリスト教的な意味での神とは違っていたとしても）。この説が何を意味するかを現代人が理解するのは容易ではない。私たちは元素を“もの”として、つまり、目に見えたり手で持ったりできる物質として考えがちである。しかし、古代ギリシャ人は、第一質料を一種の「物質の原因」として語ることが多かった。それは、私たちの目に映るすべての物質を誕生せしめるものだったのだ。私たちはその原初のものを見ることができないだけでなく、そもそもそれが目に見えるものかどうかさえはっきりしない。その点で、ビッグバンの中心を覗き込んで何があるのかを見ようとするのと変わらない。

第一質料という概念はしばしば、ギリシャ哲学の最も初期の学派のひとつで紀元前7世紀に栄えたミレトス学派と結びつけて語られる。ミレトスはアナトリア半島西岸（現トルコ領）の都市で、この学派の始祖とされるのがタレスである。タレスは記録に残る最古のギリシャ人哲学者と言える存在だが、私たちは彼自身が残した言葉をまったく知らない。彼に関する情報は後年の二次資料からしか得られないのだ。後述するように、タレスは根源的なものについて独自の見解を持っていたが、彼の弟子であり後継者であるアナクシマンドロスが要約したその概念は、どうにも捉えどころがない。アナクシマンドロスはそれをἄπειρον（アペイロン）、すなわち「限定なきもの」と呼んだが、彼はアペイロンは目に見えず、無限で、永遠で、不変であると考えていたので、「尋ねるなかれ」と名付けるに等しかった。土、空気、火、水といった元素は、「永遠の運動」によってアペイロンから生まれ、正反対の性質を分離させる。たとえば、熱さは冷たさから分離し、乾燥は湿潤から分離する。いささか空想的かもしれないが、現代の物理学者が信じている次のような考え方を思わせるものをそこにも見ることができると、思いたくなる。というのも、現代の物理学者は、私たちの周囲にある無数の粒子や力は、ごく初期の宇宙で「対称性の破れ」と呼ばれる分離のプロセスから生まれたと考えている。最初は一様であったものが、この「対称性の破れ」によって、自発的に性質の異なる2種類に変化したということである。

いずれにせよ、古典的元素はそれが持つ性質によって統合されたり分化したりするという考え方は、アナクシマンドロス以降の多くの思想家たちに支持された。水や土といった元素は（アペイロンと違って）性質を持っているからこそ、私たちはそれらを体験することができる。たとえば、私たちは水の冷たさや濡れた時の感じを知覚する。アリストテレスは、ある元素は、その性質が切り替わることによって別の元素に変化しうると考えた。物を濡らす冷たい水が湿り気を失えば乾いて冷たい土になり、その土は、冷たさが熱さに変われば火になる。このような元素体系は、現代人の目には大雑把で、ある意味「間違っている」と映るかもしれない。しかしそれは、目の前の世界の仕組みを理解するための出発点となった。

アナクシマンドロスの第一質料が曖昧で捉えどころがないと思うなら、哲学者ピタゴラスがそれをどう解釈したかを考えてみよう。紀元前5世紀のピタゴラスとその弟子たちは、世界において真に基礎となるものは物質（目に見えるか見えないかにかかわらず）ではなく、数であると信じていた。彼らは数を具体的かつ現実的なものとみなし、数が基本の「形」であるかのように考え（つまり、1は点、2は線、3は面、というように捉えて）、物体はすべてそれらからできているとした。そしてここにも、現代の物理学者のものの見方の予兆が感じられる。物理学者は「あらゆる物質と力は純粋に数学的な用語で記述されうる」という考えを持っている。そこではまるで、化学者が扱って変化させる“もの”は消え失せて、抽象に取り込まれてしまったかのように見えるのである。

上: 物質の起源。「ひとつの身体の中で、寒冷が熱、水分、乾燥と戦う」。ミシェル・ド・マロル『ミューズの神殿の図（*Tables of the Temple of the Muses*）』（1676）より。[University of Illinois Urbana-Champaign.

水

ミレトスのタレスは、他のすべてのものを生み出すもととなる第一質料——唯一の生成要素——は水であると考えた。そんなことはありえないと思われるかもしれないが、彼の思考の道筋は理解できるだろう。古代世界では、物質の取りうる状態（固体、液体、気体）のいずれをも取ることが知られていた物質は、水だけだったのだ。水の姿のうち人々が最も見慣れていたのは、川や水路を流れて海を満たす液体の状態だったが、水が凍れば固体（氷）になり、蒸発すると「空気」になる（現代では「蒸気」あるいは「気体」と言われる）。そのうえ、水はすべての生命の本質的な源であるように見えた。タレスは、ナイル川の季節的な氾濫がナイル・デルタの肥沃な沖積土の栄養分補給にどれほど重要であるかをその目で見ていた。すべての食物は水分を含み、種子は水分を得て発芽することも、タレスに影響を与えた——とアリストテレスは考えていた。

タレスの考えでは、他の古典元素である空気、火、土は、すべて水から派生した。空気と火は水が発散する“呼気”であり、土は水の中から一種の堆積物として現れる。川の水にはほとんど常に土のような微粒子が含まれているし、海水が蒸発すると固体の塩の層が残る。ローマ時代のギリシャの医師ガレノスの言を信じるならば、タレスの著作（今では失われている）のひとつに、四元素は「組み合わさり、凝固し、世界に存在するものを取り込むことによって互いに混じり合う」と記されていたという。

そのような遠大な結論へと飛躍するには、少々根拠が薄弱ではないだろうか？　たしかにそのとおりだ——科学者がデータを注意深く観察した上でいくつもの仮説を提案し、正しいかどうかを実験で検証するという今日の基準からすれば。しかし、古代の世界にはそのような科学の概念はなかった。そうした概念が真に形成されはじめたのは17世紀になってからである。それでも、水は万物の基礎をなす元素、基本的な構成要素であると提唱することで、タレスは思想の発展にとって重要なことを語ったのだった。第一に、この考え方は、神々の気まぐれや、今なら迷信とみなされるような原因を持ち出さない。つまり、まったくもって合理的な思考であった。（タレスは、水からものが作り出される際にはそれを導く何らかの神聖な仲介作用が働いていると考えていたようだが、その点で彼を非難することはできない。現代でも、多くの人が神の役割を同じように考えている）。次に、これは「ものごとを単純化する」という考えであり、観察された多くの事実を、その根底にある単一のもので説明しようとする試みでもある。まだ科学の域には達していないが、科学に必要な考え方である。

アナクシマンドロスの場合と同様に、水が始原の元素であるというタレスの信念を共有しない者は、弟子の一部にさえいた。しかし、彼の考えを受け入れた

左： 紀元前5世紀後半に粘土で作られたギリシャのクレプシドラ（水時計）。この器には2コウス（約6リットル）の水が入り、空になるまで6分かかった。[Museum of the Ancient Agora, Athens.]

人々もいた。サモスのヒッポンはピタゴラスと同時代人だっただけでなく同郷でもあったが、水と火の両方が最も基本的な元素であると考えた。さらには17世紀に至っても、フランドルの医師ヤン・バプティスタ・ファン・ヘルモントが、すべてのものは水でできていることを証明したと主張している。

ファン・ヘルモントは、200年前にドイツの枢機卿で自然哲学者のニコラウス・クザーヌスが提案した実験を行った。ニコラウスはこう述べていた。「土を入れた鉢に植物の種を蒔き、毎日水やりをする。ほどなくあなたは立派な植物を手に入れるだろう。しかし、植物の実体はどこから来たのだろうか？　土からではない。土は最初に鉢に入れたのと同じ量しかない。あなたがそこに足したのは水だけだった。だから、その植物は水でできているに違いない」。

これは難しい実験ではないし、料理用ハーブの栽培は昔から多くの人がやっていたことだ。しかし、ファン・ヘルモントは科学者としてこの実験を行った。最初と最後の土の重さと、5年かけて育てた植物（ヤナギの若木）の重さを量ったのだ。彼は、穴を開けた金属製の蓋で鉢を覆って、空気を取り入れつつ塵を防ぐ工夫までした。そして最後に、「164ポンドの木、樹皮、根が、水だけから生じた」と述べた。実際はそうではなかったのだが、ファン・ヘルモントがそれをはっきり認識するのは極めて難しかったろう。植物は、空気中から取り込んだ二酸化炭素を材料とし、太陽光のエネルギーを使って、組織を作る。水は不可欠だが、水だけが植物を作るわけではない。光合成に関わる巧妙な化学反応のプロセスが解明されたのは、20世紀になってからである。だから私たちは謙虚な心で、万物を作る元素は何かを理解しようとした古代の学者たちの努力に正当な評価と称賛を送るべきであろう。

左:「サム・ポット」〔水を満たし、上部の穴を親指で塞いで植物のところへ持っていき、親指を離すと底からシャワーのように水が出る壺〕で水やりをする古代の人物。シャルル・エティエンヌの『田園の館（*Maison Rustique*）』（1616）のタイトルページ。[Wellcome Collection, London.]

空気

タレスの後を継いでアナクシマンドロスがミレトス学派を率いたように、アナクシマンドロスにはアナクシメネスという弟子がいた。彼もまた、始原の元素である第一質料の性質について、師とは別の考えを持っていた。第一質料は水ではない、と彼は言ったが、かといってアナクシマンドロスのアペイロンというあいまいな概念にも満足していなかった。万物の根源は空気だ、と彼は唱えた。それ自体は、かなり恣意的に水を空気に置き換えただけと思えるかもしれないが、アナクシメネスはそこに論理を見出していた。当時、世界の創造とは、始原の混沌から構造と物質が出現するプロセスであるとみなされていた。渦を巻いて片時もじっとしていない空気ほど、秩序がなく混沌に近いものがあるだろうか?（水が液体の典型とされるのと同様、空気は最もなじみ深い典型的な気体であり、gas〔気体〕という単語はギリシャ語のχάος〔カオス、混沌〕が語源である。この単語は、17世紀にヤン・バプティスタ・ファン・ヘルモントによって作られたとされている）。アナクシメネスが想像した「物質が生み出される過程」は、現代の私たちが凝縮と呼ぶ事象を通じて気体（ここでは空気）が密度の高い物質になるというものだった。彼は言う。まず空気が水になり、さらに密度が高くなるにつれて、土や石になる。これは熱を失うことによって、あるいは、当時の哲学者たちの言い方を借りれば、寒冷の作用によって起こる。逆に、空気は温度を上げることで希薄化し、火になる。アナクシメネスの「空気第一主義」の宇宙論には、万物がどのように生み出されたかの合理的な（機械的とさえ言える）説明があった。

この思想に神秘的な面がなかったという意味ではない。アナクシメネスは、究極的には空気こそ至高の存在だと考えていたと言われている。当時はまだ、空気には質量――つまり「実体」――がないとされていたことを考えれば、彼の思想はアナクシマンドロスの捉えどころのないアペイロンの概念とそれほど違いがなかった。

空気が実際は「もの」で構成されていることに最初に気付いたのは、一般に、紀元前5世紀のエンペドクレスだとされている。この時初めて、現代的な意味での空気が発見されたと言ってもいいかもしれない。彼は、ギリシャ人がクレプシドラと呼んでいた水時計を使った実験でこれを実証したと言われている。水時計にはいくつかのタイプがあるが、いずれも穴のある器が水に満たされるまで、あるいは一杯に入れた水が出ていくまでを測って時間を知る。あるタイプは逆円錐形で、下を向いた頂点の小さな穴から水が出ていく。別のタイプは、同様の器を頂点を上にして水に入れた時に、上の穴から空気が抜けて水が中に入り、器が沈むまでにかかる時間を測る。エンペドクレスの実験は、後者のタイプのクレプシドラの穴を指でふさいで全体を水に入れ、中の空気が出られないために器の中が水で満たされないことを示したものだったらしい。指を離すと空気の泡が出ていき、やがて器は完全に沈む。つまり、空気が器から出なければ水は器の中に入るこ

下: エンペドクレスのブロンズ胸像。紀元前3世紀後半。[Villa of the Papyri, Herculaneum, National Archaeological Museum of Naples.]

とができず、従って空気は「何もない」わけではない、ということだ。

これは記録に残る限り最初の科学実験だったと言われることがある。だが、それはあまり意味のある主張ではない。その理由のひとつは、真の実験とは、ある考えが正しいか間違っているかを確かめるためのテスト（または、まだ説明が見つかっていない現象について情報を集めるための行為）だからである。もし実験結果が予想通りにならなかったとして、エンペドクレスが自説を変えたかどうかは疑問である。古代における大部分の「実験」と同じく、これはむしろ実演（デモンストレーション）であった。さらに、その実験がまったく行われなかった可能性も高い。エンペドクレスが記述したのは、ひとりの少女が水時計の穴を指でふさいで水に入れる場面だけである。おそらく彼は、何が起こるかを——水中に沈められた器から気泡が出てくるという、観衆には見慣れた現象を——解説しただけだろう。それでも、「空気は感じることも見ることも味わうこともできないものの、物理的な物質である」ということが広く受け入れられたのは、エンペドクレスの時代以降であった。

空気を感じられないのは、空気が動いていない時だけである。アリストテレスは「地球を取り巻く空気は、必然的にそのすべてが動いている」と書いた。それが風の起源である。彼はまた、空気の粒子が重くなると暖かさを失って沈んでいき、一方、火は空気と混ざり合って空気を上昇させると述べている。空気と火の相互作用、冷却と加温が大気の動きを生み出しているという考え方は、現代の理論——大気の対流や、温度、圧力、湿度の違いが、旗を揺らすそよ風から荒れ狂うハリケーンまでを引き起こす——の先触れともいえて、感慨深い。

右： エンペドクレスの四元素。紀元前1世紀のルクレティウスの『事物の本性について（*De Rerum Natura*）』の彩色木版画（1473-1474）。［John Rylands Library, University of Manchester.］

火

エンペドクレスの古典的四元素のうち3つは、物質の3つの状態を代表しており、土は固体、水は液体、空気は気体である。では、火はどういう位置付けなのだろうか？　火は間違いなく異質である。今の私たちは、火が物質ではなくプロセスであることを知っている。火は、可燃性の物質が燃焼する際に生じる。ガスや薪が燃える時に明るくゆらめく炎は、微小な煤(すす)の粒子が非常に高温になり、電球のフィラメントのように光を発しているのである。炎の部分には、異なる多くの化学物質が気化して混じり合ったもの（大部分は、炭素を主成分とする分子が分解されて小さな断片や原子になったもの）が密集している。炎の縁は、煤の粒子の温度が低くて光を発しなくなる場所を示している。火は非常に複雑で、内部で起きている化学的現象がどうなっているのかは、現在でも完全には解明されていない。

古代の哲学者たちが、火には何か特別で独特なものがあると考えた理由は想像に難(かた)くない。実際に特別で独特なのだから。火は熱を持っているだけでなく、熱を発生させるように見えるし、光の源でもある。熱と光は、有史以前から人類にとって非常に貴重であった。一部の人類学者は、先史時代の人類進歩の転機となったのは、火の使用の開始（少なくとも40万年前）よりも、火による調理の開始であったと論じている。火を通した肉は生肉より消化しやすく、そのカロリーにより脳の大型化が促されただけでなく、生の食物の咀嚼(そしゃく)と消化に費やされていた時間を他のことに使えるようになった。また、火によって私たちの祖先は氷河期の寒さをしのぎ、人を襲って食べようとする獣を遠ざけ、夜のとばりが下りた後も作業や社交をすることができた。

ある見解によれば、エンペドクレスの図式は、火を他の3つと並ぶ元素にすることで、物質の状態だけでなく、熱と光という物理世界の他の2つの重要な側面をも取り込んだとされる。熱と光は19世紀後半までほとんど解明されなかったが、古代の元素としての火は、少なくとも、人間の知性と世界観にはそれらが含まれているという安心感をいくぶんか与えてくれた。

火の重要性を考えれば、始原の物質のひとつとして火が挙げられてきたことは驚くにはあたらないだろう。火を重視したのが、紀元前500年頃の自然哲学者、エフェソスのヘラクレイトスである（エフェソスは今のトルコにあった都市）。ある意味で、彼はタレスやアナクシメネスが注目した、元素が凝縮と希釈の過程を経て別の元素に変化するという道筋――火が凝縮して水となり、水が凝縮すると土になるという道筋――の中で、別の段階に焦点を合わせただけともいえる。しかし、ヘラクレイトスにとって、これらのプロセスは、コスモス（宇宙、秩序）が不断に変化し、常に流転しているという彼の見解を反映していた。「人は同じ川に2度足を踏み入れることはできない」という見方を示したのはヘラクレイトスだった。彼は、変化なくしてはなにものも存在しえないとし、これを対立する力の相互作用の結果であると考えた。「すべてのものごとは、争いと必然に従って起こる」のであり、争いと対立の中からしか調和は生まれない。常にどこかで何かが燃えている。

当時も、そしてその後もずっと、古代の化学者にとって、何かを変化させるための最大の手段が火であったことを考えれば、それはふさわしい位置付けであった。火はあるものを別のものに変化させる唯一の手段であり、金属を融かし、パンを焼き、砂やソーダを融かしてガラスにすることができた。化学の実践的な手法は、火から生まれたのである。

右ページ： クラウディオ・デ・ドメニコ・チェレンターノ・ディ・ヴァッレ・ノーヴェの『錬金術の処方の書（*Book of Alchemical Formulas*）』（1606）より。蒸留の寓意とされる。[Getty Research Institute, Los Angeles.]

atuor sunt spiritus, due
facies sed ista sunt qua-
uor elementa, nam per
distillationem habes aqua
et aerem per calcinationem
habes ignem et terram
et terra suam frigiditatem
aque prestat et aqua
suam humiditatem
aeri donat, aer suam
caliditatem igni commu-
nicat

Hec est Virgo Pascalis que primam vir-
tutem tenet in capillis suis et est
herba multum vigens in puteis

Sic circulantu
uiem element
quatuor sunt s
due facies, in ist
et sic ignis vin
aere, aer de n
to aque, aqua
trimento terre
Lapis ex omn
mentis purij
uinit

Estas

Autumnus

Tota scientia

Lapidis manifesta

Vertite oculos ad ignem ibi statu

Aperi oculos ad ign ibi temp

Lapis

Ego sum exaltata super
circulos mundi, ubi quatuor facies habentes unum pat
quarum una est in
luy alia in aere alia in cavernis, alia in saxis vel con
debet poni in Lapide
ssume solem

固体――土、木、金属

ここまで読んでこられた読者が、「古代の哲学者のなかには、古典的パンテオンの第4の元素である「土」を万物の根源たる第一質料だと考えた者もいたに違いない」と思われたとしたら、それは正しい。紀元前6世紀末から5世紀初頭にかけて生きた哲学者で、いわゆるエレア学派を創設したコロフォンのクセノパネスは、「すべては土から生まれ、すべては土に還る」と言ったとされている。そこには、キリスト教の儀式で使われる「灰は灰に、塵は塵に」という言葉を予感させるものがある。土は私たちの周りにあるほとんどの物体と同じように固体で、目に見え、手で触れることができることを考えると、始原の物質としての可能性が最も高そうな候補ではないだろうか？　私たちの惑星の名前（Earth）も、土（earth）にちなんで付け

左: 天地創造の2日目（創世記1:1-8）、神が地から水を分ける。ウィリアム・ド・ブレイルスの『聖書の絵画（*Bible Pictures*）』（1250頃）より。[The Walters Art Museum, Baltimore.]

右ページ: 五行を中に描いた八卦図。明代の羅洪先『萬壽仙書』より。[Wellcome Collection, London.]

られているほどだ。

ただし、クセノパネスが本当に土が万物の基本であるという見解だったかどうかについては、古代の資料のあいだでさえ意見が分かれている。ガレノスらのように、彼は土と水という2つの基本元素があると主張していたと言う者もいる。クセノパネスはたしかにこの2つの元素に関心を抱いていた。彼は、水の循環と、太陽熱によって海から蒸発した水分で雲が形成されることについて、アリストテレスが気象と地球について著した大著『気象論』で述べるよりずっと前に論じている。さらに、世界は土と水の相互作用から生まれたというクセノパネスの考え方は、旧約聖書の創世記にある「神は乾いた所を地と呼び、水の集まった所を海と呼ばれた」に通じるものがある。

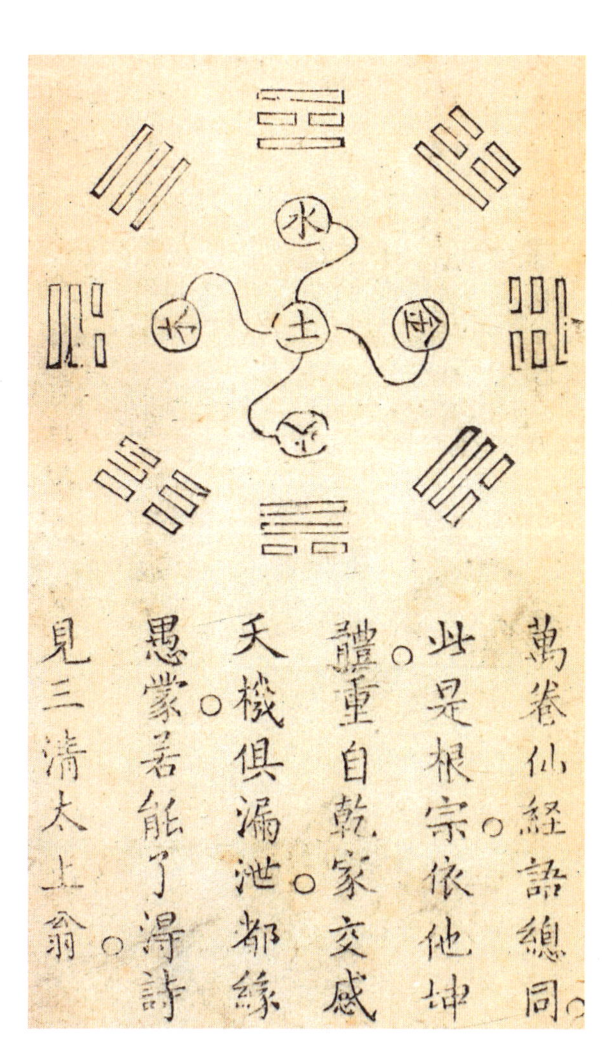

クセノパネスとエレア学派の世界観は、ヘラクレイトスの「流転する宇宙」とは対照的で、永続性と統一という概念を強調していた。四元素の中核に固体のものを据えようとする人物らしいともいえる。

しかし、古代の世界で一般的な固体は土だけではなかった。中国の哲学者たちは、水、火、土、木、金（金属）という5つの基本要素（五行）を信じていた。五行は、中国思想における5つの方位、すなわち東西南北と中央に対応していた。この図式では、土が中央に配される。中国の漢代にあたる紀元前135年頃の書物には、次のように書かれている。「土は中心に位置し、天の豊かな土壌である。（…）土はこれらの五行と四季をひとつにまとめるものである。（…）もし中心の大地によって支えられていなければ、それらはすべて崩壊してしまうだろう」。

中国の五大元素は、紀元前3世紀に鄒衍（すうえん）によって「五徳」として初めて明確に示されたとされる。中国科学思想の真の創始者と言われているのは、孔子や老子ではなく、この鄒衍である。四季が順に移り変わるように、五行も、循環する宇宙という考え方――死と再生のプロセスを信じる宇宙観――の中で変化していく。この「物質の連続的変化」は錬金術の中心的な概念であり、金属を変成させて鉛を金に変えることができるという考えの土台となっている。特に中国の錬丹術師（錬金術師）にとって、変成と生命サイクルとのこの関係は、化学的な操作を行うことで不老不死の霊薬を作れる可能性があるという発想をもたらした。変成はすべて、陰と陽という相反する宇宙の力のバランスに従って行われる。陰と陽は、エンペドクレスや他のギリシャ人が唱えた「愛と争い」、「混合と分離」に似た役割を果たす。ここでも、（いちいち類似点を探すことをしなくとも）、「基本的物質や粒子が、力を介した相互作用を通じて物理的世界を作っている」という現代的な考え方に通じるものを――とりわけ、「すべての元素を作っている原子は、亜原子粒子〔原子よりも小さい粒子〕が電気的な引力と斥力の微妙なバランスで結合して構成されている」という見方と響き合うものを――感じることができて、心を打たれずにはいられない。

原子の探求

英語で原子をあらわすatom(アトム)の語源はギリシャ語のτομος(アトモス)で、「これ以上分割できない」という意味を持つ。現代の私たちは原子が分割可能なことを知っており、本書の後の方では、原子の分割から多くの新元素が発見された話が取り上げられる。しかし、原子が物質の最も基礎的な単位ではないとしても、元素の概念が意味を持つのは原子レベルまでである。原子より小さなものに分解したら、そこにはもう元素は存在しない。

古代ギリシャ人が――少なくともその一部が――、万物は原子から成っているに違いない、あらゆるものは究極的にはそれ以上分割できない粒子の性質を持っているに違いないと考えたのは、驚異的であると同時に奇妙でもある。人間が日常で体験できることではないからだ。ひとかけらのチーズをどんどん小さく切っていくことはできる。それ以上切れなくなるとすれば、それはナイフの刃が鈍すぎるか肉眼で見える限界を超えたからに他ならない。カミソリの刃と拡大鏡を使えばもっと先まで切れるし、顕微鏡を使えばさらにうまくできる。どうして、どこかで限界が来るという結論に至る必要があろうか?

ところが、ミレトスのレウキッポスは紀元前5世紀にその結論に達した。少なくとも、そう言われている。彼について知られていることはわずかで、それも他者の記録による情報でしかない。彼の弟子とされる哲学者デモクリトスについては、それより多くのことがわかっている。不可分の

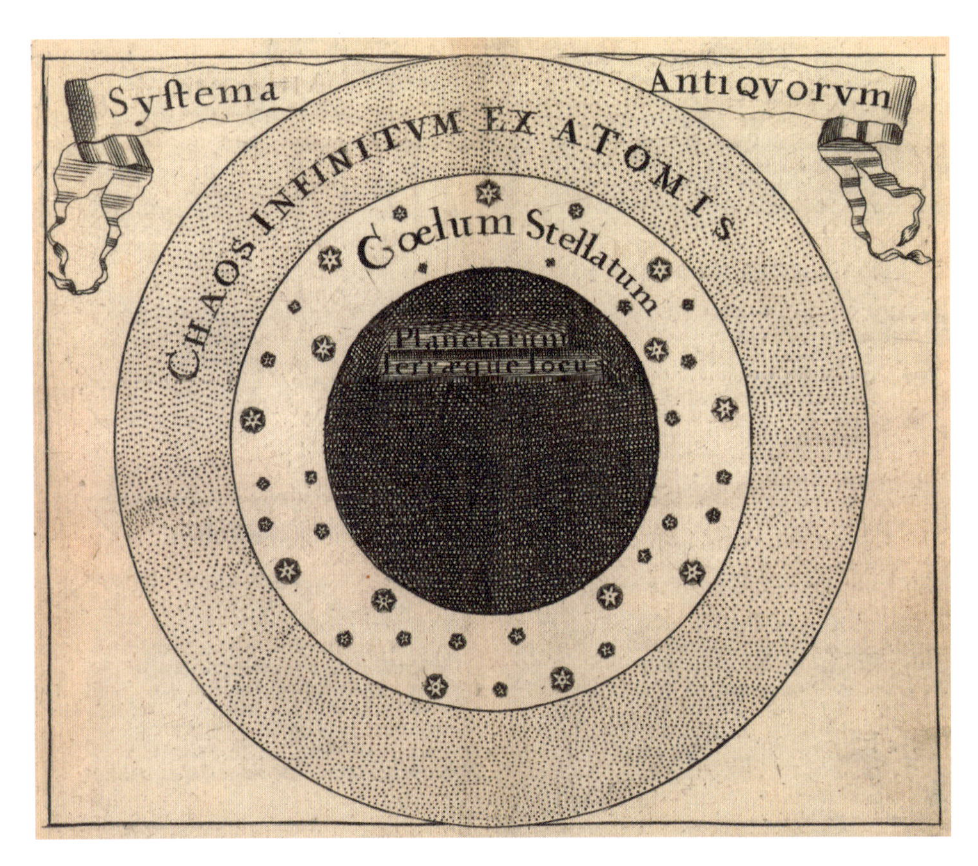

左:《古代の体系》と題されたデモクリトスの宇宙論の図。17世紀のジョン・セラーの『天球図(*Atlas Cælestis*)』より。[Robert Gordon Map Collection, Stanford University Libraries, California.]

右ページ:「プラトンの立体」とそれに対応する元素。ヨハネス・ケプラーの『宇宙の調和(*Harmonices Mundi*)』(1619)の中の図。上左:正八面体(空気)、上中:正四面体(火)、上右:正十二面体(エーテル、宇宙)、下左:正六面体(土)、下右:正二十面体(水)。[Smithsonian Libraries, Washington, DC.]

粒子をあらわすアトモスという言葉を考え出したのは、デモクリトスだとされている。

この初期の原子論は、物質の中核には永続性があるというエレア学派の見解と、誰の目にも明らかな「変化は起こる」という事実の間に折り合いをつける試みだったとも考えられる。変化とは、永遠にして不滅なる原子の配列が変わる以外のなにものでもない、ということだったのかもしれない。また、わずか数種類の原子がさまざまに配列を変えるという見方で、世界にはほんの一握りの元素しかないにもかかわらず数えきれないほどの種類の物質があることを説明できる、と考えたのかもしれない。アリストテレスはこれを、わずかな数の文字があれば無限に近いほど多数の言葉を作れることになぞらえている。このたとえは、現代の化学者が、あらゆる分子や物質が原子の組み合わせでできていることについて使う比喩に、気味が悪いほど近い。

すべてのものが原子で構成されているとすれば、原子と原子の間には何があるのだろうか？　レウキッポスやデモクリトスは、それは単なる空っぽの空間、「空虚」であると考えた。他の哲学者たちは、何もない「空虚」という想定は馬鹿げていると考えた。ある者は、原子が空間のすべてを完全に埋め尽くしていると言い、またある者は、物質は無限に分割可能で、小さな粒子が大きな粒子の間の隙間を無限に埋めることができると唱えた。アリストテレスは、原子と原子の間に空間があるのなら、そこは空気で満たされると主張した。空気も他の元素と同じ「元素」であるからやはり原子でできている、と考えない限りにおいては、うまい説明であった。

古代の「原子」はどんなものだったのだろう？　デモクリトスはその点を語らなかったが、紀元前3世紀のプラトンは、宇宙が創造主によって数学的な調和と完全性の原理を用いて造られたことを確信していたので、原子は正多角形（すべての辺の長さと角の大きさが等しい平面図形）で構成された、対称性を持つ立体（すなわち正多面体）の形をしているに違いないと断定した。正多角形は無限に存在しうるが、そのなかで、1種類だけで正多面体を作れるのは正三角形、正方形、正五角形の3つだけである。そして、そうやってできる正多面体は5種類しかない。それらは現在、「プラトンの立体」と呼ばれている。

プラトンは、その5種類のうち4種類はそれぞれ四元素の原子の形をあらわしており、それらの形は元素の性質を説明するのに役立つと述べた。固体で安定した「土」は立方体が集まってできている。一方、面の数が最も少ない正四面体は一番可動性が高く、従って「火」の構成単位である。正四面体は各頂点の角度が最も鋭いため、火は「貫通」する性質が強い。空気と水（それぞれ正八面体と正二十面体で、ともに正三角形で構成されている）は、この固さと可動性の中間的な状態である。

プラトンは『ティマイオス』で、「これらすべての物体は非常に小さくて、どの種類に属するものもその一つ一つは小ささのためにわれわれには少しも見えないが、多くのものが集まると、その塊が見られると考えなければならない」〔岸見一郎訳〕と書いている。元素に関するこれらの考え方は現代の目から見れば正しくないが、ここでも、とりわけ感銘を受けるのは、世界の物質がなぜそのようなふるまいをするのかを彼らが説明するのに、目では見えない――見ようと望むことすらかなわない――スケールでそれらの物質が何からできているのかという理論を基盤にしようと試みていることである。

こう書くと、プラトンは「物質が原子からなる」というデモクリトスの見解を共有していたものの、その原子を幾何学的な形だと考えたかのように聞こえる。しかし、それは正しくない。プラトンが原子をどれくらい「実在するもの」として考えていたかを解き明かすのは容易ではないし、彼はデモクリトスに言及しようとさえしなかった。プラトンにとって、私たちが知っている現実はすべて曖昧な性質のものであり、現実とは、永遠で調和的で幾何学的な存在――イデア――の影にすぎなかったのである。

エーテル

プラトンの立体のうち4つを前ページで紹介したので、残るひとつを見てみよう。正十二面体で、面の形は正五角形である。プラトンの宇宙に、この図形の場所はあったのか？　イエス。ただし、地上にではない。「神はこれを天全体のために、そこにいろいろの色で描く際に用いた」とプラトンは言う。最も完全で対称的な形は球形だが、正十二面体はプラトンの立体の中で球に一番近いため、永遠で完全な天の素材に最適である。アリストテレスはこの考えを採用してそれを「第五元素」とし、「エーテル」（ギリシャ語ではアイテール）という名でも呼んだ。

アリストテレスにとって、古典的な四元素は、特定の方向へ動く性質を持っている。火と空気は上昇し、水と土は下降する（たとえば、雨は降り、投げた石は落ちる）。エーテルはそのどちらでもない。エーテルは完璧なものであり、地上の領域ではなくその外側にあるため、天体（エーテルでできている）のふるまいを反映して、円を描くように動く。そして、それらの天体（太陽、月、惑星、恒星）が地球の周りを回っているように見える理由を、あっという間に説明した。つまり、天体がそういう動きをするのは、天体という物質の性質によるのだと述べたのだ。実際、これはおよそ説明になっていない。エーテルの動きと同様に、この議論は同じところをぐるぐる回っている。

この「第五元素」は、どちらかというと、その場しのぎの発想であった。誰もその元素を見たことがなかった。四元素のいずれも、エーテルに変化させることは不可能であった。エーテルは触れることも見ることもできない。エーテルはまさに、英語のether（イーサー）〔エーテル〕から派生した単語ethereal（イシリアル）〔天上的な〕を体現していた。

エーテルは地上の物質とはまったく異なる法則に支配されていて、地上と天界の根本的な隔たりを示唆してい

左: プトレマイオスの宇宙モデル。土が中心にあり、他の3つの元素がその周囲を囲んでいる。アンドレアス・セラリウスの『大宇宙の調和（*Harmonia Macrocosmica*）』（1660）より。[Barry Lawrence Ruderman Map Collection, Stanford University Libraries, California.]

るようだった。この考えはその後も長く生き残り、おおむね17世紀初め頃まで続いた。17世紀初めとは、ガリレオらが新発明の望遠鏡で行った観測で、月はアリストテレスが主張したような完全に滑らかな球体ではなく、地上と同様に山や谷のあるでこぼこの世界であることがわかった時代である。たちまち自然哲学者たちは、天空がはるか彼方にある完璧で手の届かない領域ではなく、同じ宇宙の一部にすぎないと——いつか人間が海を渡って到達するかもしれない遠くの大陸と似たような存在だと——考えるようになった。この図式は、地球は結局のところ宇宙の中心ではなく、他の惑星と同じように太陽の周りを回っているのだという説（16世紀にコペルニクスが提唱してガリレオが支持した考え方）が人々に受け入れられはじめると、必然と思われるようになった。

一方、「エーテル」を非常に希薄な気体状の物質とする概念から、化学の分野では揮発性で刺激性のある液体のうちある種のものをエーテルと呼ぶようになった。今ではその物質は炭素を基本とした分子でできていることがわかっている。アルコールから作られる最も一般的なエーテルは、19世紀に麻酔薬として使われていた。アリストテレスの第五元素としては、かなりの降格である。

しかしその一方で、科学者たちは別の種類のエーテルが宇宙全体を覆っているという考えに固執していた。アイザック・ニュートンは18世紀初めに、エーテル様の物質が物体間に働く重力の媒体となっている可能性を示唆した。19世紀の物理学者たちは、音波が空気の振動であるように、光の波も、目に見えず直接検出することもできない流体によって運ばれていると考え、それをルミニファラス・エーテル（光を運ぶエーテル）と呼んだ。それは疑いの余地なき信念に近いものであった——1880年代にこのエーテルを検出しようという試みが行われるまでは。研究者たちは、地球の動きと同じ向きにエーテルの海を泳いできた光と、垂直な向きから届いた光との間に予想される速度の差を観測しようとしたが、何の違いも検出できなかった。最初のうち、何人かの物理学者は、検出されないもののエーテルは存在しうると説明しようとした。しかし1905年にアルベルト・アインシュタインが、数学を使って、光を運ぶエーテルなど想定せずとも、光が空間を伝わる仕組みを説明できることを示してみせた。アリストテレスの第五元素の遺産はついに終焉を迎えたのである。

右: 太陽を中心に置いたコペルニクスの宇宙モデル。アンドレアス・セラリウスの『天球の図（*Atlas Coelestis*）』（1660）より。[Glen McLaughlin Map Collection, Stanford University Libraries, California.]

第 2 章

古代から知られている金属

左: 古代エジプトの金属加工。宰相レクミラの墓（シェイク・アブド・アル＝クルナ地区、テーベのネクロポリス、ルクソール）より。第18王朝時代（紀元前1549-1292年）。

古代の金属

紀元前5000頃
知られている限り最古の金属製道具が、銅を融かして鋳造された。後にバルカン半島中央部で発見される。

紀元前3300頃-1300頃
この期間に、南アジア北西部の青銅器文明、ハラッパー文明が存続する。

紀元前3150頃
エジプトの先王朝時代（ナカダ3期）に、青銅器時代が始まる。

紀元前1600頃-1046
中国の殷王朝。青銅器の製作が盛んだった時代として知られる。

紀元前1400頃
小アジアのヒッタイト帝国で鉄の製錬が始まったとみられる。

紀元前20頃-紀元後20頃
漢代の中国で、磁鉄鉱（磁性を持つ天然の鉄鉱石）を使った最初の方位磁石が作られる。

306-337
ローマ帝国のコンスタンティヌス大帝の治世。キリスト教が公認され、帝国の支配的な宗教となる。

800
カール大帝が神聖ローマ帝国初代皇帝として即位。

初期の人類史は、伝統的に石器時代、青銅器時代、鉄器時代といった名称で区分される。これらの名称からは、使われる材料によって社会が変わることがわかる。道具やその他の品物を作るための新しい物質が手に入ると、それまでとはまったく違うことが実現できる。社会のあり方や、人間と世界との関係の捉え方にも影響が及ぶことがある。最新の命名として、現代を「シリコン時代」と呼ぶ人々がいる。新しい時代の名前としてまたも元素名〔シリコン=ケイ素〕が使われていることは、物質には新たな現実を創造する力があることをより一層明白に示している。

青銅器時代と鉄器時代が金属にちなんで命名されていることは注目に値する。とりわけ重要なのは、どちらの金属も、文化を変えるのに十分なほどの量を手に入れるには化学的な技術を使う必要があった点である。青銅と鉄は鉱石から製錬された。これは、「世界に存在しうる材料は、自然が与えてくれたままの形に限定されない」ということに人類が気付いた事実を示している。科学史が語られる際に、文明史上最も重要な概念のひとつでありながらしばしば見落とされるものがひとつある。それは「ものを変化させる」という概念、すなわち、物質を人が操作して、形だけでなく化学的性質まで変化させることが可能だという認識である。たしかに、初期の人類がフリント（燧石（ひうちいし））を打ち欠いて鋭利な石器を作れると発見したことは、極めて大きな意味を持っていた。石の刃は、狩猟や、戦いや、木・骨を削って道具や装身具を作るうえで、はかりしれないほど役に立った。しかし、金属の生産はそれとは次元の異なる行為であり、元素の組み合わせを変えることで何が可能になるかを人類に考えさせるきっかけとなった。当時は、金属を変化させるためには、主として火が用いられた。

太古の職人たちがやっていたのは、現代の言葉で言えば元素の配置を変えて別の構成にすることだったが、言うまでもなく彼ら自身は、自分たちの行いをそうした言葉で理解することはなかっただろう。物質がどのように構成されているかを理解する際に彼らが頼ったのは、重さ、色、硬さなど、容易に観察できる性質だけだった。古代の思想家の多くが、いろいろな金属は同じひとつの「原金属（おおもとの金属）」が違う姿を取ったものだと考えた。つまり、金・銀・鉄などはその原金属が異なる現れ方をしているのであり、どの金属も別の金属に変化させることができるはずだ、という考え方である。この見方を間違いと呼ぶのは、フェアとは言えないだろう。当時の人々が手にしていた証拠とは一致していたのだから。目に見えるものと理論とのこうした整合性は科学に期待される最も重要な点であり、それは今でも変わらない。

古代の冶金（やきん）術〔鉱石などから金属を取り出し、精錬し、加工すること〕は理論的な学問ではなく、実践的な技術であり、私たちはそれに対して敬意を払うべきであろう。金属を扱う職人たちは、試行錯誤の末に、鋼鉄を鍛え、焼き戻して切れ味を持続させる方法、青銅を鋳造する方法、青銅を作る際に配合を変えて性質（もろさや色合いなど）を調整する方法など、見事な仕上がりを手にする技法を編み出した。古代エジプトの金細工の質の高さは、今見ても素晴らしい。これらの技術を前進させたのは、多く

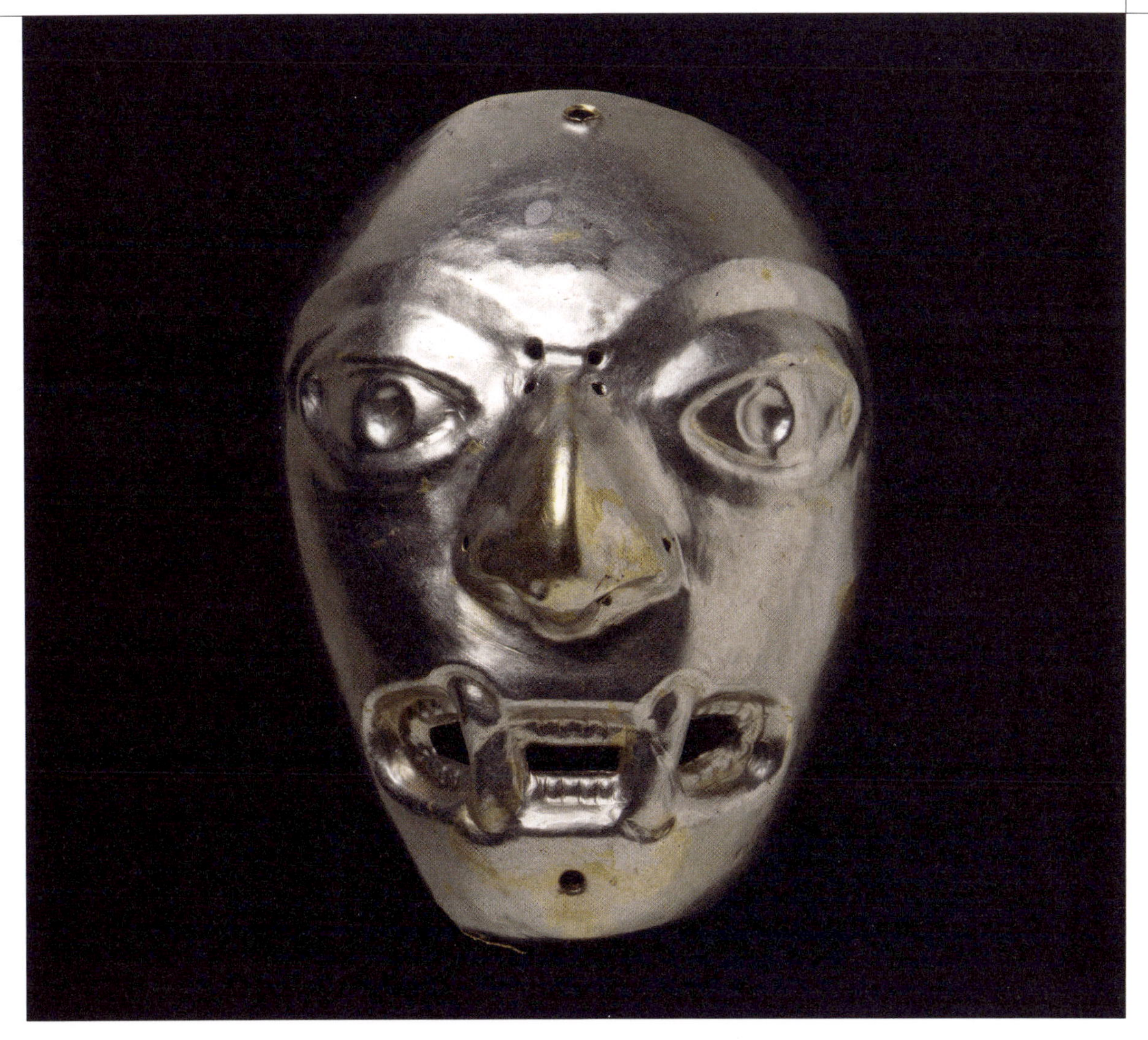

上: 先コロンブス期の南米の金·白金合金のマスク。エクアドルのエスメラルダス川流域で出土。紀元前800年頃-200年頃。[Ethnological Museum of Berlin.]

の場合、頭で思考する人々ではなく実際に作業をする職人たちだった。1世紀のローマの著述家である大プリニウスは、冶金術に対して否定的で、「もしわれわれの欲望が地面の下まで及ばず、一言で言えば手の届く範囲のもので満足するならば、人生はどれほど無邪気で、どれほど幸福で、いやそれどころか、どれほど贅沢なものになることだろう!」と言っている。彼は金と銀が「私たちの生活から完全に追い払われる」ようにと願った。触れるものがことごとく金に変わってしまうというギリシャ神話のミダス王の物語は、あまりに黄金を求めすぎるとどうなるかを警告している。

今日、鉱業と製造業が環境を荒廃させ、金銀への欲望が搾取につながり、文化全体が金銀にひれ伏しているのを目にすると、プリニウスの見解にいくらかの同意を感じざるを得ない。しかし、どうやら「手の届く範囲のもの」では満足しないのが人間の本性らしい。古代の金属の時代に始まった「元素の組み合わせを変える技術」の進歩は、私たちの生活をより贅沢にしただけでなく、病気や自然災害から身を守ってより安全に暮らすための手段ももたらした。元素を制御する力は諸刃の剣で、恵みも害も与える。その長所と短所には、私たちの本性の内にある戦い——熱望や欲望と、知恵や自制との戦い——が反映されている。悲しいかな、その点で私たちは古代からほとんど進歩していないようである。

銅、銀、金

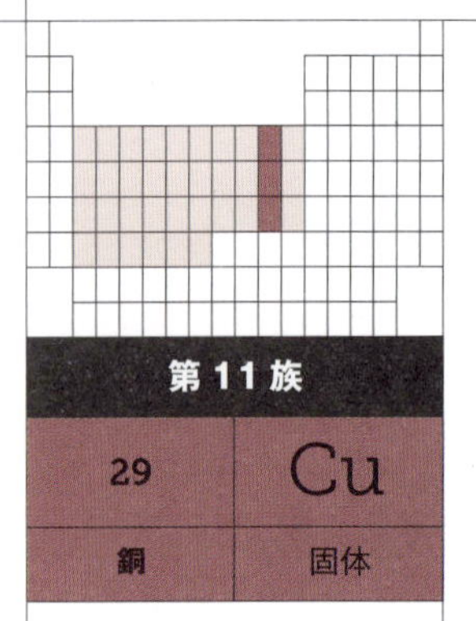

第 11 族

29	Cu
銅	固体

遷移金属
原子量:63.55

第 11 族

47	Ag
銀	固体

遷移金属
原子量:107.9

第 11 族

79	Au
金	固体

遷移金属
原子量:197.0

石器時代と青銅器時代という名前は、多くの人が聞いたことがあるだろう。しかし、金石併用時代（別名、銅器時代）はどうだろう？　この時代は、石器時代の中で最も後期にあたる新石器時代と、青銅（銅とスズの合金）が登場した時代の橋渡しの時期として捉えられている。年代で言うと紀元前4500年頃から紀元前2000年頃までにあたり、冶金で銅を得ていた証拠が中近東・ヨーロッパに広く残っている。

銅の使用自体はもっと前の時代から見られた。最古の銅製の遺物はイラク北部で出土したビーズで、紀元前8700年頃のものとされている。現在のトルコで発見された銅のビーズは、その500年ほど後のものと考えられている。といっても、その当時の人々は、鉱石から銅だけを取り出す方法どころか、金属を融かして加工する方法さえ知らなかった。銅は、“自然銅”として、つまり純度の高い金属そのものとして天然に存在していることがあり、また、加熱せずに叩くだけで加工できるほど軟らかい。自然銅は、銅鉱石の埋蔵量が多い場所で、銅塩が豊富に溶け込んだ高温の地下流体（熱水流体と呼ばれる）から晶出しやすい。現在のミシガン州のスペリオル湖に突き出たキーウィノー半島には最も豊かな自然銅鉱床がいくつかあり、何千年もの長きにわたって北米先住民が採掘していた。

青銅器時代の始まりは紀元前3000年頃-2500年頃というのが従来の通説だが、これはいささか誤解を招きやすい。というのは、青銅器がそれよりもかなり前から作られていたことを示唆する確かな証拠があるからだ。銅を融かして鋳造した紀元前5千年紀の道具がバルカン半島中部で発見されており、そのうちのいくつかは、自然銅に頼らず、マラカイト（炭酸水酸化銅）や黄銅鉱（銅と鉄の硫化物）といった銅鉱石から製錬されていたように見える。この地域の文化、特に現在のセルビアのヴィンチャ文化は、銅にスズを混ぜると硬度が増すことを発見した。最古の青銅器のいくつかは、この時代の

右： 籠を運ぶウル王シュルギの銅像。メソポタミアのニップルで出土。紀元前2094-2047年頃。[The Metropolitan Museum of Art, New York, Rogers Fund, 1959.]

上: 金細工師として働くキューピッドたち。ポンペイのヴェッティ家のトリクリニウム（食堂）の壁画。紀元1世紀。

この地域で発見されている。バルカン半島にいた古代の冶金職人たちは、工芸品が望ましい金色に仕上がるように、銅とスズの割合や、不純物として含まれているヒ素をコントロールしていたとすら考えられている。銅の製錬と青銅の製造は、同じ頃のメソポタミアやインダス川流域でも行われていた。しかし、誰が最初にこの技術を発見したのかや、どのようにその知識が広まったのかははっきりしない。ギリシャ・ローマ文化で使われた銅の鉱石を主に供給したのは、キプロス島であった。実際、ローマ人はこの金属を島の名前にちなんでクプルム（*cuprum*）と名付け、それが後に銅をあらわす古英語のコパー（coper）になって、現代英語のカッパー（copper）に至る。

青銅作りに利用できた銅は、最初の有用な金属だった。比較的硬くて強度のある青銅は、ナイフ、工具、カミソリの刃などの日用品を作るのに使われた。ノミ、やすり、大ハンマーなど、後世の一般的な工具のいくつかは、最初は青銅器として登場する。青銅は装飾や美術にも使用され、装身具から巨大な記念像までが作られた。最も有名なのは太陽神ヘリオスをかたどった高さ32メートルのロドス島の巨像で、（皮肉にも）キプロスに対するロドスの勝利を記念して紀元前292 -280年頃に建造された。もちろん青銅は武器や甲冑にも使われた。ホメロスが『イーリアス』で描いたトロイアの滅亡は、一般に青銅器時代の終わりを画する出来事と考えられている。しかし、ホメロスによる壮大なトロイア戦争の叙述にどれほど歴史的事実が反映されているのかは、今もなお議論が続いている。

古代に採掘され、製錬された銅の多くは、貨幣に使われた。銅貨は通常、最も低い額面の通貨であった。言うまでもなく、銅は古典的な貨幣用金属の中で金と銀に次ぐ三番手の金属として位置づけられてきたからである。

下: 銀、金、エレクトルム（金銀合金）の硬貨。左:アテネのテトラドラクマ（4ドラクマ）銀貨。紀元前475-465年。中:アケメネス朝ペルシャ帝国のダリク金貨。紀元前500-400年。右:エレクトルムで作られたギリシャのヘクテ硬貨。小アジア、ミュシア地方のキュジコス。紀元前550-500年。[The J. Paul Getty Museum, Los Angeles.]

上: コルキスに到着したイアソンとアルゴナウタイ（ギリシャ神話で、金羊毛を求めてアルゴー船で航海した英雄たち）。ゲオルギウス・アグリコラの『デ・レ・メタリカ（*De Re Metallica*、金属について）』の木版画。1557年。[University of California Libraries.]

私たちは、この3種の金属が通貨としての利用に適していることを、当然だと考えている。この3つ――特に金と銀――は、美しい輝きを保ち、簡単には変色しない。しかし、そうした耐腐食性を持つ金属はかなり少ない。それゆえに、貨幣用金属は中世に「貴金属（noble metal）」と呼ばれた金属グループの最初からのメンバーなのである。今日ではnoble metalという言葉は王侯貴族との連想を失い、化学者にとっては化学反応性の欠如を意味する。銅、銀、金について言えば、この性質は同じ源から生じている。この3つの元素は周期表の同じ族（同じ縦列）に属している。それはつまり電子配列に共通性があるということである。この族の原子は特に安定していて、空気中の物質や水分といった他の化合物との反応が遅い。古代から銀と金に価値があるとされてきたのには、化学的な理由があるのだ。

反応しにくいという性質は、銀と金が自然界でそのままの形で見つかる理由でもある。特に金は、天然に発見される金が主な供給源である。鉱石から製錬する必要はなく、地中からナゲット（小さな塊）として採取したり、金鉱脈から掘り出したり、川で砂金をふるいわけたりすればよい。金の採取もやはり始まりがいつかはわからないが、非常に古くから行われてきたことはたしかである。アルメニアやアナトリアには、紀元前5000年よりも前から金が採掘されていた証拠が残っている。自然金は純金ではなく、一般的に少量の銀を含む合金の形をしている。銀の含有量が20%を超えると、見た目が銀色に近くなる。ギリシャ人はこれを「輝く」を意味する言葉に由来するエレクトロン（ἤλεκτρον）の名で呼び、ラテン語ではエレクトルム（*electrum*）と言われた。エレクトロンは高純度の金よりも硬いため、より耐久性のある貨幣用金属となった。古代リュディアのパクトロス川で採取された砂金の多くは、実はエレクトルムであった。伝説では、ディオニュソス神に「触れるものがすべて黄金に変わるように」という欲深い願いを叶えてもらったミダス王が、食べ物も飲み物も金になってしまったことで後悔し、この川で行水して黄金の重荷から解放されたという。リュディアはまた、莫大な富で知られたクロイソス王が紀元前561年頃から547年頃まで支配した国としても知られる。彼は、リュディアで約1世紀にわたって鋳造されていたエレクトルム硬貨を純金と銀の硬貨に切り替えた。

上： カルパチア山脈ノイゾールでの銅採掘。ゲオルギウス・アグリコラの『デ・レ・メタリカ』の木版画。1557年。[University of California Libraries.]

金と銀の誘惑

小アジアの川や泉では、どこでも砂金がよく見られた。ローマ時代の著述家ストラボンによれば、コーカサスとアルメニアと黒海の間にあったコルキス王国の人々は、泉の底に動物の皮や羊の毛を置いて、その上にたまる金を集めていたという。ストラボンは、これがギリシャ神話の「金羊毛」のもとだと述べている。こうした水中の金は、川が岩を洗う際に鉱脈から削り取られたりこぼれ落ちたりしたものである。金の鉱脈そのものからは、より大量に採掘することができる。古代エジプトでは、金の採掘は重要な活動であった。エジプトは紀元前2000年頃からヌビア砂漠に100ヵ所以上もの鉱山を持っており、奴隷を働かせいた（ヌビアという名前自体、「黄金の土地」という意味である）。貴金属はファラオを飾るために使われた。数千年の後に王族の墓が発掘され、出土品が取り出さ

左: エジプトの神アメン=ラーの金合金製の像。おそらくテーベのカルナック神殿で出土。中王国時代、紀元前945-712年頃。[The Metropolitan Museum of Art, New York.]

れた時も、それらの品々は変わらずに輝いていた。一方、ローマ帝国の金の多くは、スペインのリオ・ティント鉱山の産であった。この鉱山は紀元前1000年頃からフェニキア人入植者によって採掘され、金だけでなく銅や銀も産出した。

銀は、金ほどの名声はないものの、地位の裏付けとして利用するために、銀目当ての採掘が産業規模でさかんに行われた。銀は、しばしば鉛の鉱床で、主要鉱石である方鉛鉱（硫化鉛）に不純物として含まれている。方鉛鉱層の中に銀の鉱脈が走っていることもある。銀と鉛は方鉛鉱から合金として一緒に製錬され、灰吹法（はいふき）と呼ばれる方法で分離された。灰吹法は、粘土製のるつぼの中で合金を融かし、そこに空気を吹き付けることで鉛を酸素と反応させて取り除き、輝く銀を残すという手法で、紀元前3000 -2500年頃に開発された。灰吹法は後に、金から不純物（銀も含む）を除去するためにも使われた。

金を求める欲望は、科学の進歩と世界の歴史の両方を駆動してきた。錬金術の最大の目的は、価値の低い金属から金を作ることだった。金作りの試みはどれも成功しなかったが、その過程で数多くの有用な化学的発見がなされた。新大陸にスペイン人征服者や入植者を引き寄せたのは金であり、19世紀にヨーロッパから北米に入植した人々が西海岸に進出する原動力となったのも金であった。しかし、現代の半導体端子のめっきや、ルネサンス期のルビー色ガラスの着色料としての利用を除けば、金は歴史的に、人類全体にとって有益なものをあまりもたらさなかった。現代に入る前の期間については、銀にも同じことが言えるかもしれない。金と銀は、純粋に素材そのものの美しさゆえに尊ばれ愛されてきた、珍しい元素の例だと言えよう。

右ページ: 鮮やかなルビーレッドのガラスでできた「リュクルゴスの聖杯」（光を照射する角度によって色が変わるガラスの杯）。2色性ガラスを使ったケージカップ〔籠状の装飾がほどこされたカップ〕で、銀細工と金箔で飾られている。ローマ帝国後期、4世紀。[The British Museum, London.]

スズ、鉛

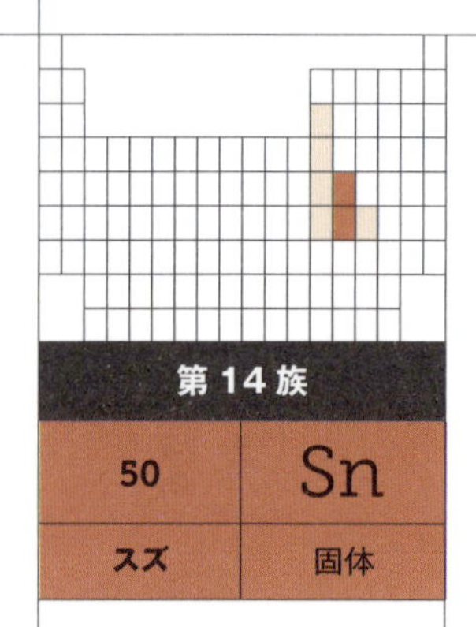

第14族	
50	Sn
スズ	固体

ポスト遷移金属
原子量:118.7

第14族	
82	Pb
鉛	固体

ポスト遷移金属
原子量:207.2

青銅器時代というと銅を連想しがちだが、実は銅と同じくらいスズの時代でもあった。青銅は銅とスズの合金であるため、このふたつの金属の初期の歴史は分かちがたく結びついている。銅とスズの鉱石はしばしば一緒に産出する。その2種を混ざったまま融かし、炉の中で結合させて青銅を作ることもあった。青銅の発見がそれに似た偶然の出来事によるものだった可能性もある。とはいえ、やがて、鉱石が所定の割合になるよう慎重に計量して意図的に混合し、望みに合う種類の青銅合金が作られるようになった。

スズ自体は、主な鉱石である錫石（すずいし）（酸化スズを成分とする赤褐色の鉱物）から簡単に抽出できる。錫石の英名cassiterite（キャシテライト）は、ギリシャ語でスズをあらわすκασσίτερος（カッシテロス）が語源である。ローマ人はスズを*stannum*（スタンヌム）と呼んだ。スズの元素記号がSnなのはそのためである。*stannum*はやがてフランス語では*étain*（エタン）、ドイツ語では*Zinn*（ツィン）になった。その両者から現代英語でスズを意味するtin（ティン）へと変化するのは簡単だった。

スズの製錬は、ヨーロッパでは遅くとも紀元前1500年頃には行われていた。ヨーロッパの各地にスズ鉱山があり、イングランド南西部（デヴォンとコーンウォール）の鉱山は、青銅器時代初期の紀元前2150年頃から採掘が行われていた。歴史家の中には、紀元前5世紀にギリシャの作家ヘロドトスが、「フェニキア人が航海でたどり着いた可能性のある『錫の島』（Κασσιτερίδες（カッシテリデス））」として言及したのは、ブリテン諸島だったのでは

右:イスラエル沖で発見された、英国コーンウォール産スズのインゴット。紀元前1300-1200年頃。[courtesy of Ehud Galili.]

左: ローマ時代のエジプトのミイラ肖像画〔ミイラと共に埋葬された、被葬者の肖像画〕。レバノン杉の板に、鉛白、エジプト青、銅鉱石の緑、赤鉄鉱、赤、黄、褐色の酸化鉄を用いて描かれている。エジプトで出土。220-235年。[The J. Paul Getty Museum, Los Angeles.]

ないかと考える者もいる。

スズは比較的軟らかい銀色の金属で、ハンマーで叩いて板状にすることができる。ぎりぎりまで薄くしたものが「錫箔（すずはく）」で、物を覆って銀のように明るく輝く見た目にしたり、半透明の黄色い顔料でつやを出して金の安価な模造品にしたりするのに使われた（もっとも、現代ではtin foil（ティン フォイル）〔直訳すれば錫箔〕という言葉がアルミ箔を指すことも多い）。スズは変色しにくいため、調理器具や食卓用品を作る金属としても人気があり、缶詰容器はもちろん、鍋やフライパン、蓋付きジョッキ、ティーポットなどに使われている。

スズが銅と分かちがたい関係にあったのと同様、鉛と銀の歴史が結びついていることは前述したとおりである。鉛

上: コリントの粘土板ピナクス（奉納額）。採土場で働く労働者が描かれている。紀元前630-610年頃。[Antikensammlung, State Museum of Berlin.]

の主要鉱石である方鉛鉱（硫化鉛）は、数千年にわたって採掘されてきた。実際、方鉛鉱その他の鉛を含む鉱石は、薪や石炭を燃やして加熱するだけで鉛を精錬できるため、紀元前7000 -6500年頃には精錬が行われていたのではないかと考えられている。たとえば、アナトリア半島中部でその当時の鉛製ビーズが発見されている。また、紀元前4000 -3500年頃の古代エジプトで型入れして作られた鉛の小さな像が出土しているし、中国やアッシリアでは紀元前3000 -2000年頃の鉛の硬貨が見つかっている。

鉛は、"古典的な"金属の中では間違いなく最も不当に酷評されている。まるで、扱いにくく、鈍重で、汚いものすべてを象徴しているかのようだ——軟らかすぎて道具や器具を作るのには向かず、おまけに毒性がある。錬金術のパンテオン（万神殿）の中での身分は最低で、他の金属を金に変身させる探求における出発点にすぎない。

しかし、鉛からは古代の画家のパレットで燦然と輝く物質がひとつならず生まれた。エジプト人は、鉛を酢の蒸気で腐食させて酢酸鉛という白い顔料（鉛白と呼ばれる）を作った。鉛白は、19世紀に亜鉛白に取って代わられるまで、画家にとっての最高の白の座を守り続けた。一方、古代の職人は鉛を空気中で加熱して鮮やかなオレンジがかった赤を作り、ローマ人はそれを*minium*（鉛丹）と呼んで好んだ。細密画をあらわすminiatureという語は、鉛丹を多用したことから、*minium* を語源として生まれた。酸化鉛にはまた別の形として明るい黄色のものもあり、中世にマシコットという顔料として使われた。鉛は軟らかく、比較的豊富に採れるため、水道管や水路の材料として利用された。配管を意味する英語のplumbing（プラミング）は、鉛を意味するラテン語の*plumbum*（プルンブム）が語源である。鉛の元素記号がPbなのも、このラテン語に由来する。ローマ人は、砂や土の樋（とい）に熔融した鉛を浅く流し込み、固まったものを曲げたり叩いたりして鉛の薄板を作った。鉛板は防水シーリング材としても重宝され、教会の屋根を風雨から守るために広く使われた。

死を招く欠点

鉛の大きな欠点は毒性があることで、鉛の採掘は健康に非常に有害だった。ギリシャのアテネに近いラウリオンの銀鉱山は紀元前3200年頃から採掘されており、鉛の供給源としても都市国家アテネには重要であった。鉱山の環境は、民主主義の源というアテネの評判を、むしろ裏切るものだった。鉱夫の大部分は奴隷で、なかには子供もおり、みな裸で鎖につながれていた。1世紀末には、深さ100メートルを超える竪坑（たてこう）もあった。ローマ時代の採掘活動による鉛汚染の証拠を、今も見ることができる。

ローマ人は、鉛に毒があることを理解していた。紀元前1世紀の建築家・技術者のマルクス・ウィトルウィウスは、鉛の製錬に携わる者たちは顔色が青白く、やつれていることが多いと述べている。それでも、ローマ人は鉛の鍋でブドウ果汁や古くなったワインを煮て、サパと呼ばれる甘味料を作っていた。サパは酢酸鉛で、後に「鉛の砂糖」と呼ばれた。ローマ時代の都市ロンディニウム（現在のロンドン）の住民の骨の中には、ローマ以前の鉄器時代にブリテン島に住んでいた人々の骨の70倍以上の鉛を含むものもある。帝政ローマ時代のヨーロッパの都市住民の歯のエナメル質からも、高い鉛濃度が検出されている。彼らが多くの鉛を体内に取り込んだ原因は明白ではないが、サパの摂取や鉛の配管も一因だった可能性がある。そして歴史家たちは、（推測の域を出ないが）鉛中毒によるさまざまな問題がローマ帝国の衰退につながったのかもしれないという説を唱えている。

下: ローマ時代の鉛製タンクの碑文。4世紀。イングランドのサフォーク州で出土。[The British Museum, London.]

鉄

第8族

26
Fe
鉄

遷移金属

原子番号
26

原子量
55.85

標準温度圧力での状態
固体

元素発見史のなかでも、「鉄を鉱石から製錬すること」ほど世界の歴史を変えたものは他にないだろう。それがいつどのようにして起こったのかは定かではない。ただ、紀元前13世紀、小アジアのヒッタイト帝国で始まったのではないかと考えられている。ヒッタイト軍の強靭な鉄の武器に対して、鉄よりもろい青銅の武器はほとんど太刀打ちできなかった。

ヒッタイト人は、鋭利な刃を保つことができる鉄の製法——具体的には、鉄に混ぜる炭素の量を0.1%程度に調整すること——を、紀元前1400年頃から洗練させていった。とはいえ、鉄器時代の真の始まりは、彼らの帝国が崩壊して金属精錬の専門知識が広く拡散してからで、年代で言うと紀元前1200年頃である。

これは、正確には鉄の「発見」ではない。天然に産出する鉄、つまり自然鉄が存在するからである。ただ、自然鉄はごく稀である。代表的な自然鉄の例は、鉄隕石と呼ばれるタイプの隕石である（もっとも、鉄の溶融に必要な温度は約1538℃という高温のため、石器時代や青銅器時代に偶然に鉄隕石を見つけた人々がいても、実用的な金属ではなかっただろう）。一方、紀元前2000年よりも前に作られた鉄の遺物（装飾品や儀式用の武器）もある。しかし、それらの品々に含まれる純度の低い「鍛造（たんぞう）の鉄＝鍛鉄（たんてつ）（錬鉄（れんてつ）ともいう）」は、鋼鉄とは比ぶべくもない。ヒッタイト人はセメンテーションと呼ばれる製法で鋼鉄を作っていた。セメンテーションでは、熱した鉄を木炭に直接あてて叩き、鉄の表面に炭素をしみこませる（浸炭）。この鋼に焼き入れ（叩いて鍛えた熱い鉄を冷水に入れること）を行うと、さらに硬くなる。これらの技術が完成したのは紀元前1千年紀のことで、そこから鉄器時代の幕が開いた。紀元

右： 先端の角部分に鉄を使った破城槌（はじょうつい）と鉄の武器を用いて都市を包囲攻撃するアッシリア軍。バラワット〔古代アッシリアの遺跡〕のシャルマネセル3世の青銅の門の一部分。紀元前865年頃。[The British Museum, London.]

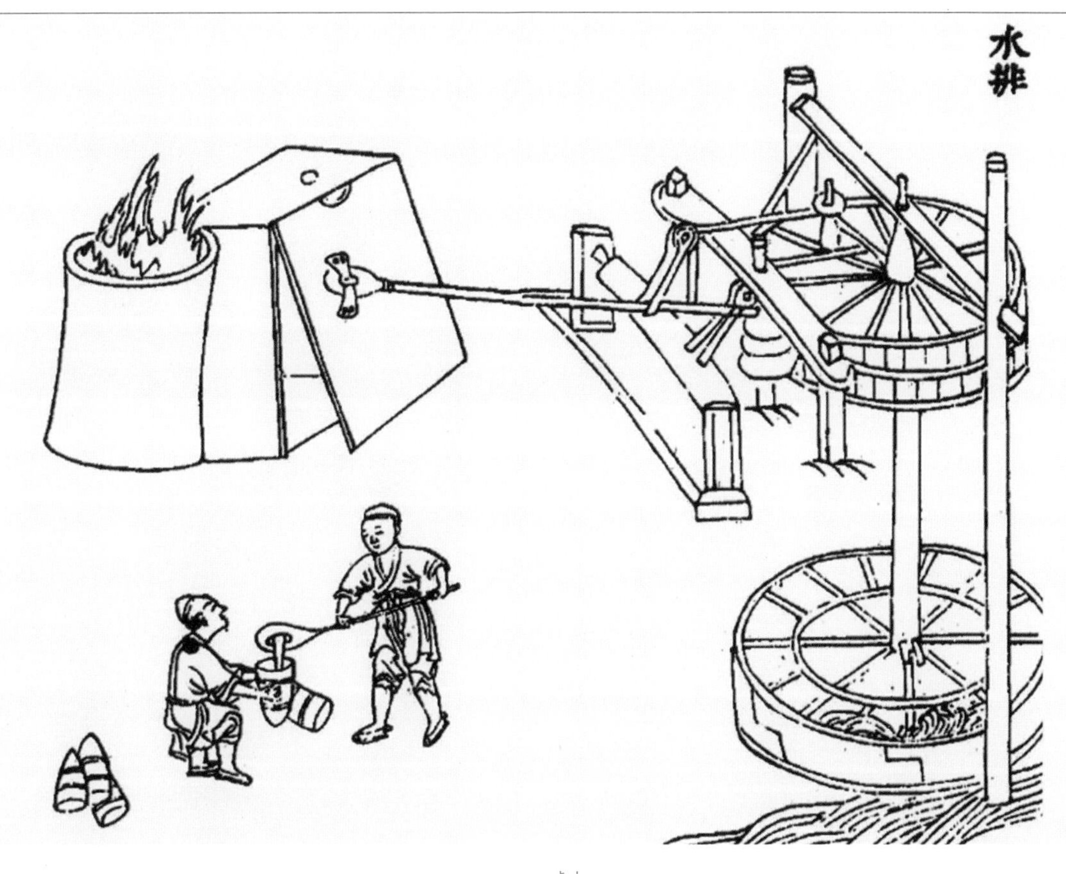

上: 杜詩の発明に基づく水車駆動式高炉が描かれた、現存する最古の絵。元代の農学者·王禎の『農書』第6巻より。1313年。

前9世紀頃から、アッシリア人がヒッタイト式の冶金技術を導入した。紀元前701年にエルサレムを包囲したアッシリア人は、バイロン卿の言葉を借りれば、「折り重なる狼のように襲来した。(…)彼らの槍の輝きは海の上で光る星々のようだった」。

技術史家のトマス・デリーとトレヴァー・ウィリアムズは1960年にこう書いている。「紀元前6世紀のギリシャ文明は鉄の上に築かれた。一方、ローマ帝国の勢力拡大と、その結果としてローマの文明が西側世界の最果てにまで広がったことは、常に鉄と結びついていた」。ローマがヨーロッパの特定の土地の征服に執心した理由のひとつは、鉄鉱山を手に入れるためであった。たとえばスペインのウエルバ県にあるリオ・ティント鉱山は、銅を多く含む黄鉄鉱(硫化鉄)の鉱脈の上にある。黄鉄鉱は見た目が金に似ていることから、別名「愚者の黄金」として知られている。また、「リオ・ティント」はスペイン語で「赤い川」という意味で、流域の土が鉄分を多く含んで赤色をしていることから名付けられた。

鋼鉄の登場

鉄の製錬は、まず鉱石(黄鉄鉱など)を火であぶって酸化させるところから始まる。その後、炭素(木炭)とともに加熱することで酸素を除去する(酸素を炭素と結合させて二酸化炭素にする)。これは化学用語で還元と呼ばれる反応で、還元によって化合物中に存在する鉄は元素そのものの形(金属鉄)に変化し、窯や炉であれば融けた鉄として取り出すことができる。しかし、初期の製錬方法では実際には鉄を融かさず、ブルームと呼ばれる多孔質の鉄の塊を作り、それを叩いて鍛えることで鍛鉄にしていた。

鋳造用に鉄を融かすには、高炉(溶鉱炉)で空気を吹き込んで温度を上げる必要があった。古代中国では遅くとも1世紀頃からこの製法が用いられており、発明したのは漢代の技術者・役人の杜詩とされている。中国の冶金技師のなかにはそれ以前から手押しふいごを使って

右: 武装した兵士の戦闘を描いたアッティカの黒絵式アンフォラ。テラコッタ。アテネ、紀元前500-480年頃。[The J. Paul Getty Museum, Los Angeles.]

鉄鉱石を融かしていた者もいたようだが、杜詩は水車を使って自動でふいごを動かす方法を開発した。ヨーロッパで水力を利用した高炉が一般的になったのは16世紀初めのことで、その頃からようやく西洋の製鉄・製鋼の品質レベルが東洋に追いつきはじめる。水力は鉄製品を加工・成形するためのハンマーや圧延機の動力としても使われた。かくして、1700年頃になると、製鉄業はすでに「産業革命」をあらかた経験済みであった。

それでも、鉄に含まれる炭素の量がその鉄の性質を大きく左右すると知られるようになったのは、1722年にルネ=アントワーヌ・フェルショー・ド・レオミュールが発表してからであった。彼は、鋳鉄は最も炭素含有量が多く、鍛鉄は最も少なく、鋼鉄の理想値はその中間であることを示した。ただし、彼はこのとおりの叙述はしていない。まだ錬金術の思考法の影響を受けて化学の題材を扱っていた彼は、「重要なのは鉄に含まれる『塩と硫黄』の量である」と述べた。それでも彼は、鍛鉄の処理に使われる添加物のうち、炭素を含むものだけが良い鋼を作ることを明らかにした。鋼鉄におけるこのような「追加成分」の役割については、半世紀後にスウェーデンの化学者トルビョルン・ベリマンも入念に調べている。しかし彼もまた、その時代の化学の枷(かせ)に囚われており、鉄に含まれる「フロギストン(燃素)」と「カロリック(熱素)」の量で説明する形で結論を出した。フロギストンとカロリックというふたつの架空の元素については、後述する。ようやく1786年に、3人のフランス人科学者が「浸炭鋼とは、鉄が(…)一定の割合の天然の木炭(フランス語で*charbone*(シャルボン))と(…)結合したものにほかならない」と述べて、初めて明確な答えを示した。

ひとたびこの点が正しく理解されると、良質の鋼鉄の生産技術が向上した。特に1850年代になって、融けた鉄に空気を吹き付けて余分な炭素(およびその他の不純

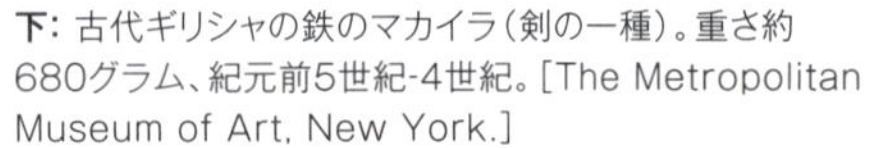

下: 古代ギリシャの鉄のマカイラ(剣の一種)。重さ約680グラム、紀元前5世紀-4世紀。[The Metropolitan Museum of Art, New York.]

物)を除去するという、英国のヘンリー・ベッセマーが発表した方法が登場してからは、製鋼の信頼性が高まった。ベッセマーは1855年1月にその特許を申請し、その年の10月に特許が認められている。しかし、同じ1850年代の初め、つまり彼よりも早く、ウィリアム・ケリーという米国人

上: 高炉で鉄を作り、鋳型に流し込む。ルネ=アントワーヌ・フェルショー・ド・レオミュールの『鍛鉄の鋼鉄への変換(*L'Art de Convertir le Fer Forgé en Acie*)』(1722)より。[University of Seville Library.]

右: 空気を吹き込んで鉄を鋼にするベッセマー転炉の稼働中の様子。1895年。[the Science History Institute, Philadelphia.]

右ページ:「線路の端、フンボルト平原にて」。米国ネヴァダ州で中国人労働者がセントラル・パシフィック鉄道の線路敷設作業を行っているところを撮影したA・ハートの写真。1865-1869年。[Library of Congress Prints & Photographs Division, Washington, DC.]

下: ウィリアム・ケリーの製鋼法の特許。1857年。[United States Patent and Trademark Office.]

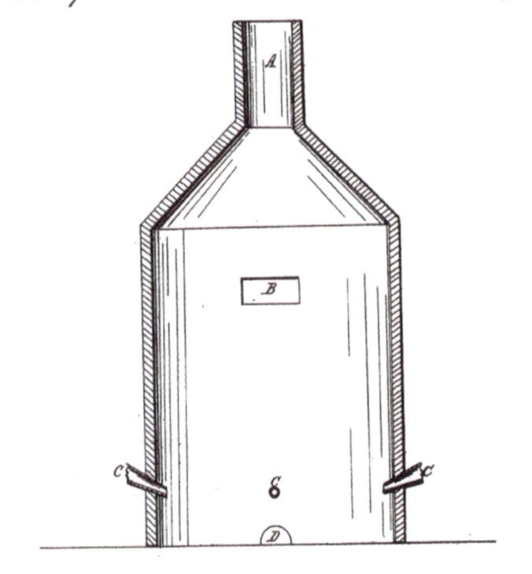

がほぼ同じ方法を開発しており、最初の発明者としての権利を主張した。ケリーは、自分の製鋼法の話が英国に伝わり、ベッセマーが模倣したと確信していた。ケリーは1857年に米国の特許を取得したが、その恩恵を受けることはほとんどなかった。というのも、同じ年に破産して特許権を売却したからである。今では、一般にこの方法の開発と結びつけて語られるのは、ベッセマーの方である。

鋼鉄の線路は鍛鉄の線路よりもはるかに長持ちする。ベッセマー法で作られた鋼鉄を使った鉄道網が、1860年代後半から急速に発展しはじめた。19世紀末には、建設業界や運輸業界のいたるところで、鍛鉄に代わって鋼鉄が使われるようになる。近代の鉄器時代——より正確には鋼鉄時代——の到来であった。

第 3 章

錬金術の元素

左: 化学的な変化を起こさせようとする錬金術師を象徴的に描いた絵。エドワード・ケリー『地上における天文学の劇場(*Theatrum Astronomiae Terrestris*)』(1750)より。[Saxon State and University Library, Dresden.]

錬金術の元素

紀元前221
秦の始皇帝が中国を統一。彼は晩年、不老不死の薬探しに躍起になる。

124頃
中国で魏伯陽(ぎはくよう)が『周易参同契(しゅうえきさんどうけい)』を著す。あらゆる文化圏を通じて最古の錬金術書とされる。

700-800頃
ペルシャ出身のジャービル・イブン・ハイヤーンが錬金術書を著し、硫酸や硝酸を含む多くの物質を同定する。彼は8世紀から14世紀にかけてのイスラーム黄金時代における主要人物のひとりである。

1150頃-1500頃
ヨーロッパのゴシック時代。新発明、技術進歩、経済成長の速度が増した時期として知られる。

1200頃
高炉が初めてヨーロッパに登場する。ただし、高炉自体はすでに1世紀には中国で開発されていたとされる。

1415-1420
イタリア・ルネサンス期の建築家フィリッポ・ブルネレスキが、初めて正しい透視図法(遠近法)を用いる。

1440頃
金細工師ヨハネス・グーテンベルクが活版印刷技術を発明。識字率の向上につながる。

中世からルネサンスまで、化学は錬金術(alchemy(アルケミー))と同義だった。その時代から、18世紀に科学の一分野として明白に近代的な化学が確立されるまでの間、化学はしばしばケミストリー(chemistry)ではなくキミストリー(chymistry)と呼ばれた。この言葉が示唆するように、キミストリーは過渡期の学問であり、錬金術と近代化学のどちらでもなく、いわば両者の混合物であった(むろん、現代から振り返ればそう見えるということである)。当時、alchemyとchymistryとchemistryは同じように使われていた。16世紀から17世紀にかけてのキミスト(キミストリーを行う者)たちがやっていたことは、自然哲学者や科学者たちが今に至るまで連綿と行ってきたことと同じであった。すなわち、世界の仕組みを解明し、その知識を人類がどう使えるかを考え、従来の理論を少しずつでも改良していくことを目指していたのだ。しかし一方で彼らは、賢明である場合よりも、「先人や同輩たちが見逃していた答えを自分は手に入れた」と主張することの方が多かった。科学が常にそうであるように、キミストリーもまた発展途上だったのだ。

当時の化学は、医薬品作りという重要な仕事に多くの力を注いでいた。化学がそのような目的のために使えるという発想は、古くからあった。中国では、少なくとも漢代(紀元前202年-220年)以降、錬金術師(錬丹術師)の仕事の多くは不老不死の霊薬を作ることに関係していた。中世ヨーロッパでは、ひとかどの薬屋ならどこでも、テリアカ(*theriaca*)と呼ばれる万能薬を売っていた。テリアカは古代ギリシャやローマの処方に由来し、あぶり焼きにしたヘビなどの成分を含んでいた。化学的手法で洗練された治療薬を作るために蒸留などの処理を行う技法を提唱したのは、14世紀のカタルーニャの医師アルナウ・ダ・ヴィラノヴァ(アルナルドゥス・デ・ウィラノウァ)と、フランスのルペシッサのヨハネスであった。彼らの薬に効能があったかどうかは不明だが、彼らの研究は新しい化学的処理手法や新たな物質の開発と普及に役立った。たとえば、アルナウは蒸留によってほぼ純粋なアルコールを作った。

このふたりに影響されたのが、16世紀のスイスの医師パラケルススである。パラケルススという名は、ルネサンス期の他の多くの人物と同様、ラテン語による自称である。本名はフィリップス・アウレオルス・テオフラストゥス・ボンバストゥス・フォン・ホーエンハイムといい、シュヴァーベン地方の貧乏貴族の出だった。パラケルススは、ルネサンス期の誰にも増して、錬金術を黄金作りの探求から医薬品へ向かわせた人物と言えるだろう(彼は金も作ろうとしたが)。パラケルススの最も有名な治療薬のひとつがラウダヌム(ローダナム)で、奇跡的な効能があると言われていた。彼の助手は後に、パラケルススはラウダヌムの錠剤で「死者を目覚めさせることができた」と主張している。奇跡の妙薬とされたこの薬に何が入っていたのかは誰も知らない。しかし17世紀になると、同じ名前の薬を英国の医師トマス・シデナムが宣伝しはじめる。シデナムのローダナムはアヘンをアルコールに溶かして香辛料で味付けしたものだった。病気や怪我を治すことはなかったろうが、患者の痛みや苦痛は和らげただろう。

17世紀の末まで、医学はキミストリーにおける主要テーマであり続けた。しかし、パラケル

左: 王と王妃の結合が、元素を表す4つの頭部とともに描かれたフラスコの絵。アルナウ・ダ・ヴィラノヴァの錬金術書『神よりの賜り物(*Donum Dei*)』(1450-1500)より。[The British Library, London.]

ススの視野は単なる実用的な医療を超えて広がっていた。彼は「化学哲学」を確立した中心人物だった。この化学哲学は、宇宙で起きているあらゆる事象は化学によって解釈できるとする。たとえば、海の水が蒸発して雨となって降るのは、錬金術の研究室における蒸留のプロセスと酷似している。人体も化学の原理に司られていて、パラケルススによれば、私たちはみな、食物を血や肉や骨に変える一種の錬金術師を体内に持っている(これはある意味では本当である)。聖書の創世記で原初の混沌から空や水や地が切り分けられることさえ、化学的プロセスとみなすことが可能だ。

もちろんそこには、科学的自然観とみなせるものと並んで、神秘主義に由来するものが同じくらいたくさん含まれていた。しかし、この化学哲学の図式の中に、自然は合理的なプロセス(研究室で調べられるプロセス)として理解可能だという考えの萌芽を見るのは、決して荒唐無稽ではない。実際その図式は、宇宙の始まりと進化をビッグバン理論で説明でき、それを加速器で調べることができるという現代の宇宙観と、それほどかけ離れてはいない。化学哲学の図式は、化学と元素を万物の中心に据えた、かなり美しい考え方であったことは否定できない。

硫黄

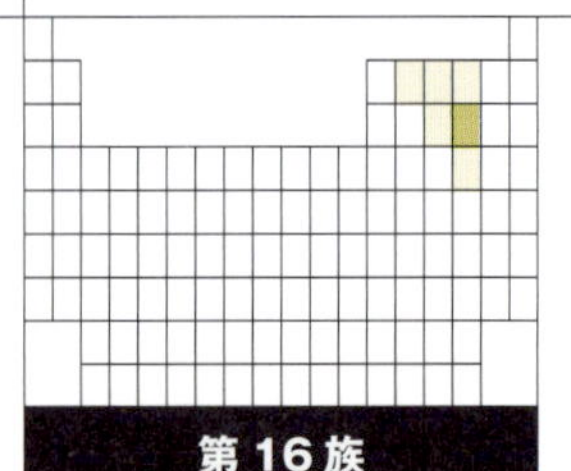

第16族

16
S
硫黄

非金属

原子番号
16

原子量
32.07

標準温度圧力での状態
固体

右上：パラケルススの「薔薇十字団肖像画」。手にする剣の柄頭（つかがしら）の中に、彼の「アゾート」〔錬金術師が万能の霊薬あるいは溶媒と考えた物質〕が隠されていたと言われている。著書『パラケルススの大哲学（*Philosophiae Magnae Paracelsi*）』（1567）の口絵。［Science History Institute, Philadelphia.］

硫黄（sulphur）はかつてbrimstone（地獄の業火）とも呼ばれた。硫黄には常に悪魔の匂いがつきまとってきた。驚くほどのこともない、天然の硫黄鉱床はたいてい、火山周辺という地獄のような場所に存在するからだ。1989年にコスタリカのある火口湖を調査していた2人の英国人科学者は、高温のため水が全部蒸発し、融けた硫黄が溜まった高温の穴がいくつも顔を出しているのを発見した。硫黄溜まりの表面は明るい黄色の結晶で覆われ、周辺には二酸化硫黄（硫黄と酸素が結合した気体）の刺激臭が漂っていた。

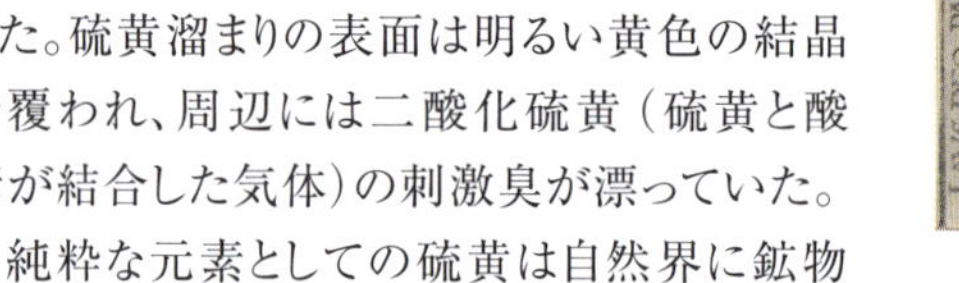

純粋な元素としての硫黄は自然界に鉱物の形で存在するので、硫黄はわざわざ“発見”される必要のない元素のひとつである。硫黄には常に用途があったため、火山地帯の硫黄鉱床は古代から採掘されてきた。刺激臭のある硫黄は薫蒸（くんじょう）剤として重宝された。硫黄を燃やして二酸化硫黄ガスを発生させ、ネズミ、ゴキブリ、ノミなどを追い払ったのである。その種の有害生物が寄りつかないよう、硫黄の粉を食料品店に撒（ま）くこともあった。硫黄は薬としても使われた。古代や中世の医師たちは4種類の体液が健康を司っていると信じ、それらのバランスを回復させるのに硫黄が役立つと考えた。アラビアの錬金術師たちは硫黄を含む軟膏について述べ、影響力の強かったスイスの医師パラケルススとその信奉者たちは、かゆみを治すために硫黄を使う治療法を推奨した。

硫黄はその可燃性ゆえに、火との連想を生む。旧約聖書の創世記には、罪深い人々を滅ぼすため「主はソドムとゴモラの上に（…）硫黄の火を降らせ」たと記されている。ジョン・ミルトンは『失楽園』第2巻で、サタンの堕（お）とされた場所をひどい悪臭の煙が立ち込める場所として描写し、「奈落（タルタロス）の硫黄と異様な火」に満ちていると書いている。たしかに、硫黄は地獄を思わせる物質である。7世紀ごろからビザンツ帝国が海戦で使用した「ギリシャ火」と呼ばれる焼夷兵器には、おそらく硫黄が含まれていたと考えられている。強力な兵器であったギリシャ火の正確な組成は不明だが（さまざまな配合があったことだろう）、ほとんどの場合、原油や樹脂に由来する燃えやすい物質と硫黄が含まれていたようである。どの記述を見ても、その火は水に浮いている時でさえ消火がほぼ不可能だったとされている。

その後、硫黄は黒色火薬の原料となった。黒色火薬は、中国でおそらく9世紀頃に発明されたことが知られている。中国人は当初はこれを娯楽のためだけに——今も彼らが愛好する爆竹を作るために——使っており、およそ250年後にその製法の秘密

上: 英国の画家ジョン・マーティンが油絵《ソドムとゴモラの破壊》（1852）に描いた、降り注ぐ硫黄の火。[Laing Art Gallery, Newcastle-upon-Tyne.]

右: イスラームの錬金術師ジャービル・イブン・ハイヤーン。ジョヴァンニ・ベッリーニ作の絵と思われる。『錬金術雑録（*Miscellanea d'Alchimia*）』（1460-1475）より。[Laurentian Medicean Library, Florence.]

が西洋に漏れると、西洋人はすぐにそれを殺傷用に使うようになった、という俗説が時々語られる。しかし、実際はそうではない。中国でも少なくとも11世紀には火薬が戦争で使われ、包囲戦や海戦で敵陣に火矢が放たれたり爆弾が投げ込まれたりした。黒色火薬は硫黄と木炭と硝石（硝酸カリウム）を組み合わせて作られる。硝石が酸素を供給することで、硫黄と木炭が急速かつ激烈に燃焼する仕組みである。激しい爆発を起こすのは主に木炭だが、硫黄があると、単独の場合よりも低い温度で着火する。

硫黄は錬金術師にとって常に関心の的であった。彼らは、金を別の金属から作る際に硫黄が必要なのではないかと考えていた。アラビアの錬金術師ジャービル・イブン・ハイヤーンは、あらゆる金属は硫黄と水銀という2種類の「要素（元になるもの）」で構成されており、黄金作りはこのふたつをいかに適切な割合で組み合わせるかの問題であると考えていた。パラケルススはこの「金属の統一理論」を拡張させ、第三の成分として塩を加えることで、作られる対象を金属にとどまらずすべての物質へと広げた。彼の主張は、水銀は物体を流動的にし、塩は物体に“肉体”を与えて固体にし、硫黄は可燃性の要素として物体を燃え上がらせる、というものだった。

地獄の業火の臭い

初期の錬金術で最も影響力の大きかった文書のいくつかは、3世紀後半頃にパノポリス（ローマ時代のエジプトの都市）のゾシモスが書いたものである（少なくとも、後の時代の錬金術師が使用した書物には彼の名前が付されていた。とはいえ、彼自身についてや、彼が本当にそれらの書を著したのかどうかについては、ほとんどわかっていない。錬金術書は、信頼できそうだと思わせるため、著名な人物の著作とされることが多かった）。ゾシモスは「硫黄水」と呼ばれる物質について、それを使うと卑金属を金のように見せることができると述べた。金のように見せる処理は多くの段階に分かれた複雑な工程を必要とし、工程ごとに金属の色が変化するという。どの工程も何らかの化学反応を伴っていたと思われるが、それが何であったかの解明は必ずしも容易ではない。硫黄水は、どうやら、鉛とスズと銅と鉄の合金に金のような黄色味を与えるために塗られたようである。硫黄水自体は、硫黄と石灰（炭酸カルシウム）を加熱してできたものを水に溶かして作られた。硫化水素（卵の腐ったような臭いのガス）の溶液だったとみられている。

臭いは硫黄の宿命である。「化学は悪臭がする」という評判を揺るがぬものにした主犯は、おそらく硫黄の臭いだろう。刺激臭のある二酸化硫黄や卵の腐ったような臭いの硫化水素のほか、硫黄を含むメルカプタンという化合物もあり、その臭いはニンニクに似たものから、腐ったキャベツや腐ったタマネギのようなものまでさまざまである。胃や腸にガスがたまることによる膨満感にも、硫黄が関係している。たとえば、硫黄を含む芽キャベツの独特な（人に

下: 元寇の際に元軍が使用した火薬玉（「てつはう」）。鎌倉幕府の御家人・竹崎季長が描かせたとされる絵巻物『蒙古襲来絵詞』（13世紀）より。［宮内庁所蔵］。

よっては不快に感じる）においと苦味は、グルコシノレートと呼ばれる分子に由来する。グルコシノレートは、その名〔gulco-（グルコ）という接頭辞はブドウ糖をあらわす〕が示すように糖類と少し似ているが、硫黄がしゃしゃり出て甘味を全く逆のものに置き換えてしまっている。このひねくれた化学的性質がある限り――より正確に言えば、人類の体が進化の過程で得た硫黄への反応のしかたが変わらぬ限り――、硫黄が人々の頭の中で悪魔と結びつけられる不遇から解放されることは永遠にないだろう。

上：「錬金術師の三元素」（左から水銀、硫黄、塩）を寓意的に描いた絵。ザラスシュトラ（ゾロアスター）の著という触れ込みでドイツで作られた写本『クラヴィス・アルティス（*Clavis Artis*）』（1858）より。［Attilio Hortis Civic Library, Trieste.］

右：中国の元代（1206-1368年）のものと思われる陶製の鉄菱付き炸裂弾（てつはう）。［中国国家博物館、北京］。

リン

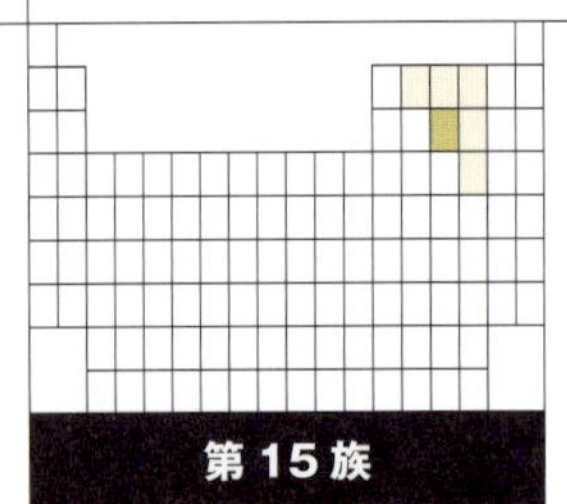

第15族

15
P
リン

非金属

原子番号
15

原子量
30.97

標準温度圧力での状態
固体

元素発見の物語のドラマチックさにおいて、リンに勝るものはないだろう。波乱、陰謀、謎、苦難、わくわく感、危険のすべてと、おまけに臭いニオイまで詰め込まれている。リンの物語は他のどの元素の物語よりも、科学的発見において自分の鼻を信じることの価値を、まさに文字通りに示している。

右ページ: ダービーのジョセフ・ライトの油絵《錬金術師、賢者の石を求めて(*The Alchymist, In Search of the Philosopher's Stone*)》。1771年。[Derby Museum and Art Gallery, England.]

ヘニッヒ・ブラントは、錬金術が衰退しつつあった——いや、むしろ私たちがいま化学と呼んでいる学問へと変化しつつあった——時代の錬金術師である。彼は17世紀中葉のハンブルクで暮らしていた。彼の背景については、ガラス職人でもあったことと、卑金属を金に変えることができるとされる「賢者の石」の存在を信じていたこと以外ほとんど知られていない。物質を変化させる力を持つ「賢者の石」が約束する富は何世紀にもわたって錬金術師たちを魅了していたし、ブラントにはそれを追い求めるだけの理由があった。彼の実験費用は、最初の妻の持参金と、彼女と死別した後の再婚相手である裕福な未亡人の財産によってまかなわれていた。しかし、それだけでは不十分だったため、ブラントは錬金術の研究で利益を上げることを常に考えていた。そして、現代の私たちの目には奇異に映るが、彼は、もしかしたら賢者の石の鍵となる成分を尿から蒸留できるのではないかという考えに行き着いた。彼は1669年頃から大量の尿を集めはじめ、それを煮詰めて、できたタール状の物質を砂と

pag. 3.
I. A Paper
Of ye Honourable Robt Boyle's deposited with ye Secretarys of ye Royal Society Oct. 14, 1680. & opened since his death being his Account of ye way of makeing ye Phosphorus, &c.
21.
Sept: ye 30th 1680. — There was taken a Considerable quantity of Man's Urine, (because ye Liquor yeilds but a small proportion of ye desired quintessence;) and of this a good part at least, had been for a pretty whyle digested before it was used. Then this Liquor was distilled wth moderate heat, till ye Spirituous or Saline parts were drawn off; after wch ye superfluous moisture alsoe was abstracted (or evaporated away) till ye remaineing substance was brought to ye consistence of a some what thick Syrup, or a thin extract. This done, it was well incorporated wth thrice its weight of fine white sand, and ye mixture being put into a strong stone-Retort, to wch a large Receiver (in good part fild with water) was so joyned, yt ye nose of ye Retort did almost touch ye water: then ye two Vessells being carefully luted together, a naked fire was gradually administred for 5 or 6 hours, that all that was either Phlegmatick or Volatile might come over first. When this was done, ye fire was increas'd, & at length for 5 or 6 hours made as strong & intense as the furnace (wch was not bad,) was capable of giveing: (wch violence of fire is a circumstance not to be omitted in this operation.) By this means there
vid. Tr. 196.
but

右: 尿を材料にしたリンの製法。ロバート・ボイルの『リンの作り方(*Way of Making Phosphorus*)』(1680)より。[The Royal Society, London.]

左: ロバート·ボイルの空気ポンプとその部品が描かれた銅版画。ボイルの『物理学——機械学的な新実験（*New Experiments Physico-Mechanicall*）』（1660）より。[Science History Institute, Philadelphia.]

木炭と混ぜてレトルト(蒸留器具)に入れた。

ブラントがレトルトを炉で高温に熱すると白い蒸気が発生し、それを別のフラスコに導いて凝縮させたところ軟らかい固体が得られた。それは、加熱するとニンニクのにおいがし、自ら光を発し、空気に触れると燃え上がった。彼はこの物質を集め、6年間秘密にして、その間、これを賢者の石に変えようと試みた。彼の発見を絵画として永遠に留めたのが、1世紀後の英国ダービーの画家ジョセフ・ライトの作品である。ライトは、中世ゴシック様式の地下室のような実験室でひざまずく錬金術師を描いた——まるで神の啓示を受けた修道士ででもあるかのように。目の前のフラスコから光があふれて周囲を照らし、劇的な陰影が生まれている。ライトは、啓示という宗教的体験と、科学的発見という驚嘆すべき出来事との類似性を描きたかったのだ。これは、その頃に科学の時代の幕開けを告げるものと考えられていた「啓蒙」のプロセスの寓喩であった。

ブラントが秘密にしていたにもかかわらず、彼の発見の話は漏れ伝わった。1670年代半ばにそれを聞きつけたヴィッテンベルク大学の化学教授ヨハン・クンケルは、ブラントを探し出そうと決意した。しかし、ブラントを狙っていたのは彼だけではなかった。クンケルは、ドレスデンのダニエル・クラフトという同僚に手紙でこの話を書いていた(クンケルは後にこれを後悔することになる)。クラフトは、この一件は調べるに値すると考えた。伝えられるところでは、クラフトが先にブラントにたどり着き、光る物質をいくらで供給してくれるかと価格交渉をしている最中にクンケルが現れ、その物質の製法の秘密を教えてほしいと懇願したという。ブラントは、それが尿から作られたことだけを明かしたようだが、クンケルにはそれで十分だった。彼は尿の蒸留を開始し、1676年に目当ての物質を取り出すことに成功した。

クラフトはすでに新しい物質を売り歩いていた。その物質はphosphorus(原義は「光を運ぶもの」)として知られるようになった〔日本語ではリン〕。それが新元素であることは、誰も知らなかった。そういうわけで、17世紀にはphosphorusという言葉は、自然発光する(燐光を発する)あらゆる物質に無差別に使われるようになった。クラフトは、ブラントの作ったリンを携えてヨーロッパ各地の宮廷を回り、高額な金銭と引き換えに発光の実演を見せていた。実演がどのようなものだったかは、科学者ロバート・ボイル(72ページ参照)がロンドンにできたばかりの王立協会に寄せた報告に記されている。王立協会は、あらゆる新奇なことに関心を持つ自然哲学者の集まりであった。

それによれば、クラフトは1677年9月、固体や液体の入った小瓶や試験管やフラスコを持って、ロンドンにあるボイルの自宅「ラネラ・ハウス」を訪れた。容器のひとつに赤っぽい液体が入っており、「火から取り出したばかりの赤熱した大砲の弾のように」光っていた。クラフトはそのリンに指を浸し、DOMINI〔神の〕という光り輝く文字を書いた。また、その物質の小片をボイルの姉の高級絨毯の上に撒き散らし、星のように光らせた(この家は姉の家だった)。

好奇心旺盛で優れた化学者であったボイルは、この物質を自分で作る方法を是が非でも知りたがったが、クラフトが教えてくれたのは「人間の体内」から得られるということだけだった。ボイルは原料が尿であることを正しく推測し、アンブローズ・ゴドフリー・ハンクヴィッツというドイツ人を助手に雇って、リン作りを手伝わせた。ゴドフリー(彼はその名で知られていた)はハンブルクに赴き、ブラント自身から処理方法をより詳しく教わった。そのブラントは、ドイツの哲学者ゴットフリート・ライプニッツに再発見され、ライプニッツが王立協会に宛てた手紙に彼の功績を書いたことで、初めてこの発見に果たした役割が世に明らかになった。ゴドフリーはロンドンの下宿でリンの蒸留に成功し、ボイルにこの魅惑的な元素を望むだけ供給した。

リンはいっぷう変わった物質である。単体(1種類の元素からできた物質)が、赤リン、白リン、黒リンなど何種類かの形で存在するのだ(これを「同素体」という)。最もよく見られるのは白リンで、軟らかいロウ状で、わずか44℃で融解する。酸素に触れると化学反応を起こして発光する。また、空気中で自然発火しやすいため、焼夷弾や、弾丸の軌跡が見える曳光弾に使用される。

リンは本当に恐ろしい物質である。皮膚に触れると重度の火傷を引き起こしうるし、毒性も強い。ところがもう一方では、化学のパラドックスとでも言うべきか、リンは生命にとって不可欠な元素のひとつである。リンが酸素と結合してリン酸塩という形を取ったものは、骨の組織を構成したり、すべての生物の遺伝子の運び手であるDNA分子の骨格(はしごの縦木)として塩基対を結びつけたりしている。人間の体内には非常に多くのリンが存在し、余剰分は排泄されるため、尿中にリンが多く含まれているのである。リンは自然界に存在するあらゆる元素の中で、最も驚きに満ち、最も人を当惑させるもののひとつといえる。

アンチモン

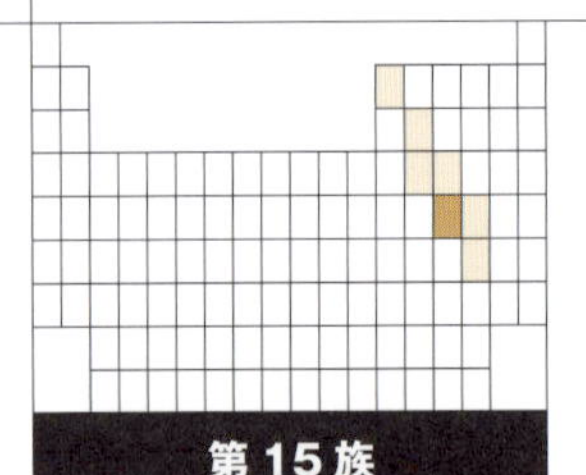

第15族

51

Sb

アンチモン

半金属

原子番号
51

原子量
121.8

標準温度圧力での状態
固体

右ページ:バシリウス・ヴァレンティヌスの『アンチモンの凱旋車(*The Triumphal Chariot of Antimony*)』にテオドール・ケルクリンクが解説を付した版の口絵。1671年。[The Getty Research Institute, Los Angeles.]

多くの元素は、最初は他の元素と結合した形で、つまり化合物として認識され、命名された。アンチモンもそのひとつである。アンチモンは自然界では硫化物〔硫黄との化合物〕として存在し、ローマ人はこれを*stibium*(スティビウム)と呼んだ(今日では英語でstibnite(スティブナイト)〔日本語では輝安鉱(きあんこう)〕と呼ばれる)。アンチモンの元素記号がSbなのはそのためである。

輝安鉱は黒色で柔らかいため、エジプト人は粉末にしてロウやオイルと混ぜ、化粧品として使っていた。アッシリア語で「目の塗料」を意味する*guhlu*(グフル)を語源としてアラビア語の*kuhl*(クフル)が生まれ、現代の英語でもマスカラなどの黒いアイメイク用品をkohl(コール)と呼ぶことがある。また、輝安鉱の軟膏は目の感染症を治すと考えられており、1世紀のギリシャの医師ディオスコリデスは、これを医薬品として挙げている。

上: コール(アンチモンを主成分とする化粧品)でメイクをした古代エジプトの女性が、シストラムという楽器を手にしているところ。テーベのデイル・エル・メディナ遺跡で出土。新王国時代、紀元前1250年頃−1200年頃。[Walters Art Museum, Baltimore.]

長い間、輝安鉱には治療効果があると考えられていた。13世紀から14世紀にかけて、カタルーニャのアルナウ・ダ・ヴィラノヴァとルペシッサのヨハネスというふたりの錬金術師が蒸留によってさまざまな新物質を作り出し、それらを「スピリット(精気)」や「クインテッセンス(第五元素)」と呼んだ。アリストテレスが天に満ちる第5の元素すなわちエーテルを指して使った言葉を引っ張り出したのである。そのなかには輝安鉱を酢に溶かして蒸留したものもあり、ルペシッサのヨハネスはこれを「血のように赤い雫(しずく)」で「甘さにおいて蜂蜜に勝る」と主張した。

kohl(コール)にアラビア語の冠詞をつけるとal-kohlで、これが「アルコール」の語源である。黒い鉱物の名前が透明な揮発性の液体を指す言葉に転じるとは、おかしな話ではないか? しかし、錬金術ではこのような横滑りは珍しくない。アル・コールは最初は輝安鉱の粉末のことだった。次にどんな種類の粉末もそう呼ぶようになり、やがて、錬金術師が蒸留によって作り出したクインテッセンスのような、あらゆる種類の物質の「エッセンス」を意味するようになった。そしてついに、そうしたエッセンスのうちの特定の1種類——ワインを蒸留すると得られる酒精——になったのである。

パラケルススが好んだ治療薬のひとつに「アンチモニー」があり、17世紀の彼の信奉者たちは熱心にこれを推奨した。アンチモニーはアンチモンを含む化合物のことで、

CVRRVS
TRIVMPHALIS
ANTIMONII.

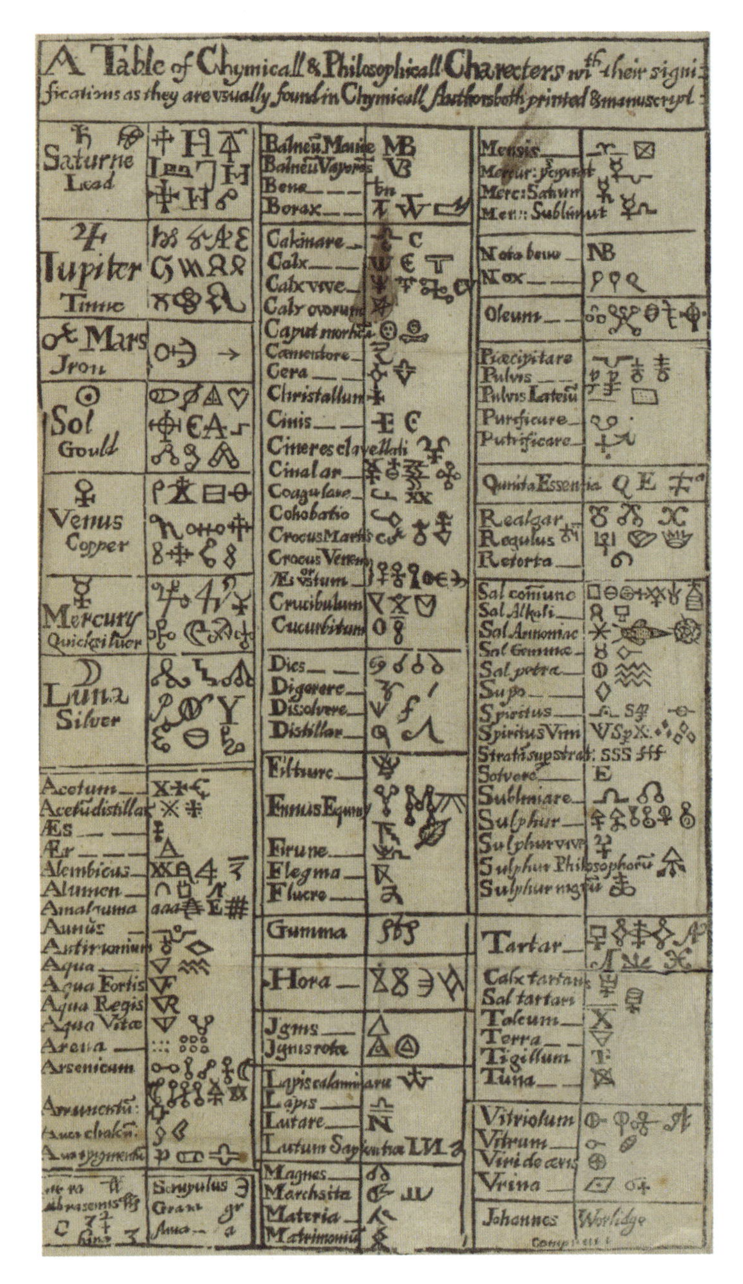

上：2個のレトルト（化学で蒸留に使う器具）。バシリウス・ヴァレンティヌスの『アンチモンの凱旋車』にテオドール・ケルクリンクが解説を付した版より。1671年。[The Getty Research Institute, Los Angeles.]

左：「化学（キミストリー）と哲学の記号一覧表」。バシリウス・ヴァレンティヌスの『遺言の書（*The Last Will and Testament*）』（1671）より。[Science History Institute, Philadelphia.]

輝安鉱はその一例である。「パラケルスス派」の医師たちは、時にイアトロケミストと呼ばれた。イアトロケミストリーは「医療化学」という意味で、彼らは医療を化学の観点から捉えようとし、四体液のバランスで健康が保たれるという古い考え方に反対した。そして、特定の病気は特定の化学薬品で治療する必要があり、医師の仕事はそれを調合して処方することだと主張した。この考え方は多くの有用な化学が発展する原動力となったが、常に良い治療法につながるわけではなかった。アンチモンにはかなりの毒性がある。モーツァルトは医師が処方したアンチモン塩の摂り過ぎで死んだ可能性があるとされているし、アンチモンはヴィクトリア朝の毒殺者たちのお気に入りであった。17世紀に出版された『アンチモンの凱旋車』という書物には、アンチモンの名前は*anti-monachos*（アンティ モナコス）（反修道士、修道士殺し）に由来すると書かれている。アンチモンを含む薬をベネディクト会修道士たちが服用したところ、

左: 日光を集束させてアンチモンを燃焼させている様子。ニケイズ・ル・フェーヴル『化学に関する論考(*Traité de la Chymie*)』(1669)より。[Science History Institute, Philadelphia.]

毒で死んでしまったから、という話である。「孤独嫌い」を意味する*anti-monos*(アンティ モノス)が由来ではないかとする説もある。こちらの理由は、アンチモンの主要な鉱石である輝安鉱は単独で見つかることが少なく、一般に他の鉱物と一緒に存在しているからだろうとされている。とはいえ本当のところは誰にもわからない。アンチモンという言葉が使われている最古の記録は、11世紀にアラビアの錬金術師が書いた書物である。

アンチモン戦争

『アンチモンの凱旋車』の出版当時は、特にフランスで、アンチモン薬の評価をめぐってパラケルスス派と伝統的な医師たちの間で激しい論争が繰り広げられており、「アンチモン戦争」とまで呼ばれるほどだった。この本はその論争の中の攻撃の矢のひとつだったのである。パラケルスス派は、自分たちはアンチモンに毒性があることも承知のうえで、化学的手法で効果と悪影響を分離していると主張した。しかし、この論争は実際のところ権力争いであった。パラケルスス派と伝統医療派はフランス宮廷内で影響力を争うライバル同士であり、アンチモンについてどちらが正しいかは、医学のあらゆる面における優位性を賭けた闘争だったのだ。それはまた、化学そのものの精神をめぐる戦いでもあった。難解な用語を操り、錬金術のいかがわしい時代を思い起こさせるパラケルスス派に化学を委ねるのか、それとも化学が透明性と合理性を備えた科学になる時が来たのか?

初めて純粋なアンチモンが鉱石から分離されたのがいつなのかは不明である。ただ、硫化アンチモンを空気中で熱すれば硫黄を取り除くことができるため、それほど難しい作業ではなく、古代にも行われていた。紀元前3千年紀の中東やエジプトから「金属アンチモン」を含む物体が出土したという主張もあるが、考古学者たちは異議を唱えている。純粋なアンチモンは、鉛に似た灰色がかった金属に見える。しかし実際は本当の金属ではなく「半金属」と呼ばれるグループに属し、金属ほど電気を通さない。それでも、鉛やスズなど他の金属と混ぜて合金を作ることができる。用途のひとつが活版印刷の活字用合金で、アンチモンは冷えて固まる時にわずかに膨張するため、細部まで角がきっちりと成型された活字ができる。

アンチモンの毒は腸の不調を引き起こすことから、逆に便秘薬にもなる。中世の人々は、便秘対策として純アンチモンの小さな粒を使った。この錠剤は決して安くはなかったため、ひと仕事終えて排出されると慎重に回収され、繰り返し使われた(この話はあまり深く追求しないほうがいいだろう)。

フロギストン

パラケルススは、硫黄が「燃焼の（元になる）要素（プリンシプル）」であると述べて、「燃えるものはすべて、その中に含まれる成分のゆえに燃焼する」という考え方を確立した。パラケルススのいう「要素」は、現代の元素の概念とは異なっていて、分離して精製できるような物質ではなかった。ただ、化学史の研究者たちの間では、パラケルススがすべての金属の構成成分であると考えていた「硫黄」や「水銀」と、錬金術師が作ることのできた黄色い鉱物や銀色の液体金属が同じものとみなされていたかどうかについては、今でも議論がある。それでも、これらの「要素」は徐々に、古代の元素観における「元素」に近いものへと進化していった。18世紀には、「物質に可燃性を与える要素」は、初期の化学者がフロギストンと呼んだもの――おそらく最も有名な「実在しなかった元素」――になった（フロギストンの語源は、「火をつける」という意味のギリシャ語である）。

その変化は徐々に進んだ。まず、ドイツの錬金術師ヨハン・ヨアヒム・ベッヒャーがパラケルスス派の図式を修正し、「土」には3つのタイプがあると述べた。液体タイプ（水銀など）、固体タイプ（塩など）、脂肪に似ていて燃えるタイプ（硫黄など）である。ベッヒャーはある種の“先祖返り”、つまり、いかがわしさの付きまとう錬金術師で、17世紀後半にヨーロッパ各地を巡り、黄金を作ってやるから代わりに報酬をよこせと人々に説いて回った人物であった。ベッヒャーの黄金錬成技法はともかく、土をタイプ分けした発想は、ドイツのハレ大学の化学者ゲオルク・エルンスト・シュタールを納得させた。シュタールは1703年にベッヒャーの鉱物論の新版を編集・出版し、その中で「脂性の土」をフロギストンと改名した。物質が燃えると、その物質に含まれていたフロギストンが空気中に放出される――そうシュタールは述べた。薪が燃えると軽くなることがこれで説明でき、残った灰は元の物質のほんの一部に過ぎない、ということだ。シュタールによれば、硫黄は「ヴィトリオール」（現在でいう硫酸）とフロギストンの混合物であった。

上: ヨハン・ヨアヒム・ベッヒャー『地下世界の自然学（*Physica Subterranea*）』（1738）の口絵。「脂性の土（*terra pinguis*）」という概念を紹介した。[University of Miskolc.]

燃焼という問題

シュタールの考えは理にかなっているように見え、18世紀を通じて大部分の化学者がフロギストン説を信じて、燃焼だけでなく呼吸、酸、アルカリなどの説明にもこの理論を使った。彼らは、燃焼の際に放出されるフロギストン

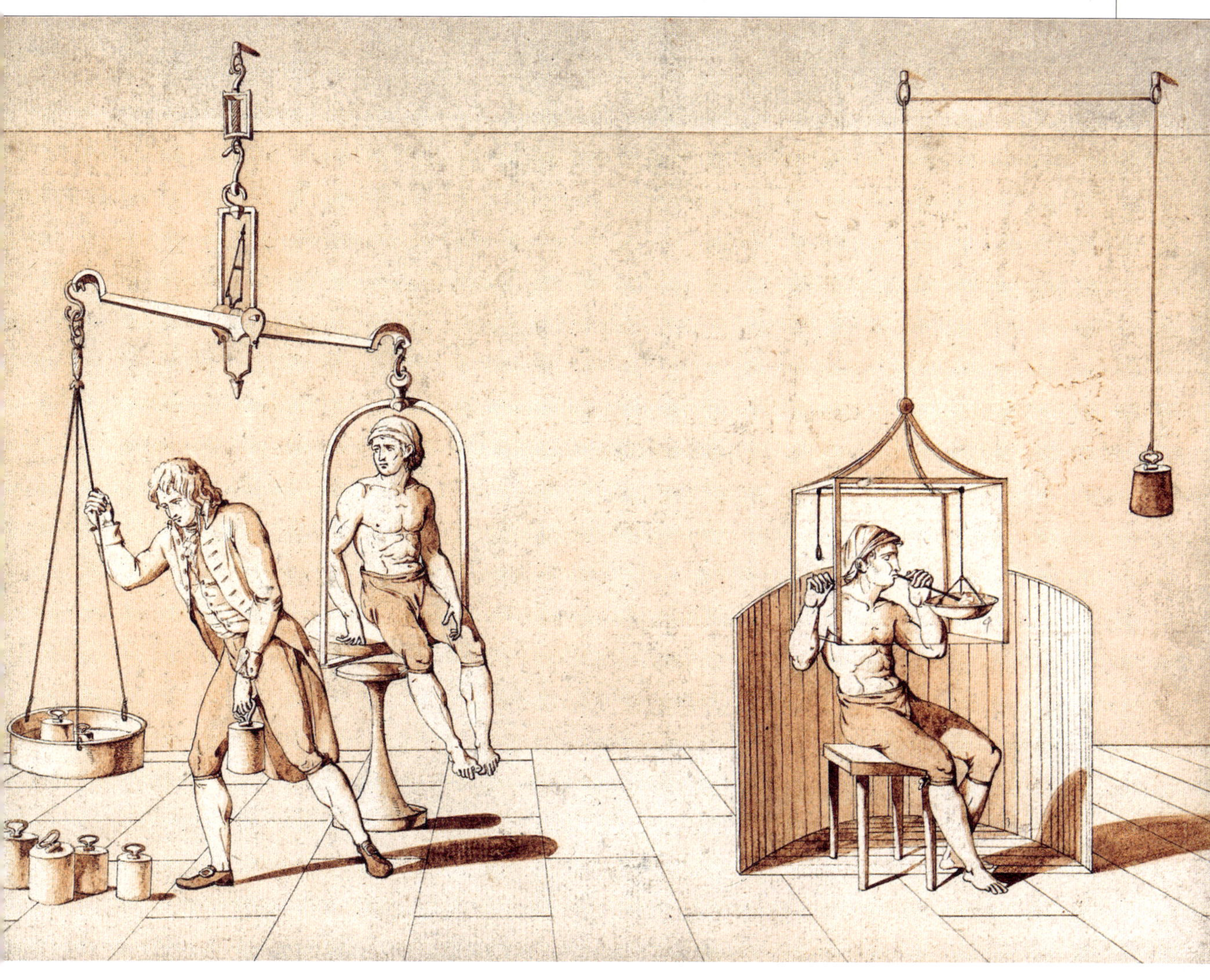

上：アントワーヌ・ラヴォアジエの呼吸の実験を、妻マリー＝アンヌ・ピエレット・ポールズ・ラヴォアジエがペンと水彩で描いた絵。1790年頃。［Wellcome Collection, London.］

右：フロギストンが除かれた空気を呼吸する装置。ヤン・インゲンホウス『多様な物質の新しい実験と観察（*Nouvelles Expériences et Observations Sur Divers Objets de Physique*）』（1789）より。［Wellcome Collection, London.］

で空気が「飽和」すると、それ以上フロギストンを吸収できなくなると考え、火をつけたロウソクに釣鐘形のガラスをかぶせるとしばらくして火が消えるのはそのためだと説明した。逆に言えば、もし空気からフロギストンを奪うことができれば、より長く燃焼が持続することになる。18世紀の英国の科学者ジョゼフ・プリーストリーは、酸化水銀を熱してガスを発生させると、まだ火の残る燃え殻が明るく輝く

左: 化学者ヨハン・ヨアヒム・ベッヒャーを描いたヴォルフガング・フィリップ・キリアンの版画。1675年。[Wellcome Collection, London.]

ことを発見したが、このガスを「フロギストンを奪われた空気」だと考えた（実際は酸素である）。また、別の研究者たちは金属と酸を反応させてガスを作り、それが爆発的に発火することを発見し、これが純粋なフロギストンなのではないかと疑った（実際は水素ガスである）。

フロギストン説の否定

だが、それでも問題はあった。ひとつは、空気中で金属を火であぶると、（フロギストンを放出して）軽くなるはずが、逆に重量が増える点である。なぜそうなるのか？　ある化学者たちは、半ばやけ気味に、フロギストンは場合によっては「負の重さ」を持つのだろうと言った。フロギストン説が間違いだと示されたのは、ようやく1780年代になって、フランスの化学者アントワーヌ・ラヴォアジエが入念な実験を行ってからである。彼は、物質の燃焼は何らかの元素（フロギストン）を放出することで起こるのではなく、物質が空気中の元素を吸収し結合することによって起こることを証明し、その元素を酸素と呼んだ。金属が「燃焼」すると重量が増加するのは、結合して酸化物を形成するからである。ラヴォアジエの理論は、18世紀末頃から徐々に受け入れられていった。とはいえ、（特に「フランスの思想」に対する排外主義的な抵抗があった英国では）、嫌々ながら認めた者もいた。プリーストリーは、フロギストンに固執したまま1804年に没した。

フロギストンは、元素の歴史において最もよく知られた「間違った考え」のひとつとなった。しかし、嘲笑してはならない。フロギストン説は、化学者が物質の多様な振る舞いの中に秩序を見出そうとするなかで一定の役割を果たした考え方であり、化学の進歩に役立ったのだから。問題は、それが間違っていたことではなく、極めて正解に近かったことだった。フロギストン理論は、ラヴォアジエの酸素を軸とする燃焼理論の、ほぼ裏返しだった。そのためラヴォアジエの説は、化学を構成する概念にたいした変更を加えることなく、比較的容易にフロギストン説に取って代わることができた。科学の世界では、ある考え方が正しいかどうかと同じくらい、役に立つかどうかが重要な意味を持つことがあるが、フロギストンはその好例であろう。

右ページ: レトルトその他の実験器具。ドゥニ・ディドロとジャン・ル・ロン・ダランベールの『百科全書（*Encyclopédie, ou Dictionnaire Raisonné des Sciences, des Arts et des Métiers*）』より。[University of Chicago.]

70-71ページ: 上は化学実験室、下は元素の表。ディドロとダランベールの『百科全書』より。[Wellcome Collection, London.]

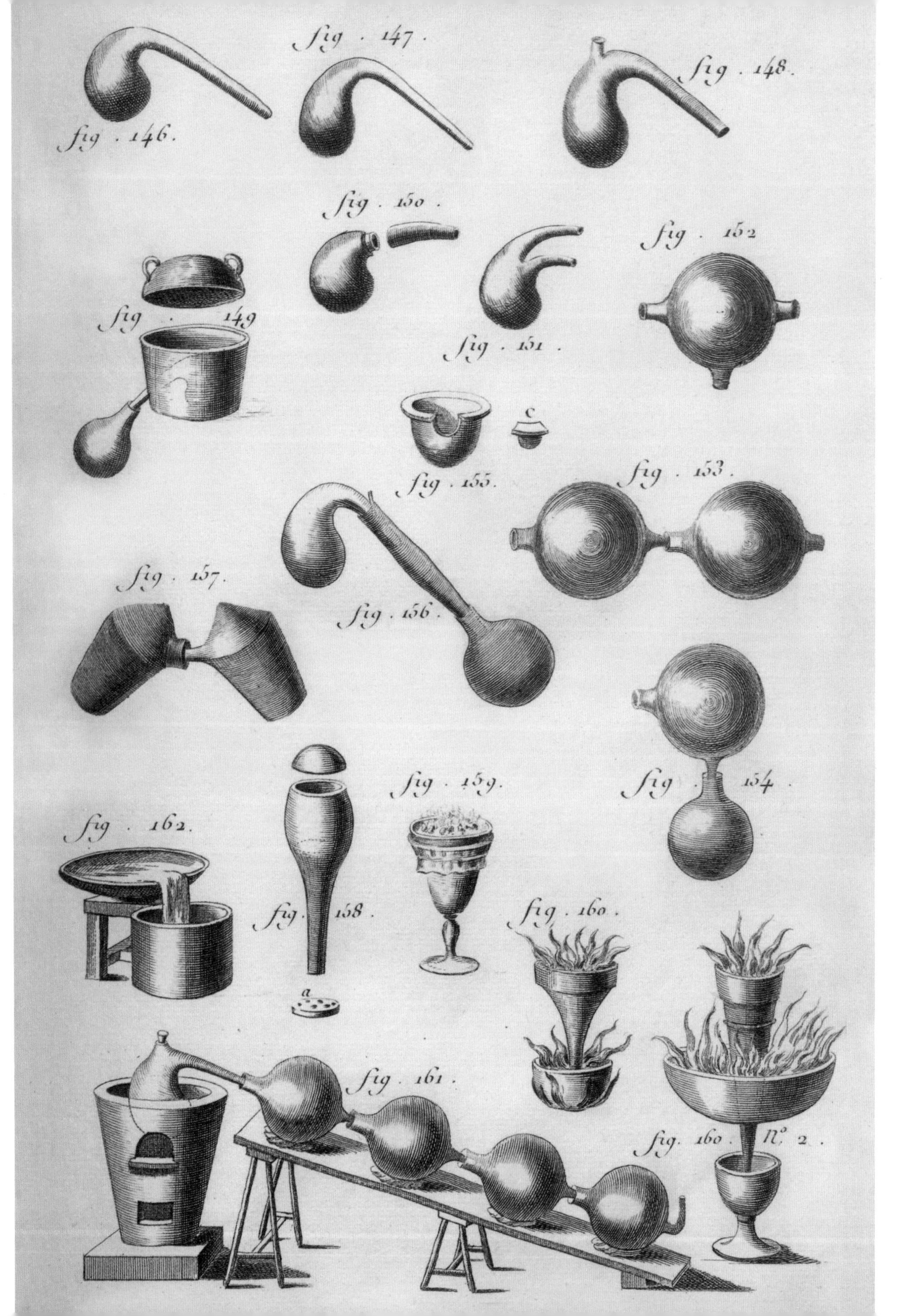
fig . 146.
fig . 147 .
fig . 148.
fig . 150 .
fig . 152
fig . 149
fig . 151 .
c
fig . 155.
fig . 153 .
fig . 157 .
fig . 156 .
fig . 159 .
fig . 154 .
fig . 162 .
fig . 158 .
fig . 160 .
a
fig . 161 .
fig . 160 . N.° 2 .

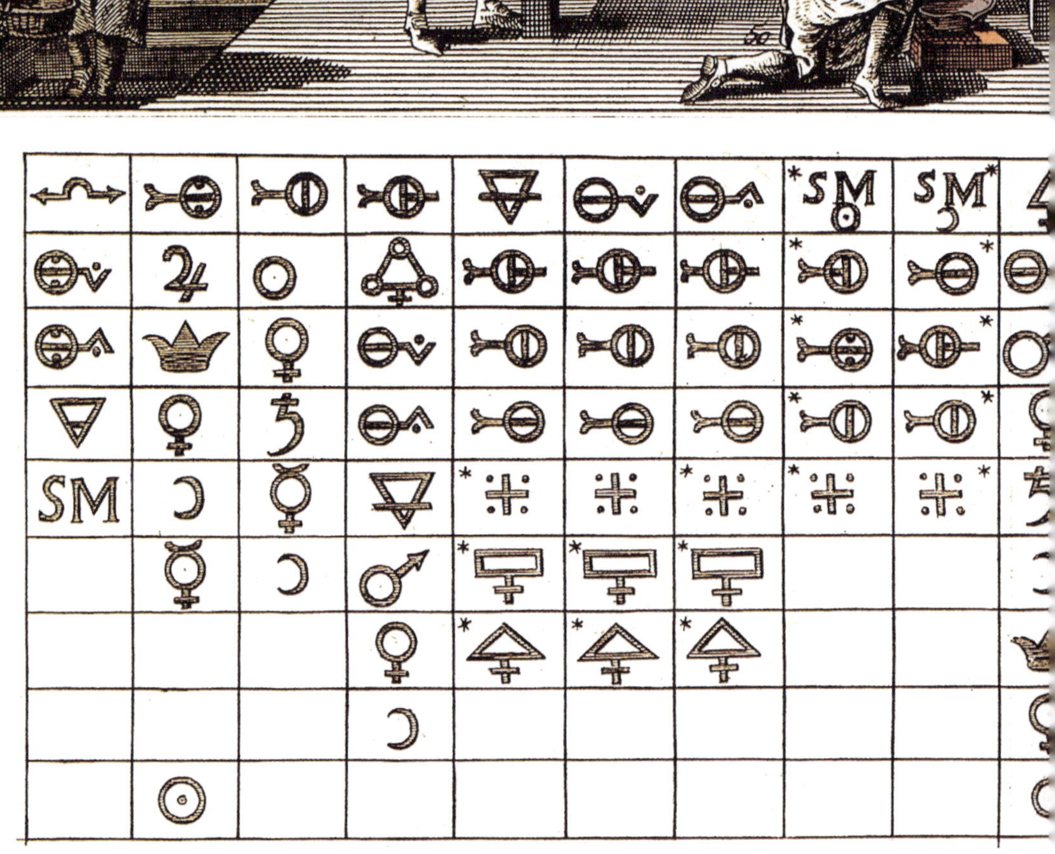
SM
SM
SM

☿	♄	♀	☽	♂	♕	▽	* S∨	* S∨
⊙	☽	☿	♄	♕	♂	S∨	* ▽	* ▽
☽	♀	Pc	♀	☽♄ ♀	☽♄ ♀	⊖	* ◆◆◆	* ℞
♄								
☿								
Z								
♕								

結局のところ、元素とはいったい何なのか？

錬金術が疑似科学的な神秘主義であるという不当なイメージは、科学史家が丹念な研究を多数積み重ねることで払拭されてきた。比較的最近まで、錬金術の描かれ方といえば、黄金を作ろうと試みる（あるいは作れると主張する）山師か詐欺師か愚か者の所業か、あるいは逆に、魂の悟りを求める一種の寓話的な探求のどちらかであった。実際は、錬金術の大部分は単なる実用的な技術で、化学を利用して顔料や染料、石鹸や薬といった「人の役に立つ」物質を作るために行うものだった（とはいえ薬の多くは効果がなかったが）。錬金術師が自分たちのしていることを真に理解してはいなかったとしても——少なくとも、現代の化学者たちが把握できるような言葉で表現していなかったとしても——、それは17世紀以前のほとんどの科学技術に当てはまる。その後にようやく、錬金術は今日の化学の前身である「キミストリー」へと変化しはじめた。

左：ヨハン・ケルゼボーム《王立協会フェロー、ロバート・ボイル氏の肖像》。1869年。[Science History Institute, Philadelphia.]

錬金術に関するこのような誤解は、ずいぶんと長い間、17世紀の先駆的な「科学者」（当時はまだこの言葉はなかった）たちが何に取り組んでいたのかを私たちが正しく理解するのを邪魔してきた。アイザック・ニュートンの錬金術研究は、あれほど優れた思想家としては逸脱した部分、恥ずべき点であるとみなされ、触れずに済まされた。ニュートンと並んで17世紀後半の最も偉大な自然哲学者のひとりに数えられるロバート・ボイル（1627-1691）も同様だった。

アイルランド貴族の息子でイングランド育ちのボイルの最も有名な著書『懐疑的な化学者(キミスト)』（1661）は、かつては錬金術師の無知と欺瞞に対する痛烈な非難とみなされていた。しかし、実はまったくそうではなかった。ボイルは、卑金属を金に変えることができるという可能性も含めて錬金術の主張の多くを信じ、それを実現できるとされる「賢者の石」を見つけようと多大な努力を傾けた。彼がこの本で示そうとしたのは、入念な実験・観察に基づく学問としての"キミストリー的な"科学と、神秘主義者、いかさま師、詐欺師、そして、他人の処方を盗用し、できもしないことができるふりをしたり、口先三寸で無知を隠したりする低俗な者たちの行為とを区別することだった。彼は、「私が、同じキミスト〔キミストリーを行う者〕の中でも詐欺師や単なる実験屋と真の"アデプティ"を区別していると述べる時には、私を信じてほしい」と書いた。アデプティとは高みに到達した者、すなわち、彼自身のような知識豊富な学者のことである。彼の言うことにも一理はあり、錬金術にはあやしげな主張や行為がたくさんあった。しかし結局のところ、これは錬金術師たちが論戦になるといつも言ってきたことと大差はない。つまりは、「お前たちは無知なくせに大言壮語するペテン師だが、私は真の知識を持っている」という意味だ。

『懐疑的な化学者』は、ボイルの最もエレガントな著作とは言えないし、理解しやすくもない。彼の主な攻撃対象のひとつは、スイスの錬金術師・医師パラケルススの信奉者たちが広めた、すべての物質は硫黄、塩、水銀という3つの「要素」からできているという考えであった。ボイルは、そんな単純な話ではないし、その3つの物質が本当に元素、すなわち物質の基本的な構成要素であるという証拠はない、と述べた。さらに彼は、ギリシャ人が唱えた古典的な四元素に頼ることもできないと説く。「四元素を取り出せない物質もある」。たとえば金からは「これまでにどの元素も」抽出されていない。そしてボイルは、おそらく元素は4つよりも多いが、「いまだ誰ひとり、その数を発見するための思慮深い試みを行っていない」と書いた。

ここで疑問が浮かぶ。では、元素とはいったい何なのか？　そして、元素を目にした時に、どうしてそれが元素だとわかるのか？　『懐疑的な化学者』は、近代的な元素の定義を提示した最初の本として賞賛されることがよくある。ボイルは、元素とは次のようなものだと述べている。

「ある種の原始的で単純な、つまり、まったく純粋な物質で、他のいかなる物質が複数集まってできているわけでも、他のどれかひとつの物質からできているわけでもない。完全に混じり合った物質と呼ばれるものはすべて、それによってたちどころに合成され、また究極的には分解されてそれに戻る」。

言い換えれば、元素はそれ以上単純なものに分解したり分離したりすることはできない、ということである。

しかし、これは元素の考え方としてはかなり抽象的で哲学的である。しかもボイルは、何がそのような元素にあたるかについては何も言っていない。実際、彼はこのような基本的でそれ以上小さく分けられないものが存在するのかどうか、いぶかしんですらいた。彼の定義は、18世紀後半にフランスの化学者アントワーヌ・ラヴォアジエが提示した定義——元素とは、化学反応によってそれ以上単純なものに分解できない物質である——に似ている。しかし、ラヴォアジエの定義は、より実践的な化学に根ざしていた。彼は化学分析の達人であり、化学分析とは文字通り基本成分に分解することを意味した。ボイルにとっての元素は、便利な概念的道具にとどまっていた。彼には、金をそうした意味での「基本成分」と考える理由が何もなかった。なぜなら、彼は生涯、「キミストリーの」手法で金を作れると信じていたからである。何世紀ものあいだ錬金術師にとってそうであったように、彼にとっても金作りは魅力的な目標だったのだ。

だとすると、17世紀に書かれた包括的で明らかに「近代的」な化学の教科書の何冊かで、ボイルの『懐疑的な化学者』が手本とされ、元素の概念に革命をもたらしたとみなされたのは、少し奇妙である。おそらくこれは、科学史にかつて存在したひとつの傾向——何かの基礎が築かれた正確な時期や、それを築いた人物・書物を探したがる傾向——のあらわれなのだろう。ごく最近まで、ボイルの錬金術への関心は（ニュートンのそれと同様に）無視あるいは抑圧され、このふたりが重鎮であった王立協会は近代科学の雛形を作った存在である、という形でしきりに提示されていた。いずれにせよ、『懐疑的な化学者』は、ひとつの新しい流れの“起源”とまではいかなくても、その一部であった——その新しい流れとは、「元素とは、化学とは何か」の概念において何かを決定する際は、物事はこうあるべきだという先入観ではなく、注意深い観察と実験によって導かれるべし、ということであった。

上: 化学実験器具や化学記号や化学薬品を組み合わせた人物像。カラーリトグラフ、19世紀初頭。[Wellcome Collection, London.]

Knappiꝰ

第4章

新しい金属

左: 鉱石の採掘。アナベルク・ブッフホルツ（ドイツの町）の聖アンナ教会にあるハンス・ヘッセの《アナベルク山の祭壇》（1522）の中央パネルの絵。[St Ann's Church, Annaberg-Buchholz, Germany.]

新しい金属

1451-1506
イタリア人探検家クリストファー・コロンブスの生没年。大西洋横断航海を4回行い、ヨーロッパ人によるアメリカ大陸の植民地化への道を開いた。

1517
マルティン・ルターの「95ヵ条の論題」が発表され、宗教改革が始まる。

1543
ニコラウス・コペルニクス(1473-1543)の『天球の回転について』が出版され、地球は太陽の周りを回っているという論考が示される。

1564-1642
イタリアの天文学者・物理学者ガリレオ・ガリレイの生没年。太陽中心説を唱え、コペルニクスの説を擁護した。

1600
ウィリアム・ギルバートが電気と磁気の研究書『磁石について(*De Magnete*)』を出版。地球全体が磁石であると主張した。

1602
オランダ東インド会社が設立され、ヨーロッパによるアジアの植民地化が進む。

1618-1648
中央ヨーロッパの三十年戦争。

1687
ニュートンが、運動の法則を論じた『自然哲学の数学的諸原理(プリンキピア)』を出版。

鉱石の採掘は古代から行われてきた。そこから得られた富は、当初は国家や帝国の威光あるいは王や皇帝の栄誉のために使われた。しかし、中世後期になると、商人階級という新たな受益者が現れた。一部の商人が手に入れた途方もない額の財は、領主や支配者に匹敵するほどの政治的な力になった。権力と権威はもはや神の定めによって付与されるものではなく、大地の鉱床から掘り出せるものになったのである。かくして、金属取引は西洋の社会構造全体を大きく変えた。

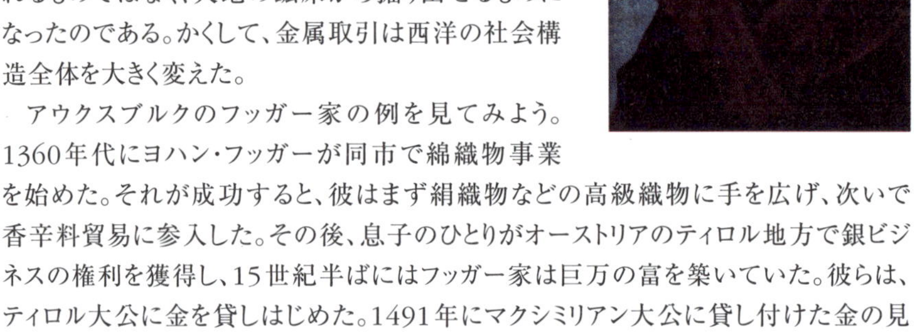

アウクスブルクのフッガー家の例を見てみよう。1360年代にヨハン・フッガーが同市で綿織物事業を始めた。それが成功すると、彼はまず絹織物などの高級織物に手を広げ、次いで香辛料貿易に参入した。その後、息子のひとりがオーストリアのティロル地方で銀ビジネスの権利を獲得し、15世紀半ばにはフッガー家は巨万の富を築いていた。彼らは、ティロル大公に金を貸しはじめた。1491年にマクシミリアン大公に貸し付けた金の見返りとして、ヨハンの孫のヤーコプがティロルのすべての銅と銀の採掘権を手に入れる。1493年に神聖ローマ皇帝になったマクシミリアンは、さらに資金を必要とするよう

下:鉱石製錬用の円形反射炉。ヴァンノッチョ・ビリングッチョ『デ・ラ・ピロテクニア(*De La Pirotechnia*)』(1540)より。[Smithsonian Libraries, Washington, DC.]

上: アルブレヒト・デューラーによるヤーコプ・フッガーの肖像。1518年。ヨハンの孫で、ヨーロッパの広範囲にわたる"鉱山帝国"を築いた。[Staatsgalerie, Augsburg]

になった。皇帝のフッガー家への借金は増え続け、フッガー家はスペインからハンガリーに至るヨーロッパ全土に鉱山帝国を拡大した。16世紀初頭には、彼らはキリスト教圏でも屈指の影響力を持つ大銀行家になっていた。

金属の採掘は、ゲルマン系の人々の土地で最も儲かる事業のひとつであった。北ドイツのハルツ山脈では10世紀から鉛と銀が採掘されており、1136年にはザクセンとボヘミアの間の丘陵地帯で銀鉱床が発見された。ドイツの鉱山の技術力の高さはヨーロッパ中に知られ、ドイツ語がヨーロッパの鉱業界の共通語となった。

鉱業と、科学の進歩

鉱業の事業規模は、ドイツのゲオルギウス・アグリコラが書いた鉱業書『デ・レ・メタリカ（金属について）』（1556）を読むとよくわかる。そこには、鉱石を坑道から運び出して粉砕するための巨大な水車や、機械の駆動と鉱石の洗浄に利用するために川から引かれた水路や、材木と燃料のために伐採された木々や、鉱石をふるい分け、製錬する作業場などが描かれた木版画が何枚も収められている。坑道の深さは場合によっては150 m以上にも達し、坑道から水を汲み上げるには強力な機械が必要だった。アグリコラの本を見れば、採掘による利益が自然破壊の上に成り立っていたことは明らかだ。しかし、アグリコラは自分の読者をよく理解していた。彼は鉱山主たちのために、強欲や搾取といった非難から身を守るための論拠を用意した。金属がもたらす恩恵は、採掘に伴う迷惑と収奪をはるかに上回るほど巨大である、と彼は書いたのである。

鉱山から富が得られるという事実は、鉱物とそこに含まれる金属の恵みを理解しようとする努力を刺激した。その意味で、鉱業は思索的な科学と実用的な技術とを結びつけたといえる。そのどちらも、一種の錬金術であった。フッガー家は鉱山学校を設立し、教師陣が金属作りの技術を徒弟たちに教えた。ドイツで採れる主な金属である銀、銅、スズ、鉛の商業的価値は明白だったが、金属加工職人たちは、鉱石の中にはそれ以外にも、古代以来の鉱物学書には記されていない金属が含まれているのではないかと考えはじめた。商業的な需要は、新しい元素の発見に取り組む動機を人々に与えた。そして、そうした新しい金属のいくつかは、独自のニッチな市場を見出して利益を生んだのだった。

上: 坑道への下降。ゲオルギウス・アグリコラ『デ・レ・メタリカ（金属について）』（1556）より。[Wellcome Collection, London.]

ビスマス

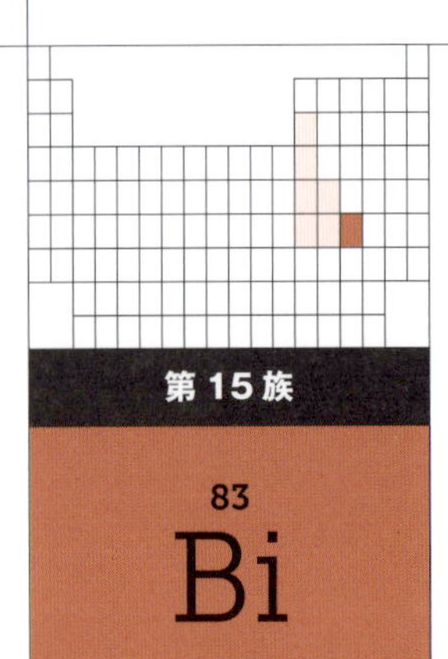

ポスト遷移金属

原子番号
83

原子量
209.0

標準温度圧力での状態
固体

古代の哲学者や職人たちは7種類の金属を認識していた。金、銀、水銀、銅、鉄、スズ、鉛である。これはなかなか結構な図式だった。それぞれの金属に、太陽と月と、当時知られていた5つの惑星（水星、金星、火星、木星、土星）を割り当てることができたからだ。なぜそんなことをするのか？　当時の自然哲学者の多くは、このように異なる階層のもの同士の「対応関係」が自然界を支配していると信じていたからである。

しかし、複数の金属が混ざった合金（たとえば青銅やエレクトルム〈37ページ〉）を扱うとなると、この整然とした図式に厄介な問題が生じた。合金も、種類は違えど金属なのか？　また、前述のように、金属に似た物質として古代から知られているものが少なくとももうひとつあった。鉛に似た鈍い光沢を持つアンチモンである。他に、鉛のように密度が高く銀灰色だが、ピンクがかった色あいで、よりもろい別の物質もあり、ビスマスと呼ばれた。

ビスマスの名前の由来は謎に包まれている。アラビア語で「アンチモンに似た」を意味する*bi ismid*（ビ イスミド）に由来するという説もあれば（実際よく似ている）、ドイツ語で「白い塊」を意味する*Wismuth*（ヴィスムト）の変形であるという説もある。ビスマスを含む青銅器が古代から存在するが、それは合金に使われたスズに天然の不純物として偶然混じっていたのだろう。15世紀後半に栄えたインカ帝国の都市マチュ・ピチュで発見された青銅の儀式用ナイフには、18%前後ビスマスが含まれている。これは、（おそらく青銅を加工しやすくする目的で）意図的に添加されたのではないかとみられている。

ビスマスがヨーロッパに現れたのは1400年代初め頃のようだが、必ずしも「他とは異なる独自の金属」とは認識されておらず、鉛やスズやアンチモンと（後には亜鉛と）間違われることが多かった。しかし、15世紀後半になるとビスマス専門の金属細工職人や、彼らのギルド〔職業別組合〕まで存在した。16世紀半ば、ゲオルギウス・アグリコラが、ビスマスの採掘と鉱石からの製錬の様子を記述した。彼の著書のうち1冊は、ベルマンヌスという熟練の冶金専門家と弟子の対話の体裁をとっており、その中で師が弟子に「古代の人々には知られていなかった」*bismetum*（ビスメトゥム）という金属のことを語る。弟子は驚いて、それは金属が7種類より多く存在するということですかと尋ねる。ベルマンヌスの答えは「いかにも。多い」であった。

スペインの冶金家アルバロ・アロンソ・バルバは、1640年の著書『金属の技術』の中で、この見解に同意している。彼は、ボヘミアの山岳地帯で「*Bissamuto*（ビッサムート）と呼ばれる金属が発見され、それはスズと鉛の中間の金属だが、どちらとも異なる」と記している。一

右ページ： ビスマス（左上）、ヒ素〔雄黄（ゆうおう）〕（右上）、ニッケル（中央）、ヒ素〔鶏冠石（けいかんせき）〕（左下）、コバルト（右下）の鉱石。ルイ・シモナンの『地下の生命（*La Vie Souterraine*）』より。
［Science Information Center, University of Toronto.］

K
I
G
G
G
G
H
H
H
A
C
B
D
E
B

上: ヨークシャーのハロゲートの温泉を描いたリトグラフ。1829年。[Wellcome Collection, London.]

方、1671年頃にイングランドのジョン・ウェブスターは、『メタログラフィア、あるいは金属の歴史』の中で、英国のどこを探してもビスマスを手に入れることができなかったと書いている。(実際には、ビスマスはその100年前からイングランドの湖水地方の銅と鉛の鉱山で生産されていたので、彼はあまり熱心に探さなかったのだろう)。ビスマスはしばしばスズとの合金にされ、一種の硬いピューター〔スズを主成分とする合金〕が作られていた。この合金を「化学者のバジリスク」と呼ぶ者もいた。錬金術との連想で、視線によって人を石に変えるという伝説上の動物バジリスクを持ち出したのだろう。

ビスマスは化粧品にも使われた。硝酸と反応させて硝酸塩の白い粉末にした「ビスマスの魔法粉」は、シミ隠しのおしろいとして使われた。この化合物は、硫化水素ガスにさらされると、黒い硫化ビスマスに変化する。19世紀に、ある婦人がそれでひどい目にあった話が伝わっている。ビスマスの粉で白く化粧してハロゲート〔英国中部の町〕の硫黄温泉につかり、顔が黒くなったのを見て悲鳴をあげて卒倒したというのだ。

こうした歴史があるにもかかわらず、ビスマスが「公式に」発見されたのは1753年である。その年、フランスの化学者クロード・フランソワ・ジョフロワが、ビスマスを真の元素と宣言した。当惑する読者もいるかもしれないが、それは、何が真の「元素」かが当時はまだあいまいだったことを反映している。

左ページ: ビスマスの精錬。ゲオルギウス・アグリコラ『デ・レ・メタリカ』(1556)の木版画。[The Getty Research Institute, Los Angeles.]

亜鉛

第12族

30
Zn
亜鉛

遷移金属

原子番号
30

原子量
65.38

標準温度圧力での状態
固体

78ページで取り上げたアグリコラの著書は、シレジア地方(大部分は現ポーランド領)で採れる別の鉱物に触れ、それは*zincum*(ジンクム)と呼ばれると述べている。ただ、彼はそれを金属ではなく鉱石の一種と考えていたようだ。

亜鉛鉱石は一般に亜鉛の酸化物の形で産出し、古代都市テーベを築いたとされるギリシャの英雄カドモスにちなんで「カドミア(*cadmia*)」と呼ばれていた。1世紀のローマの著述家ディオスコリデスは、銅の製錬中にカドミアの一種が形成されると述べている(銅鉱石には亜鉛が含まれていることが多い)。また、キプロスで発見された「ピュリテスと呼ばれる石を燃やし」てもカドミアができるとしている(このピュリテスも銅鉱石だったかもしれない)。彼は、銅の炉の煙突に生成する他の物質として、ポンポリュクス、トゥティア、スポドスも挙げており、それらも亜鉛化合物だったと考えられる。これだけでも混乱を招くが、さらに悪いことに、硫化亜鉛を成分とする閃亜鉛鉱という別の一般的な亜鉛鉱石があり、こちらは黒色で、後に「ブラック・ジャック」のあだ名で呼ばれるようになる。

金属元素の解明の困難さはここにある。化学的性質がよく似た複数の金属が鉱物の中に一緒に含まれていることはよくあり、古代の製錬業者や冶金学者にとっては、目の前にあるものが既知の金属の別の形なのか、それとも本当に新しいものなのかを判断するのが難しかったのだ。たとえば、真鍮(しんちゅう)は銅と亜鉛の合金で、銅よりも赤みが少なく金色みが強い。もしかすると、真鍮は亜鉛を多く含む鉱石から銅を製錬した際に偶然できたのかもしれない。そのため真鍮は、亜鉛が独自の金属として認識されるよりかなり前から知られていた。中東や中央ヨーロッパから出土した真鍮製品は紀元前3千年紀にさかのぼり、中国にはもっと古いものもある。ローマでは真鍮作りがよく発達していた。ディオスコリデスは、銅の製錬で得られるカドミアを使って真鍮を作る方法を説明している。ローマ人はドゥポンディウスやセステルティウスといった硬貨に真鍮を使った。

最初に純粋な金属亜鉛を作ったのが誰なのかは不明である。しかし、亜鉛製品は紀元前500年頃のギリシャの遺跡や、ローマ時代の一部の遺跡からも発見されている。紀元前1世紀のギリシャ系の学者ストラボンが「贋(にせ)の銀」として言及しているもの

右:インド中世の亜鉛製ジッタル貨幣。インド北西部ヒマーチャル・プラデーシュ州カングラ。[British Museum, London.]

は、亜鉛だった可能性がある。金属亜鉛の最初の大規模生産は13世紀頃にインドで始まった。その技術が伝わった中国では、16世紀には亜鉛が生産されていた。

ほぼ同じ時期に、西洋で亜鉛についての明確な記述が現れる。パラケルススが1518年頃に書いた鉱物に関する本（ただし出版は1570年）には、「もうひとつ、一般には知られていない金属として*zinken*と呼ばれるものがある。これは変わった性質と起源を持つ。（…）色は他の金属と異なり、その成長のしかたも他の金属に似ていない」と書かれている。彼はこれを「銅の落とし子」と呼んだ。

上: ランメルスベルク銀製錬所で、壁から副産物の酸化亜鉛を削り取っているところ。ラツァルス・エルカーの著書（*Beschreibung Allerfürnemisten Mineralischen Ertzt unnd Bergkwercks Arten*, 1574）の木版画。[Wellcome Collection, London.]

インドの金属

パラケルススがzinc（亜鉛）という言葉を作ったとされることがあるが、それは間違いである。14世紀のスペインの文献の一部に、*cinc*（現在もスペイン語でこの単語は亜鉛を意味する）と書かれているものがある。ただ、そこでは真鍮を指しているようだ。この不思議な名前は、「中国から来た金属」を意味するアラビア語の*sini*とペルシャ語の*cini*に由来するという説もある。いずれにせよ、ヨーロッパ人は16世紀後半までに亜鉛をインドや極東から輸入するようになっており、亜鉛が「インド錫」と呼ばれることもあった。シェイクスピアの『十二夜』で「インドの金属」と言われているのは、亜鉛のことかもしれない。金属亜鉛は、真鍮を作る際に使うと、カドミア（酸化亜鉛）の場合よりも明るい色で金に似た見た目になってずっと好ましかったため、珍重された。前にフロギストンの命名者として紹介したドイツの化学者ゲオルク・シュタールは、「*Zink*は、*Calamy*（カドミア）よりもずっと美しい色を銅に与える」と書いている。カンバーランド公ルパートが作った新しい配合の真鍮は、「プリンスの金属」とも呼ばれた。

1617年、ドイツのとある鉱業関係者が亜鉛についてかなり明確な説明を発表し、亜鉛が他の金属と違うことがはっきり示された。彼は、亜鉛が「スズによく似ているが、より硬く、可鍛性は低めで、小さな鐘のように鳴る」と書いた。銅の製錬の副産物としてできるが、「あまり高い価値を認めらず、使用人や労働者は飲み代を約束されない限りこの金属を集めない」とも記されている。それでも、スズとの合金にすると、錬金術師たちの間で高い需要があったという。

混同や混乱はなおも続いた。ロバート・ボイルは、東インドから輸入されたトゥテナグ（Tutenâg）と呼ばれる金属を使った1673年の実験について語った際、その金属がボイルにとっておなじみの「Zink」と同じものであることに気づかず、「ヨーロッパのキミストには知られていないものだ」と述べた（トゥテナグという奇妙な名前は、酸化亜鉛を意味する古いラテン語の*tutia*に関連していた）。元素の命名には、常に混乱がつきまとい、古い言葉が新しい意味合いで再登場したり、同じ物質に複数の名前が付けられたりする。たとえば、「カドミア」に聞き覚えがあると感じたら、立ち止まって考えてほしい。それはかつてさまざまなものを指していたのだ。

コバルト

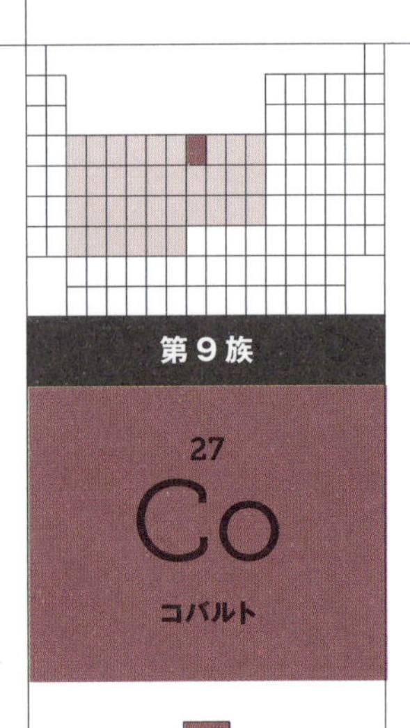

遷移金属

原子番号
27

原子量
58.93

標準温度圧力での状態
固体

鉱業では常に、魔術的な要素と日常的な要素が混じり合っていた。古代から採掘は危険を伴う重労働で、奴隷を使うことも多かった。鉱夫たちは、落盤や坑内閉じ込め、有毒で肺に有害な粉塵への暴露、作業中の怪我や身体の変形などの危険にさらされていた。それでも、地下に潜ることで彼らは隠された領域を探検していた。そこにどんなルールがあるのか、どんな恐ろしい魔物が待ち受けているのか、誰も知らなかった。

ゲオルギウス・アグリコラは『デ・レ・メタリカ』の中で、「非常に腐食性が強いという特徴的な性質を持ち、作業員の手や足が十分に保護されていないと蝕(むしば)まれてしまう」鉱物について警告し、それは「ピュリテス」の一種だと述べている。ドイツの鉱夫たちは、この恐ろしい鉱物は地底の生き物――鉱山に出没して労働者を苦しめるとされていたノームやゴブリン――に関係していると考え、その生き物を、ノームやゴブリンをさすドイツ語の「コボルト」や「コベルト」と呼んだ。コバルトという元素名はこれに由来する。他の多くの金属と同様に、コバルトも大量に摂取した場合にのみ毒となる。また、実は、人体の健康には少量のコバルトが必要である。コバルトはビタミンB_{12}の重要な構成成分なのだ。そのため、当時の鉱山労働者に害をなしていたのが本当にコバルト

左: トルビョルン・オラフ・ベリマンの肖像。ウルリカ・パシュ作、1779年。[National Portrait Gallery, Mariefred, Södermanland.]

右ページ: シャルトル大聖堂のステンドグラス「美しき絵ガラスの聖母」。聖母マリアの服の色は、コバルトをベースにした「シャルトル・ブルー」である。12-13世紀。

上: 鉱夫たちの邪魔をする地底の生き物（コボルト）。オラウス・マグヌスの『北の民族たちの歴史（*Historia de Gentibus Septentrionalibus*）』（1555）の木版画。[National Library of Norway.]

の鉱石だったのかは定かでなく、むしろ、コバルトやニッケルや亜鉛やビスマスなどの鉱石にしばしば含まれるヒ素が原因だった可能性もある。コバルト鉱石の最大の特徴は、豊かな青い色をしていることがある点である。この青色はルネサンス期に*zaffre*（ザフレ）と呼ばれた。ザフレはサファイアと関係のある言葉だが、両者は青の色合いが異なる。

ザフレは最高級の青ガラス作りに使われた。炉内の融けたガラスに少し加えるだけでよかった。ローマ人はこのことを知っていたが、中世の北ヨーロッパではその知識が失われていたため、シャルトル（フランス）などのゴシック様式の大聖堂の素晴らしい青色ステンドグラスは、たいていはローマ時代のコバルトブルーのガラスを再利用して作られた。実際に、南方のビザンツ帝国やイスラーム世界から輸入されたローマ時代のガラスが盛んに取引されていた。11世紀にエーゲ海で難破した船には、青、緑、琥珀色のガラス片が数トンも積まれていた。ヨーロッパのガラス工房に売る予定だったのだろう。ゴシック時代が幕を開ける12世紀には、ドイツの修道士テオフィルスが、そ

左: コバルトブルーのガラスのインゴット。紀元前14世紀、おそらくシリア産。トルコ、カス近郊の青銅器時代のウルブルン沈没船で発見。[Institute of Nautical Archeology, Texas.]

うした美しい青ガラスについて「同じ色のさまざまな小さな器もあり、フランス人によって収集されている。(…)彼らは炉でその青い品々を溶かすことさえする。(…)そして、そこから窓に使える高価な青いガラス板を作る」と記している。

コバルトブルーのガラスを細かくすり潰した粉末はスマルト(花紺青(はなこんじょう))と呼ばれ、画家が顔料として使用した。ただ、理想的な顔料ではなかった。砂のような質感で、油と混ぜても、教会の窓の青ガラス越しに日の光を見た時のような美しい輝きを放つことはなかった。化学者がコバルト化合物の豊かな青色をよりうまく使う方法を発見したのは、19世紀になってからである。1802年、フランスのルイ=ジャック・テナールがアルミン酸コバルトという化合物の作り方を発見し、これがコバルトブルーという顔料として売り出された。

コバルトの場合も、鉱石が最初に「還元」されて銀色の金属コバルトになったのがいつかは不明である。しかし、コバルトが元素であると最初に主張したのがイェオリ・ブラントというスウェーデンの化学者であることはわかっている。彼は青いコバルト鉱石を研究し、1739年に、それまで認識されていなかった金属がたしかに含まれているという結論に達した。3年後、彼はコバルトの単離に成功し、それが磁性を持つことを発見した。ただ、コバルトの純粋なサンプルが作られたのはずっと後の1780年で、ブラントの同国人トルビョルン・ベリマンの業績であった。ブラントはコバルトを、水銀、ビスマス、亜鉛、アンチモン、ヒ素とともに「半金属」という区分に入れた。元素の数がそれまで考えられていたよりも多いことを示す新たな証拠であった。そこから、新たな疑問が生じた。「なぜそんなに多いのか、そして元素のリストはどこで尽きるのか?」

下: 色ガラス製品を作るガラス職人ギルド。トルコの『帝国祭典の書(*Surname-i Hümayun*)』(1582-1583)より。[Topkapi Saray Museum, Istanbul.]

ヒ素

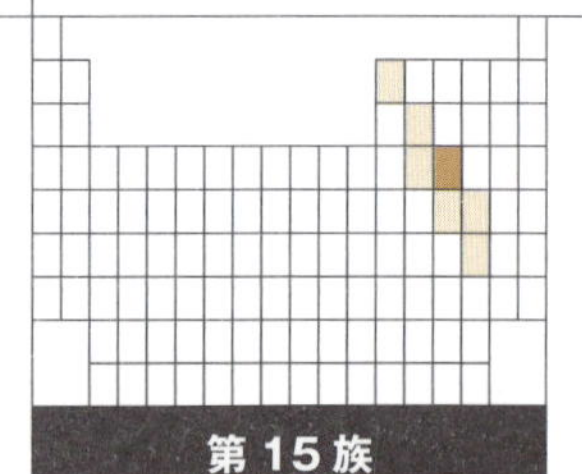

第15族

33
As
ヒ素

半金属

原子番号
33

原子量
74.92

標準温度圧力での状態
固体

ヒ素は金属ではないが、ルネサンス期に採掘されていたコバルトや亜鉛といった新しい金属と密接な関係にあった。ヒ素を含有する最も一般的な鉱物は雄黄と鶏冠石である。どちらもヒ素の硫化物で、鮮やかな色をしている。雄黄は黄色で、少なくとも紀元前2千年紀から古代エジプトで顔料として使われていた。雄黄をあらわす英語のorpimentはラテン語の*aurum pigmentum*（金の顔料）に由来し、最も高貴な金属である金を連想させることから、「王の黄色」と呼ぶ画家もいた。アラビア語でヒ素を意味する*al zarnik*も、「金色の」という語に由来する。ギリシャ語では雄黄が*arsenikon*と呼ばれて、これが今の英語の元素名arsenic（ヒ素）の語源となった。

雄黄は希少で高価な材料で、よほど資金のある芸術家でなければ使えなかった。そして彼らは、苦い経験から、雄黄が有害であることを知っていた。イタリアの画家チェンニーノ・チェンニーニは、職人向けの手引書（1390頃）の中で、この顔料は「本当に毒性が強い」と警告し、「口に付かないように注意せよ」と忠告している。オレンジ色の鶏冠石も同じである。19世紀になるまで、芸術家が使える純粋なオレンジ色の顔料はほぼこれだけだったので（これを使わずに済ますには、赤と黄色を混ぜて色を作

下: アントワーヌ・ヴァトーの《イタリアの喜劇役者たち》（1720年頃）。服の色に、雄黄と鶏冠石を原料とする黄色とオレンジ色の顔料が使われている。[Samuel H. Kress Collection, National Gallery of Art, Washington, DC.]

右ページ: アルベルトゥス・マグヌスの『鉱物と金属について（*De Mineralibus et Rebus Metallicis Libri Quinque*）』第5巻の、ヒ素の製法が記されたページ。羊皮紙、1260-1290年。[Iron Library, Schlatt.]

Alberti magni

Incipit primus liber mineralium qui est de lapidibus. Tractatus primus est de lapidibus in communi. Capitulum primum de quo est intentio et quot sunt dicenda et quomodo dicendum.

De mixtione et coagulatione, similiter autem et congelatione et liquefactione et ceteris huiusmodi passionibus in libris Meteororum iam dictum est. In istis autem ... apparet apud res naturales lapidum genera et metallorum et eorum quae media sunt inter haec, sicut marcasida et alumen et quaedam alia talia ...

Hic liber est alberti magni

右ページ: ジョン・リーチの木版画《ヒ素のワルツ、新たなる死の舞踏(緑のリースとドレス商人たちに捧ぐ)》。この絵が1862年2月8日に『パンチ』誌に掲載される前週に、ドイツの化学者A・W・ホフマンが論文を発表し、ヒ素を含む化合物である亜ヒ酸銅とアセト亜ヒ酸銅(シェールグリーンとパリスグリーン/エメラルドグリーン)を使った緑色のドレス、リース(花輪)、造花は有毒であることを明らかにしていた。[Wellcome Collection, London.]

左: ヒ素を含む顔料であるパリスグリーン(エメラルドグリーン)は、画家だけでなく壁紙にも使用された。これはウィリアム・モリスの最初の「トレリス」壁紙で、1862年にデザインされ、1864年に生産された。[The Metropolitan Museum of Art, New York.]

らなければならなかった)、手を出したい誘惑は強かった。しかし、チェンニーニは「これと付き合うのは避けるべし」と言っている。

アグリコラは、コバルト、亜鉛、銀を含む鉱脈を掘っているドイツ人鉱夫が、ニンニク臭のする「カドミア・メタリカ」(未知の鉱石を指すかなり曖昧な言葉)によく遭遇すると述べている。私たちはこの記述から、ヒ素化合物が含まれていると読み取ることができる。アンチモンと同様、ヒ素も実は半金属であり、銀色に近い灰色をしているが、電気を通しにくい。ヒ素もやはり、天然の鉱石から純粋なヒ素が最初に分離されたのがいつなのかはわかっていない。西洋錬金術の父祖のひとりとして前に紹介した紀元前3世紀のギリシャ人、パノポリスのゾシモスは、鶏冠石を加熱して、できた物質(今でいう三酸化ヒ素)を油とともに加熱して(酸素を除去し)、ヒ素を作る方法を記している。しかし、こうした大昔の錬金術書の記述から、実際に何が起こっていたかを正確に知ることは非常に困難である。それに、ここに書かれた実験はかなり危険である。13世紀ドイツのドミニコ会修道士で実験家でもあったアルベルトゥス・マグヌスの著作とされる写本に、この方法(ないしそれに似たもの)で純粋なヒ素を調製したと思われる記述がある。

ヒ素は毒殺者のお気に入りとして名高い。少なくとも、1830年代に死体から化学的手法でヒ素の痕跡を検出するマーシュ・テストが開発されるまでは、そうだった。このテストが登場すると、ヒ素による毒殺の摘発が、初期の

法医学の手柄のひとつとして大きく報道されるようになった。夫の連れ子であるチャールズ・エドワード・コットンをヒ素で殺害した罪で1873年に有罪判決を受けたメアリー・アン・コットンの裁判は、センセーションを巻き起こした。彼女はどうやら、保険金目当てに、それまでの夫4人のうち3人を同じ方法で殺していたらしい。女性の連続殺人犯が夫のお茶にヒ素入りの砂糖を入れるという話は、世間の関心の的になった。マーシュ・テストが行われ、チャールズ・エドワードの遺体からヒ素の痕跡が見つかった。

その頃にはヒ素の毒性はよく知られていたにもかかわらず、ヒ素を含む2種類の銅化合物が、19世紀を通じて緑の顔料として広く使われていた。その片方であるパリスグリーン（エメラルドグリーン）は、絵の具だけでなく、美しい柄の壁紙の印刷にも使われた。1860年代には、湿度の高い部屋でこの壁紙から放出されるヒ素のガスのせいで、子供から大人までの住人の健康が悪化し、睡眠中に死んだ例もあった。19世紀後半に緑色顔料用ヒ素の主要供給源のひとつだったのが、テキスタイルデザイナーのウィリアム・モリスが所有するコーンウォールの鉱山であった。モリスのデザインした植物模様の壁紙は高い人気を誇っていた。工業化の波が押し寄せる中で伝統的な製造方法への回帰を提唱したアーツ・アンド・クラフツ運動の主導者のひとりとして大きな名声をかちえていたモリスだが、その一方では死を招く化合物の生産で利益を得ていたのだ。もうひとつ、セントヘレナ島に島流しになったナポレオン・ボナパルトの居室の壁が緑色に塗られていたため、ナポレオンの死が早まったという伝説もある。

マンガン

第7族

25
Mn
マンガン

遷移金属

原子番号
25

原子量
54.94

標準温度圧力での状態
固体

金属のなかには、元素として認識されるよりもはるかに昔から、人類がその特性を利用してきたものがある。そのひとつであるコバルトがゴシック聖堂の輝かしい青ガラスを生み出してきたことは、すでに紹介した。もうひとつ、古代や中世のガラス職人にとってはかりしれぬ価値を持っていたのが、マンガンである。

面白い事実をひとつ。色ガラスを作るのは透明なガラスを作るよりもずっと簡単だった。ガラスは基本的にシリカ（二酸化ケイ素）の一種で、構成元素の点ではケイ素と酸素からできている透明な鉱物の石英と同じだが、原子の結合のしかたが石英ほど秩序だってはいない。ガラスは紀元前2500年頃から、砂に灰や天然のナトリウム化合物（ローマ人がナトロンと呼んでいた鉱物）を加えて融かして作られていた。その際、少量の他の金属鉱石を加えることで、何らかの色を与えることができた。しかし、そうした添加物を入れなくても、古代のガラスは、砂に含まれる不純物（他の微量元素）のために淡い色がつくことが多かった。色の濃い化合物を形成する不純物もあった。鉄はそのひとつで、ガラスを淡緑色や黄色や赤色にした。もうひとつがマンガンで、マンガンの鉱石は比較的ありふれて存在する。マンガンが含まれていると、ガラスを作る炉の通気性の良し悪し〔炉内の酸素の量〕によってガラスが紫色や黄色になり、さらにそこに鉄も存在していれば、華やかな赤みがかったサフラン色に変化した。ガラス職人たちはなぜそういう色になるのか理解していなかったし、狙って色を出すのも容易ではなかったが、豊かな色合いのガラスは大いにもてはやされた。

右： 実験室の設備。カール・ヴィルヘルム・シェーレの『空気と火に関する化学的論文（*Chemische Abhandlung von der Luft und dem Feuer*）』（1777）の扉。［Smithsonian Libraries, Washington, DC.］

上: ドイツの化学者フリードリープ・フェルディナント・ルンゲが自著（*Der Bildungstrieb Der Stoffe*）のためにペーパークロマトグラフィーで作成した「ルンゲ・パターン」。初版は1855年刊だが、本書のこの図は1858年制作のもの。色は硫酸マンガンを含むさまざまな金属塩によって作られている。[Science History Institute, Philadelphia.]

一方、職人たちは、マンガン鉱石がガラスの色を消し、石英のように透明にする場合があることも発見した。1世紀のローマの博物学者プリニウスは、このガラスが最も珍重されたと述べている。そこで職人たちは、ある鉱物を少量、炉に加えるようになった。その鉱物は、灼熱の炉の中でガラスの色を洗い流すことから、後に「火を洗うもの」を意味するギリシャ語を語源としてパイロルーサイト（pyrolusite、日本語では軟マンガン鉱）と名付けられる。中世には、この物質はしばしば「ガラス石鹸」と呼ばれた。その効果は、見た目からの予想を裏切るものだった。というのも、パイロルーサイトそのものは黒色で、少なくとも1万7000年前には、一部の洞窟壁画で黒色顔料として使われていたからだ。化学用語で言うとこの鉱物は二酸化マンガンで、マンガンがガラスの色を消すのである。

フランドルの化学者ヤン・バプティスタ・ファン・ヘルモントは、1662年の著書の中で、この物質は「完全に火で融かされたガラスから何でも抜き取る。沸騰している相当な量の緑色や黄色のガラスの中に、これのごく小さな破片を投げ込むと、ガラスが白くなる」と書いている。彼はこのマンガン含有鉱物のことを lodestone（ロードストーン）（導きの石、磁性を持つ石）と呼んでおり、実際、わずかに磁性を持つ。それゆえ、中世には、磁性のある石の総称である*magnesia*（マグネシア）という名でこの鉱物を呼んでいた。16世紀半ば、イタリアのヴァンノッチョ・ビリングッチョが金属加工に関する論文の中で、magnesia の文字の一部を入れ替えて、この鉱物を*manganese*（マンガネーゼ）と呼んだ。それから200年ほどの間、軟マンガン鉱はこの名前で知られていた。

18世紀末になると、こうした鉱物は実際には何なのかということが化学者たちにとって問題になった。彼らは鉱物を漠然と「土」の一種と考えるだけでは満足できず、どのような元素を含んでいるのかを解明しようとした。スウェーデンの偉大な化学者・薬学者のカール・ヴィルヘルム・シェーレは、パイロルーサイトに新元素が含まれているのではないかと考え、それを突き止めようとしたが、単離は成功しなかった。1774年にこの元素を単離したのは、著名なスウェーデンの化学者トルビョルン・ベリマンの助手だったヨハン・ゴットリープ・ガーンである（ただし、その数年前にウィーンの若い化学者イグナティウス・カイムが初めて純粋なマンガンを作っていた可能性が高い）。ベリマンは、ガラス職人の使うマグネシアが実際には「新種の金属の金属灰」だと述べている。金属灰とは、金属を空気中で燃やしたときにできる物質を指す。彼は、ガーンがいかにしてこのマグネシアから「レグルス」を得たか、つまり純金属の塊を取り出すことに成功したかを報告した。ところが、ベリマンは続いて、それ以降に化学を学ぶ学生を悩ませることになる混乱の種を蒔く。この金属は今でいうマンガンなのだが、彼は、マグネシウムと呼んだのだ。今のマグネシウムはまったく別の元素で、当時はまだ発見されていなかった。ここにもまた、元素の数が増えるにつれて、それらを見分けることが（とりわけ、どれも銀色の金属であるように見える時には）いかに困難だったかが示されている。そして、紛らわしい元素はその後も多数現れることになる。

タングステン、白金、パラジウム

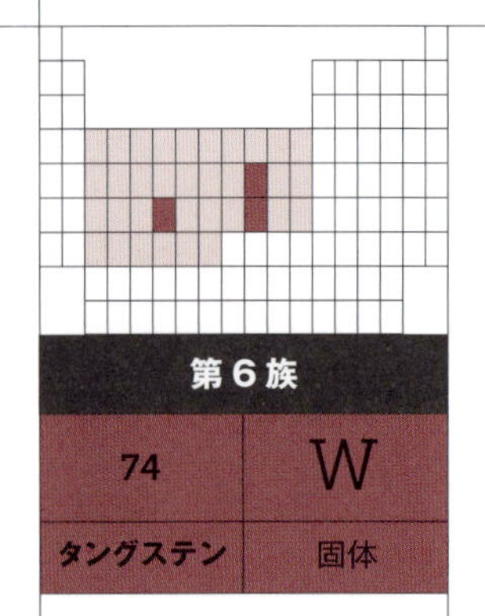

第6族

74	W
タングステン	固体

遷移金属
原子量:183.8

第10族

78	Pt
白金	固体

遷移金属
原子量:195.1

第10族

46	Pd
パラジウム	固体

遷移金属
原子量:106.4

16世紀から18世紀半ばにかけて元素発見の大部分を牽引したのは、鉱業と鉱物学であった。新しい鉱物を見つけるのはそれほど難しいことではなかった。色や密度、結晶の形で判断できたからである。そして、鉱物が金属の源であることは古くから知られていた。一方で、混乱のタネも山ほどあった。異なる鉱物が同じ金属を含んでいたり、ひとつの鉱物が複数の金属元素を含んでいたり、あるタイプの「石」が別の「石」と混同されていたりしたのだ。名前の体系は悪夢だった。鉱物の呼び名は場所によって異なり、鉱物と金属がきちんと区別されず、錬金術の用語や発想（特に金属が別の金属に変化するという考え方）もまだ残っていた。

ドイツでは、とある物質がよくスズ鉱石と一緒に発見されており、16世紀半ばの鉱夫たちはそれをヴォルフルム、ヴォルフラム、あるいはヴォルフスハウム（狼の泡）やヴォルフスハール（狼の毛）と呼んでいたようだ。理由は、黒色で繊維状の結晶を形作るからである。この物質がスズ鉱石中に存在すると、スズがもろくなると言われていた。1747年、ドイツの鉱物学者ヨハン・フリードリヒ・ヘンケルは、この厄介な物質を「*lupus Jovis*（ルプス ヨヴィス）（木星の狼）」と呼んだ。木星は、錬金術師がスズと結びつけていた惑星である。（この物質は狼のようにスズをむさぼり食うという意味でヘンケルがそう呼んだのかどうかは定かではないが、後世の著述家の一部は空想の翼を広げ、そうだと思い込んだ。）

18世紀半ば頃、スウェーデンの鉱物学者アクセル・フレドリク・クルーンステットが「重い石」（スウェーデン語で*tungsten*（トゥングステン））について報告し、同国人のカール・ヴィルヘルム・シェーレがその鉱物を研究した。シェーレは、現在タングステンの名で知られている金属を単離した可能性もある。しかし通常は、金属タングステンの発見者はスペインの化学者のデ・エルヤール兄弟（フアン・ホセとファウスト）とされている。彼らは、当時タングステンと呼ばれていた鉱物とヴォルフラムの両方を調べた（フアン・ホセは少し前にシェーレを訪ねていた）。1785年、“ヴォルフラムの化学分析”およびそこに含まれる新しい金属について記した彼らの論文の英語版が出ると、発見が広く知れわたる。両方の鉱物に同じ金属が含まれていることは明らかで、英語版ではこの金属もwolfram（ウルフラム）と名付けられた（現在は鉱物の方はwolframite（ウルフラマイト）と呼ばれる）。しかし、フランスではこの金属は*tungstène*（トゥングステン）と呼ばれていた。さて、19世紀初頭にスウェーデンの化学者イェンス・ヤコブ・ベルセリウスが元素にアルファベット1～2文字の記号を付けはじめ、この金属にはwolframに由来する「W」を与えた。ところが、次第にtungsten（タングステン）という名称が英国で定着していった。周期表でタングステンの元素記号がWなのは、そのためである。

タングステンは非常に密度の高い金属で、語源になった鉱石のスウェーデン語名もそこに由来する。密度は、科学者が発見したものが新しい金属かどうかを判断するための、数少ない確実な手がかりのひとつだった。密度の高い銀色の金属である白金の発見は、その意味で驚くほど簡単であった。白金は、自然界に元素が“天然の”形で存在する希少金属のひとつだからである。白金は、18世紀初頭に、南米（特にコロ

左: 鉱物からの金属の抽出。ラツァルス・エルカーの著書(*Beschreibung Allerfürnemisten Mineralischen Ertzt unnd Bergkwercks Arten*, 1580)の扉の木版画。[Science History Institute, Philadelphia.]

ンビアのピント川周辺の沖積鉱床)で発見された。スペイン語で「小さな銀」を意味する*platina*(プラティナ)と呼ばれたことが、英語名のplatinum(プラティナム)の語源である。銀や金と同様、白金も反応性が非常に低い金属で、変色しにくい。この性質は宝飾品には理想的だった。実際、南米のコロンビアやエクアドルあたりの先住民は、スペイン人が到着する前に、すでに何百年にもわたって白金を装飾品に加工していた。

しかし、その天然白金は純粋ではなく、実際は鉄と他の微量の金属を含む合金であった。白金がひとつの元素であることに最初に気付いたのが誰かは、はっきりしない。ただ、白金がヨーロッパで広く知られるようになったのは、スペインの行政官・探検家・科学者であったアントニオ・デ・ウジョアが、南米からフランス船でスペインに帰る途中で英国の捕虜になり、ロンドンの科学団体である王立協会に自分の知っていることを話したことがきっかけだった(その後ウジョアは王立協会のフェローに選ばれた)。1750年代にはヨーロッパの他の国々でも白金の研究が始まり、白金は元素のリストに載るようになった。

白金を研究した科学者のなかに、ロンドンを拠点とする化学者ウィリアム・ハイド・ウォラストンとスミソン・テナントがおり、ふたりは密接に協力していた。白金は融かすのが極めて難しい。融点は1768℃で、あらゆる金属の中で最も高い部類に入る。しかし、塩酸と硝酸を混ぜた液体(王水(おうすい)と呼ばれる)には溶かすことができる。ウォラストンは、この溶液中の白金を沈殿させる方法を開発したが、その際、溶液中にまだ別の物質が残っていて、そちらは黄色い固体として沈殿させることができるのに気づいた。その黄色い沈殿物を加熱すると、分解して銀色の金属になった。彼は古来の金属と天体の結びつきに敬意を払い、1802年に天文学者によって発見されたばかりの小惑星パラスにちなんで、この金属をパラジウムと命名した〔ウォラストンは、同時期にロジウムも発見している〕。

ウォラストンはこの発見をすぐには発表せず、ロンドンの鉱物商を通じて「新しい銀」を金の6倍の価格で販売した。彼は1805年に王立協会に提出した論文でようやくこの新しい金属について明かし、それまで秘密にしていたことの弁解として、自分にはこの金属で「利益を得る」権利があると主張した(もっとも、この金属にはほとんど買い手がつかなかった)。一方、ウォラストンのパートナーであるテナントは、白金が王水に溶けた後に残る黒い残留物を研究し、そこに2種類の新しい金属が含まれていることを発見した。イリジウムと、タングステンよりも密度の高いオスミウムである。このふたつは、パラジウム、ロジウム、ルテニウム、白金とともに、「白金族元素」として知られている。

96-97ページ: 鉱石の採掘場の作業。アナベルク・ブッフホルツ(ドイツの町)の聖アンナ教会にあるハンス・ヘッセの《アナベルク山の祭壇》(1522)の下部パネルの絵。

ウラン

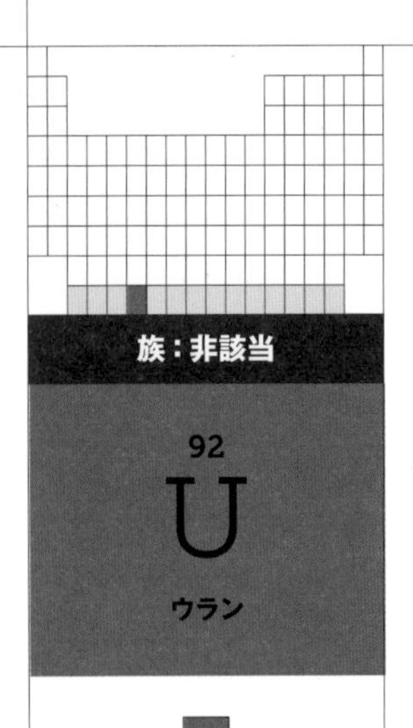

アクチノイド

原子番号
92

原子量
238.0

標準温度圧力での状態
固体

ウィリアム・ウォラストンによるパラジウムの命名のいきさつは、錬金術の「天体と金属の対応」という神秘主義的な考えが捨て去られて久しい当時にもなお、化学者たちがいかにその発想に愛着を持ち続けていたかを物語っている。1789年にドイツの鉱物学者マルティン・クラプロートが別の高密度の金属元素を命名した際にも、この愛着が働いた。

クラプロートは、ボヘミアの銀鉱山でよく採れるピッチブレンドという黒い鉱物を研究していた。この名は、タールやピッチ（黒色の樹脂）のような黒い色と、ドイツ語の*Blende*に由来する。*Blende*は「惑わす」という単語が語源で、重くて金属を含んでいるように見えるが何も抽出できない石はどれもそう呼ばれていた。

クラプロートは実際にピッチブレンドからその金属の単体を抽出したわけではない。彼はピッチブレンドを硝酸に溶かし、溶液にアルカリを加えると黄色い物質が析出することを発見した。それを加熱すると黒い粉ができた。彼はそれを新しい金属だと思って、名前をつけたのだ。彼はこう書いている。「新しい惑星の発見が新しい金属の発見数に追いついていないため、新発見の金属は、かつての鉱石のように惑星から名前をもらう栄誉に浴することができずにいた」。しかし、彼の発見物は、その栄誉を手にするチャンスに恵まれた。1781年に英国のウィリアム・ハーシェルが望遠鏡を使って新しい惑星を発見し、ギリシャ神話の天空神ウラノスにちなんでUranus（天王星）と命名していたのである。そこで、クラプロートは新元素の名前をこう発表した。「私はuranite（Uranium〔ウラン〕）を選んだ。化学によるこの新しい金属の発見が、天文学による天王星という新惑星の発見の時期に起こったことの記念としてである」。

放射能への道

しかし、クラプロートの黒い粉は実は単体のウランではなく、酸化ウランだった。純粋な金属ウランの単離は、ずっと後の1841年にパリでフランス人化学者ウジェーヌ・ペリゴーが実現した。この金属の初期の用途のひとつは、ガラスや陶器の着色だった。酸化ウランを含むガラスは蛍光黄緑色になる。後には、ウラン化合物が陶器の釉薬に使用され、赤に近いオレンジ色を作り出した。この色を使った米国の「フィエスタ」ブランドの食器は、1930年代から1940年代にかけて大人気を博した。1912年には、オックスフォード大学のある科学者がナポリ近郊の帝政ローマ時代の邸宅のガラスモザイクを調べ、淡い緑色のピースの一部に微量のウランが含まれており、（鉱石が）意図的に添加されたに違いないと主張した。ウランを含むローマ時代のガラスは他に知られ

右ページ： ボヘミア（現チェコ領）のクトナー・ホラでの銀の採掘の光景。1490年の挿絵入り聖歌集より。
[Sotheby's London.]

上: ウラン釉薬を使った、ホーマー・ラフリン社のフィエスタ食器の宣伝用パンフレット(1937)。戦争のためにウランが必要とされたため、1943年に赤い釉薬は使えなくなった。

ていないため、この主張が正しいかどうかの議論はいまだに決着を見ていない。一部の科学者は、そこに使われたウランはローマ支配下にあったブリテン島コーンウォール地方の鉱山で採掘されたのではないかと考えている。

発見から何十年もの間、ウランは好奇心をそそる物質

右ページ: 1895年12月22日にドイツのヴュルツブルクの研究室でヴィルヘルム・レントゲンが撮影したX線像。写っているのはレントゲンの妻アンナ・ベルタの手と指輪。[Wellcome Collection, London.]

だった。ウラン鉱石であるピッチブレンドは、光をあててから暗闇に置くと光るという変わった性質を持っていた(燐光と呼ばれる)。とはいえ、物珍しくて居間で見せる手品には向いているが、それ以上ではないとみなされていた。しかし、フランスの物理学者アレクサンドル・エドモン・ベクレルはこれに興味を持ち、19世紀半ばにこの現象を注意深く研究した。

1895年にドイツの科学者ヴィルヘルム・レントゲンが新種の"放射"について報告し、それをX線と呼んだ。X線は、光のように写真乳剤に像を残すが、肉体のように中身のあるものも透過する。ほどなく、物質によってはX線をあてると燐光が誘発されることも発見された。1896年初め、ベクレルの息子アンリは、ウラン塩のような燐光物質はX線を放出するのではないかと考えた。彼は、光を通さないように黒い紙で包んだ写真乾板の上にさまざまな燐光物質を置き、太陽光を当てて燐光を励起させた。その結果、ウラン化合物だけが乾板を感光させた。

当初、アンリ・ベクレルは、この感光はウラン塩が太陽光を浴びて発した燐光によるものだと考えた。しかし、どんよりした2月の曇天で太陽がなかなか顔を出さなかった時、彼はウラン塩を乗せた何枚かの乾板を引き出しに入れて閉め、数日間そのままにした。引き出しの中のウランは燐光を発していなかったが、ベクレルは何かの勘が働いたのか、乾板を現像してみた。そして、乾板が感光して像が写っていることを発見して、驚愕した。彼は、ウラン化合物自体が別の種類の光線を放射しているという結論に達し、それをウラン光線と名付けた。

この時ベクレルが発見したのは、ウランが放射能を持つことだった。しかし、それが実際には何を意味するかの解明は、他の研究者に委ねられた。それはまた別の元素発見物語になる。

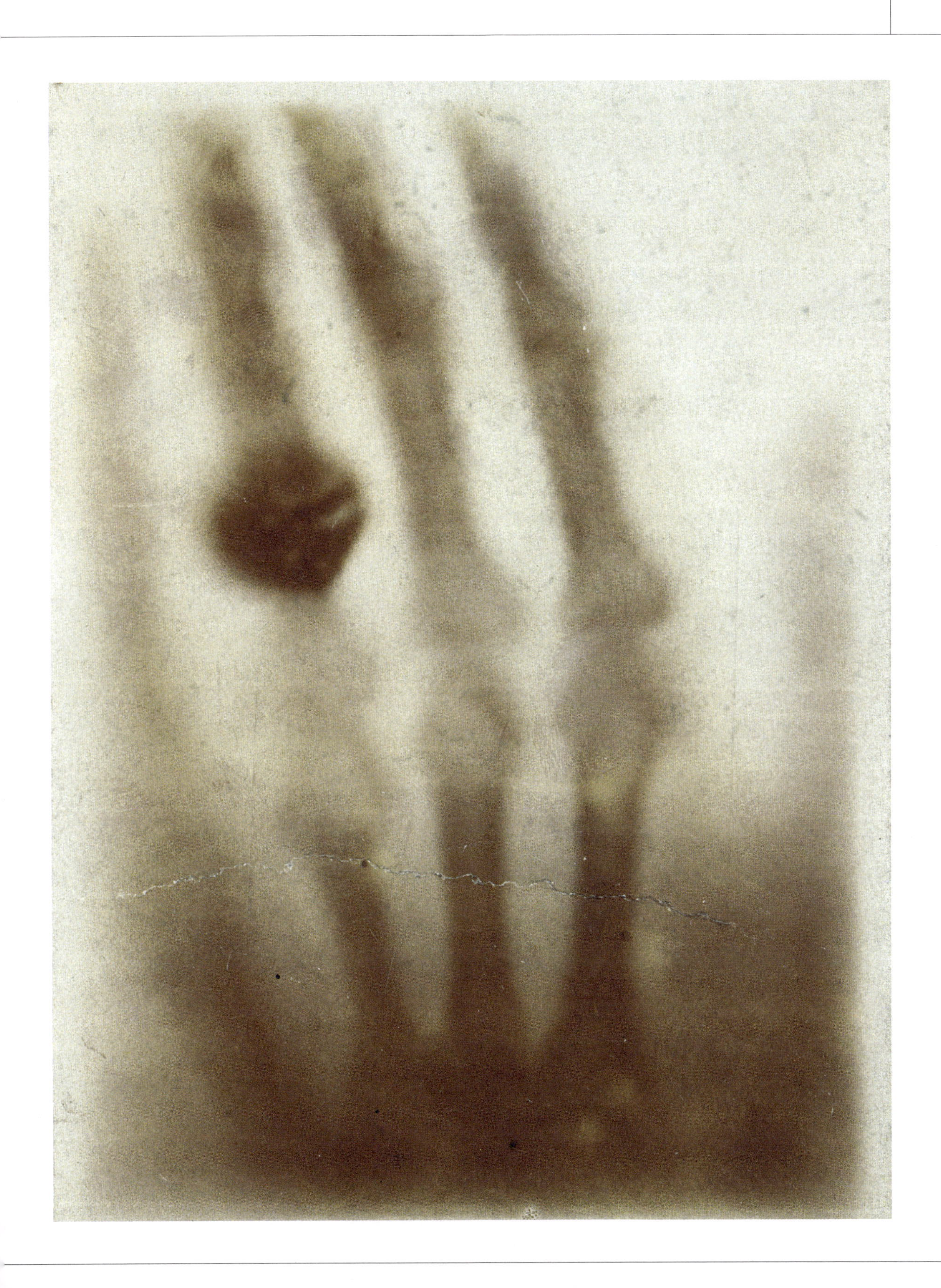

Adapted to the **NEW** *Nomenclature*,

By *Mess.rs* **HASSENFRATZ** *and* **ADET**,

Systematically arranged by W. Jackson, Practical Ch

The CHEMICAL CHARACTERS *of the* NEW NOMENCLATURE *are divided into two Clases simple & compound, cons six Genera & fifty five Species, each Genus has a Sign proper to itself which with some Modifications expreses the different Species in ea and by the Combinations & Positions of the six Generical Characters the constituent principles & proportions are expresed of all compounc*

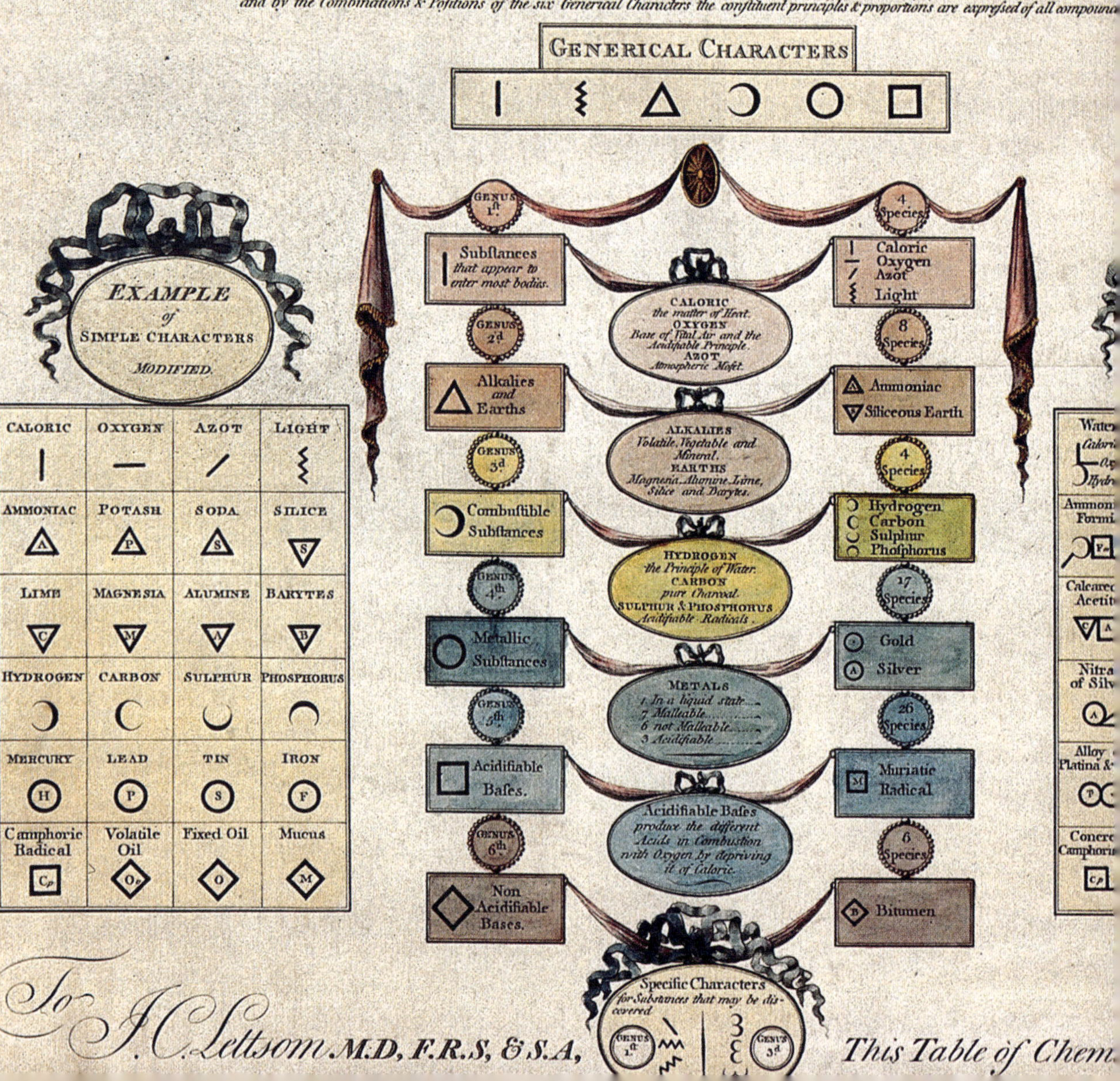

第 5 章

化学の黄金時代

左:『化学記号の概要』と題された大判の印刷物。ハッセンフラッツとアデの論文をもとにW·ジャクソンがH·アシュビーに原版を作らせ、印刷した。1799年。[Wellcome Collection, London.]

化学の黄金時代

1780頃
英国で織物用綿糸を生産する優れた紡績機が開発され、急速な工業化が始まる。

1783
パリ条約が成立し、アメリカ独立戦争が終結。

1789-1799
フランス革命

1803
英国とフランスの間で戦争が勃発。これがナポレオン戦争の始まりで、1815年のワーテルローの戦いでナポレオン・ボナパルトが敗北するまで戦いは続いた。

1826
米国の発明家サミュエル・モリーが内燃機関の特許を取得。

1848-1858
カリフォルニアのゴールドラッシュ

1853-1856
クリミア戦争。仏、英、オスマン帝国、サルデーニャの連合軍がロシアと戦う。

1867
資本主義経済の勃興を反映して、カール・マルクスの『資本論』が出版される。

18世紀が幕を開けた時、化学はまだ明らかに錬金術の伝統と結びついており、とりわけ「燃焼の要素」としてのフロギストンが中心的な役割を果たしていた。だが19世紀に入る頃の化学は、はっきりと現代の姿に近づいていた。私たちになじみ深い元素の多くが見つかっており、原子と分子という考え方が生まれつつあり、原子同士を結びつけて分子にする化学結合という概念も漠然とながら認識されていた。

18世紀は、時に、化学革命の時代と呼ばれる。17世紀の科学革命は、魔法用語を使わずに世界を説明する知識体系としての近代科学の、基本的な輪郭を私たちに与えた。近代科学は力学に支配され、数学的法則で表現され、体系的で注意深い実験によって推論されるものだった。その科学革命からやや遅れて到来したのが、化学革命だった。たしかに、科学革命・化学革命という言葉はどちらも、提示する図式を単純化しすぎている。「革命」という表現が科学の進歩について考える際の正しい捉え方かどうかははっきりしないし、科学の進歩においては常に、古くて間違った考えが大胆な新しい理論と並んで存在し、二歩進んでは一歩下がるのが普通である。人間の思考の発展には、混乱や議論、誤りや混乱がつきものである。

それでも、この時代が化学の一大変革期であったことは疑いない。ただ、化学の発展史においては、実用的な側面がしばしば軽視されがちである。当時は、産業革命が加速し、新しい物質や新しい手法に対する需要がかつてないほど生まれていた。たとえば鉱石から金属を抽出する技術や、繊維産業用の染料、漂白剤、媒染剤（定着剤）や、塗料、紙、インク、石鹸、香水などが——つまり、新興の中産階級の生活をより快適にするために必要なあらゆる材料が——求められた。科学と技術の関係は、単に科学が示す新しいアイデアを技術が利益のチャンスに変えることだけではない。技術が投げかける課題を受けて、科学が新たな思考や発見を得ることもある。

科学と技術が出会うのは、たいてい、実験をして調べる時である。そして、化学は常に典型的な実験科学である。18世紀の化学者たちは、元素がどのように結合するのかや、どうすれば元素に新しい配置をとらせることができるのかを解明しはじめた。また、化学は定量的になった。つまり、何と何が反応するかだけでなく、どのような割合で反応するかも重要視されるようになった。化学者が使う道具や装置も増え、加熱用の炉や蒸留に使うレトルトなどの容器だけでなく、反応前後の物質の量を注意深く量るための天秤も必須になった。こうした細部への注意は化学のプロセスをより正確に理解するために不可欠であると同時に、効率を求め、貴重な材料を無駄にしたくない産業界にとっても重要であった。

このように定量的な方向へ思考が変化したことは、化学者が「元素はどのように結合するのか」を研究する際の考え方にも影響を与えた。元素には互いへのある種の「愛」があり、それにより化学的な結婚ができるという古い概念はすたれ、「親和性」の概念（フランスの化学者たちはそれを「ラポール」と呼んだ）が取って代わった。化学者たちは、異なる元素同士の結合のしやすさを示す親和力表を作成し、その表を

A TABLE OF AFFINITIES BETWEEN SEVERAL SUBSTANCES, BY MR. GEOFFROY.

1. Acid pirits	2. Marine Acid	3. Nitrous Acid	4. Vitriolic Acid	5. Abſorbent Earth	6. Fixed Alkali	7. Volatile Alkali	8. Metallic Subſtances	9. Sulphur	10. Mercury	11. Lead	12. Copper	13. Silver	14. Iron	Regulus of Antimony	Water
Fixed Alkali	Tin	Iron	Phlogiſton	Vitriolic Acid	Vitriolic Acid	Vitriolic Acid	Marine Acid	Fixed Alkali	Gold	Silver	Mercury	Lead	Regulus of Antimony	Iron	Spirit of Wine
olatile Alkali	Regulus of Antimony	Copper	Fixed Alkali	Nitrous Acid	Nitrous Acid	Nitrous Acid	Vitriolic Acid	Iron	Silver	Copper	Lapis Calaminaris	Copper	Silver Copper Lead	Silver Copper Lead	Neutral Salts
ſorbent Earths	Copper	Lead	Volatile Alkali	Marine Acid	Marine Acid	Marine Acid	Nitrous Acid	Copper	Lead						
etallic bſtances	Silver	Mercury	Abſorbent Earths		Acetous Acid		Acetous Acid	Lead	Copper						
	Mercury	Silver	Iron		Sulphur			Silver	Zinc						
			Copper					Regulus of Antimony	Regulus of Antimony						
			Silver					Mercury							
	Gold							Gold							

上：「いくつかの物質の間の親和力の表」。ピエール＝ジョゼフ・マケの『化学事典（*A Dictionary of Chemistry*）』（1777）より。[Science History Institute, Philadelphia.]

次第に充実させていった。ある結合について、Aという元素がBという元素よりも親和力が高ければ、AがBに取って代わりうる。そこには、元素の挙動を司る法則があった。

定量化への推進力が最も大きかった国はフランスだった。フランスには化学者アントワーヌ・ラヴォアジエがおり、1760年代から、元素が結合や分離をする際の各元素の比率を注意深く測定していた。ラヴォアジエは化学的分析（分析とは文字通り「物質をバラバラに切り分ける」こと）の原理を提唱した中心人物のひとりである。彼は、化合物を分解することで何の元素が含まれているかを推測しようとした。それによって、彼は元素を定義する明確な方法を化学にもたらした。元素とは、化学反応によってはそれ以上単純なものに分割できない物質である——そう彼は言った。

ラヴォアジエは1787年に、同僚のルイ＝ベルナール・ギュイトン・ド・モルヴォー、クロード＝ルイ・ベルトレ、アントワーヌ・フルクロワとともに『化学命名法』という教科書を出版し、古くから錬金術で使われていた物質名を新しい名前に置き換えることを提案して、新時代の化学観を打ち出した。oil of vitriol（緑礬油）は硫酸になり、flowers of zinc（亜鉛華）は酸化亜鉛になった。肝心なのは、化学名はその物質を構成する元素に由来すべしという点だった。ラヴォアジエとその仲間たちは、文字通り、化学を書き直したのである。

その2年後、ラヴォアジエは大著『化学原論』を出版し、自身が提唱した新しい体系の優位性を確たるものとした。この本には新しい「単一物質」（今でいう元素にあたる）のリストが載っており、そこには、彼が提唱する名称を持つ33種が記載されていた。また、この本には化学の実践的技法も記されていて、以後数十年にわたって化学教育の標準的な教科書となった。学生たちは化学を学び始めた瞬間からラヴォアジエの化学観を植え付けられて育っていった。

彼の成し遂げた業績は正当な賞賛を受けたが、ラヴォアジエがそれを長く享受することはなかった。彼は科学者であると同時に、徴税請負人であり、ルイ16世治下のフランスで火薬管理局の監察官も務めていた。そのため、1789年にフランス革命が勃発すると、ロベスピエールの恐怖政治の時代には革命派の魔女狩りの格好の標的となった。1793年、彼は第一共和制に対する裏切りの罪で告発され、1794年5月にギロチンで処刑された。ひとつの革命を起こした彼は、別の革命の犠牲となったのである。

水素

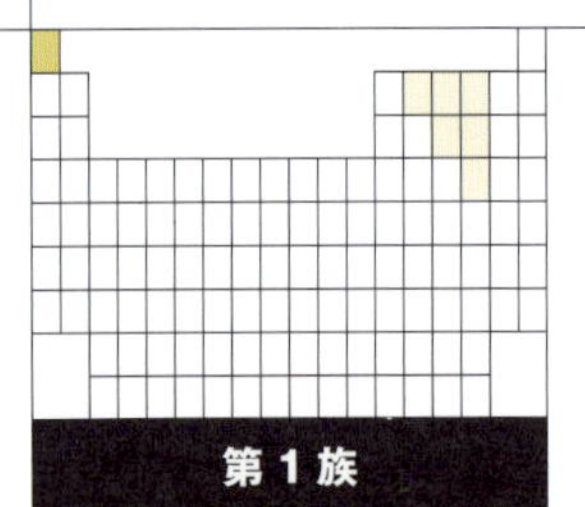

第1族

1
H
水素

非金属

原子番号
1

原子量
1.008

標準温度圧力での状態
気体

ある元素を最初に発見したのが誰なのか、簡単に決められない場合がある。それが元素だという証拠を最初に見つけた人なのか？　その元素の単体を最初に分離・単離した人なのか？　それとも、自分たちが作ったものが他の物質の新しい変種ではなく本当に元素であると最初に認識した人なのか？

水素には、まさにこの問題がある。通常は、1766年に水素を発生させて記述した英国の科学者ヘンリー・キャヴェンディッシュが発見者とされている。しかしキャヴェンディッシュ自身は、自分が発見したのは特殊な「空気」（今でいう「気体」）だと信じていた。それは正確な意味での元素ではない。

そもそも、水素を最初に“作った”のはキャヴェンディッシュではない。宇宙のスケールで言えば、水素はどこにでもあり、圧倒的に最も豊富な元素なのだ。宇宙に存在する原子10個のうち9個は水素原子であり、ほとんどの恒星は成分の大半が水素である。水素は、恒星や惑星の材料である星間ガス雲の主成分であるため、土星や木星などの巨大ガス惑星も80～96%は水素でできていると考えられている。それに対して、地球の大気には純粋な水素はほとんど存在しない。水素は元素の中で最も軽く、地球の重力では大気中にとどめておけないからである。一方、地殻と地表に存在する原子の約13パーセントは水素だが、そのほとんどは化合物（特に水）を形成している。

純粋な水素を得る最も一般的な方法は、水分子から水素原子を取り出すことである。かなり反応性の高い金属を酸に溶かした時に多かれ少なかれ起こっているのは、この反応である。ロバート・ボイルは1671年に塩酸と鉄粉を使ってこの反応を起こさせた。彼より前にも、同じことをした人々がいたに違いない。水素ガスは気泡となって出てくる。空気より軽いため、集めることができる。ボイルは、この気体が非常に引火しやすく、ポンという音を立てて燃え、明るい光を発することを発見した。彼にとって、あるいは彼と同時代の人々にとって、それは「燃えやすい空気」だった。では、どうしてほぼ1世紀後のキャヴェンディッシュが水素の発見者とされることになったのか？　キャヴェンディッシュは非常に注意深い実験者で、気体を使った研究の際に正確な測定を行い、それらの化学的挙動を丹念に観察した。彼はこの「空気」それ自体が独立した物質だと、本気で考えたのである。

キャヴェンディッシュは、非常に変わった人物でもあった（科学界には変人が多いとされるが、その中でも彼は変わっていた）。公爵の孫で財産家だった彼は、当時の裕福な「ジェントルマン哲学者」の多くと同様、個人として研究をすることができた。彼はロンドン南部のクラパムに邸宅兼研究室を建て、そこで実験や研究を行っていた。社交や時代の慣習には時間を使わず、質素な服に身を包み、結婚もしなかった。ロンドン随一の科学機関である王立協会では、他人と話をするのを避け、時折「かん高い叫び声」を上げながら部屋から部屋へと移動している彼の姿が見られた。同時代人のひとりはキャヴェンディッシュを「病的なまでに内気で恥ずかしがり屋」と評している。

	Noms nouveaux.	Noms anciens correſpondans.
Subſtances ſimples qui appartiennent aux trois règnes & qu'on peut regarder comme les élémens des corps.	Lumière	Lumière.
	Calorique	Chaleur. Principe de la chaleur. Fluide igné. Feu. Matière du feu & de la chaleur.
	Oxygène	Air déphlogiſtiqué. Air empiréal. Air vital. Baſe de l'air vital.
	Azote	Gaz phlogiſtiqué. Mofete. Baſe de la mofete.
	Hydrogène	Gaz inflammable. Baſe du gaz inflammable.
Subſtances ſimples non métalliques oxidables & acidifiables.	Soufre	Soufre.
	Phoſphore	Phoſphore.
	Carbone	Charbon pur.
	Radical muriatique.	Inconnu.
	Radical fluorique	Inconnu.
	Radical boracique	Inconnu.
Subſtances ſimples métalliques oxidables & acidifiables.	Antimoine	Antimoine.
	Argent	Argent.
	Arſenic	Arſenic.
	Biſmuth	Biſmuth.
	Cobolt	Cobolt.
	Cuivre	Cuivre.
	Etain	Etain.
	Fer	Fer.
	Manganèſe	Manganèſe.
	Mercure	Mercure.
	Molybdène	Molybdène.
	Nickel	Nickel.
	Or	Or.
	Platine	Platine.
	Plomb	Plomb.
	Tungſtène	Tungſtène.
	Zinc	Zinc.
Subſtances ſimples ſalifiables terreuſes.	Chaux	Terre calcaire, chaux.
	Magnéſie	Magnéſie, baſe du ſel d'Epſom.
	Baryte	Barote, terre peſante.
	Alumine	Argile, terre de l'alun, baſe de l'alun.
	Silice	Terre ſiliceuſe, terre vitrifiable.

右: アントワーヌ・ラヴォアジエが「(それ以上分割できない)単純な物質」を並べた化学元素表。『化学原論(*Traité Élémentaire de Chimie*)』(1789)より。[Library of Congress, Rare Book & Special Collections Division, Washington, DC.]

キャヴェンディッシュは、ボイルとだいたい同じ方法で、つまり鉄粉と酸（硫酸）を反応させて、水素を作った。そして、ものが燃える仕組みに関する当時の支配的理論——すなわち、燃焼はフロギストンという推定上の元素によって引き起こされるという考え方——に従って、水素の引火性を解釈した。当時の化学者たちは、「物質が燃えるとフロギストンが空気中に放出される。フロギストンを多く含む物質ほど燃えやすい」と考えていた。キャヴェンディッシュと一部の化学者は、水素が純粋なフロギストンではないかと推測した。

キャヴェンディッシュは、引火性の空気を燃焼させた時に何が起こるのかに興味を抱いていた。当時は、ものが燃えると、「一般的な」空気が「フロギストン化」すると考えられていた。1781年、彼はこのプロセスで水が生成し、燃焼実験が行われた容器の壁に水滴として凝結することを発見した。この点に気付いたのは彼が最初ではなかったが、彼は驚くべき結論を導き出した——その水は、一般的な空気と引火性の空気から生成された、としたのである。その点では彼は正しかった。しかし、彼はフロギストン説に固執していたため、現在のような「水素が空気中の酸素と結合して水になる」という表現には至らなかった。1780年代になって、アントワーヌ・ラヴォアジエが水素と酸素の結合という新しい見解を提唱し、そのふたつの元素名も考案した。ラヴォアジエが引火性の空気を*hydrogène*（イドロジェーヌ）（水素）と名付けたのは、「水を生み出すもの」というギリシャ語に由来する。これが意味するのは、水は元素ではなく化合物だということだ。

古いフロギストン説を水素と酸素という新しい元素で書き換えようとするラヴォアジエの考えに、多くの化学者（特に英国の化学者）は激怒した。ラヴォアジエは正しかったが、彼の勝利は戦いなしには得られなかった。

ただ、そうした論争とは関係なく、（呼び名が水素であれ別の名であれ）その気体は有用だった。空気よりも軽いため、その気体を充塡した気球は浮力を得て上昇する。1783年、フランスの化学者ジャック・シャルルは大きな気球に水素を詰め、自身と助手のニコラ＝ルイ・ロベールが乗り込んでパリ上空を飛行した。ただし、これは史上初の有人気球飛行ではなかった。同じフランスのジョゼフ＝ミシェルとジャック＝エティエンヌのモンゴルフィエ兄弟が、その数日前に熱気球で空を飛んでいたからである（暖かい空気は冷たい空気よりも密度が低いため、浮力が生じる）。

気球は18世紀後半に一大センセーションを巻き起こした。なにしろ人類は初めて空から陸を眺められるようになったのだ。19世紀半ば以降、水素気球にエンジンを搭載してプロペラを回すことで、操縦可能な空飛ぶ交通手段が誕生し、レジャー、輸送、戦争などで使われた。エンジンは当初は蒸気機関で、次いで電気モーターになった。20世紀初頭からは飛行船による大西洋横断飛行の定期運航や、さらには世界一周飛行も行われた。しかし、引火性の水素の利用は常に危険と隣り合わせであった。1937年に米国ニュージャージー州で起きたヒンデンブルク号の事故によって、飛行船の黄金時代は終焉を迎えた。

下： 英国の科学者ヘンリー・キャヴェンディッシュ。アクアチント、19世紀。[by C. Rosenberg after W. Alexander, Wellcome Collection, London.]

右ページ： 気球に熱い空気を充塡する様子。バルテルミー・フォジャ・ド・サン＝フォン『モンゴルフィエの気球実験の解説（*Description des Expériences de la Machine Aérostatique de MM. de Montgolfier*）』（1783）より。[Science History Institute, Philadelphia.]

酸素

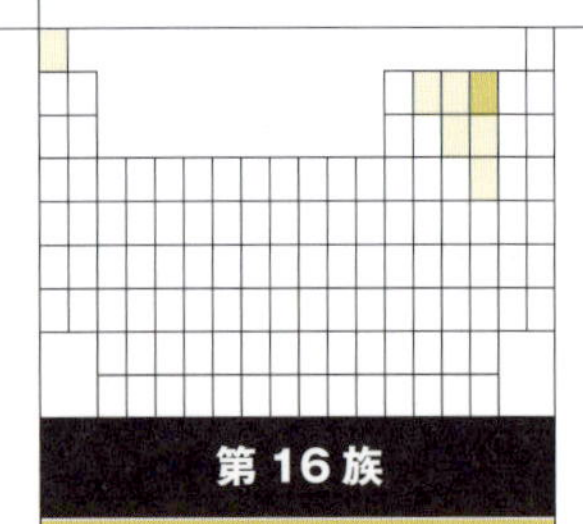

第16族

8

O

酸素

非金属

原子番号
8

原子量
16.00

標準温度圧力での状態
気体

右ページ: ジャック＝ルイ・ダヴィッド《アントワーヌ＝ローラン・ラヴォアジエとその妻（マリー＝アンヌ＝ピエレット・ポールズ）》、1788年、カンヴァスに油彩。［The Metropolitan Museum of Art, New York.］

アントワーヌ・ラヴォアジエの新しい化学用語が普及するにつれて、彼の化学観も広まっていった。用語の土台になっている考え方を暗黙のうちに受け入れずに、言葉だけを使うことは難しかったからである。ラヴォアジエによる化学の見直しにおいて中心的な位置を占めていたのは、彼が*oxygène*（オキシジェーヌ）と名付けた元素（酸素）で、語源は「酸を作るもの」という意味のギリシャ語である（ラヴォアジエはすべての酸には酸素が含まれていると考えていたが、これは誤りだった）。酸素は常温常圧では気体であり、空気の5分の1を構成している。ラヴォアジエは、化学的プロセスで酸素を作って同定した最初の人物ではないが、酸素が元素であると最初に看破した人物であった。

18世紀後半は、しばしば「空気の化学」の時代とされる。気体（当時の化学者はそれを「空気」と呼んでいた）を研究するという意味である。化学的プロセスで「空気」が発生することは昔から知られていた。さまざまな反応の際によく気泡が見られたためである。しかし、化学者たちがそれらの気体の種類を明確に区別するようになったのは18世紀後半以降であった。気体を集める装置が発明されたのも理由のひとつである。ヘンリー・キャヴェンディッシュによる“後に水素として知られることになる気体”の研究は、この新たな潮流の一例であった。

傑出した空気化学者のひとりに、非英国国教徒にして政治的急進派であったイングランドのジョゼフ・プリーストリーがいた。彼が同定した約20種類の「空気」の中には、現在アンモニア、一酸化窒素、塩化水素と呼ばれている化合物も含まれている。同時代の多くの人と同様、彼はこれらを、純度や汚染の程度が異なる「一般的な空気」とみなした。彼は燃焼のフロギストン説を固く信じていたのである。

1774年、プリーストリーは赤色の酸化水銀を加熱した際に発生する「空気」を採集した。この実験自体はすでにフランスの薬剤師ピエール・バイエンが行っていたし、おそらくそれ以前のキミストや錬金術師も経験済みだったと思われる。プリーストリーは、このガスで満たされた容器に火のついたロウソクを入れるとはるかに明るく燃え、火のついた木炭を入れると白熱して光を放つことを発見した。彼は、燃焼が促進されるのはこの「空気」にフロギストンが少なく、そのぶん燃焼物からフロギストンを吸い出しやすいために違いないと考え、「脱フロギストン空気」と呼んだ。彼はまた、「脱フロギストン空気」で満たされたガラス容器に入れたマウスが、普通の空気を入れた容器の中のマウスよりも長く呼吸を続けられることも発見した。これを見たプリーストリーは、自らその空気を吸ってみた。「しばらくの間、私の呼吸は格別に軽やかで楽に感じられた」と彼は書いている。

この瞠目（どうもく）すべき空気を研究していたのはプリーストリーだけではなかった。1771-1772年頃にスウェーデンの薬剤師カール・ヴィルヘルム・シェーレが、硝石（硝酸カリウム）を熱すると何らかの「空気」が放出されることを発見していた。同じ実験はその100年前にロバート・ボイルの助手ジョン・メイヨーも試みており、メイヨーはこの空気にさらされた血液は赤色が鮮やかになったと報告していた。シェーレはこの空気が燃焼も促進

左： ジョゼフ・プリーストリーが酸素などいろいろな気体の実験で使用した空気実験用桶その他の器具。プリーストリーの『各種気体の実験と観察（*Experiments and Observations on Different Kinds of Air*）』（1774-1786）より。[Wellcome Collection, London.]

することを発見し、これを「火の空気」と呼んだ。しかし、シェーレが1777年までそれを発表しなかったため、プリーストリーはシェーレの研究を知らず、「脱フロギストン空気」と「火の空気」を結びつけることができなかった。

言うまでもなく、これらの気体はどちらも酸素である。それを明言したのはラヴォアジエであった。ラヴォアジエは、1774年10月にパリを訪れたプリーストリーと会食してその発見について議論した時には、バイエンの研究を知っていた。後日、プリーストリーがラヴォアジエに自身の作った気体のサンプルを送ると、ラヴォアジエはその気体がとびきり「純粋な」空気、あるいは「真の」空気であると判定した。シェーレも1774年末にラヴォアジエに手紙を送り、「火の空気」について説明した。

最終的に、ラヴォアジエがすべてをまとめあげた。彼は、自身が「真の空気」と呼ぶものは一般的な空気よりも基本的な物質であり、一般的な空気に含まれる「真の空気」は4分の1程度だとした（実際は約5分の1）。そして1777年に、この「真の空気」を新元素として、酸素と命名した。彼は、フロギストンではなく酸素こそが真に燃焼を起こさせる、と述べた。物質が燃焼する際には、フロギストンを放出するのではなく、物質が空気中の酸素と結合する。空気中で熱せられた金属が重くなり、化学者が金属灰と呼ぶものが形成されるのはそのためであり、キャヴェンディッシュの引火性空気が燃えて水になるのは、実は水素と酸素の反応である。

では、酸素の発見者と呼ばれるにふさわしいのは、プリーストリー、シェーレ、ラヴォアジエの誰なのか？　これについては、多くの論争が戦わされてきた。彼らが生きていた時代には、議論はいささか険悪なものだった。その理由として、ラヴォアジエが他の2人の先行研究を認めようとしなかったことや、英仏両国の国民的な対立があげられる。今ではほとんどの歴史家が、この論争にたいした意味はないと言うだろう。科学の世界の多くの発見と同様、この発見も全部が一度に起きたわけではない。しかし、ラヴォアジエは、燃焼や金属灰の形成や呼吸に関する大量の実験結果を見渡し、混乱していて時には相反するそれらの結果に、「空気中に酸素という元素が存在する」という単一の統一的な説明で筋道を通した。彼のその功績は、たしかに認められるに値する。

右ページ：「空気ポンプの実験」。ウィリアム・ヘンリー・ホール『新王立百科事典（*The New Royal Encyclopaedia*）』（1795）より。[Wellcome Collection, London.]

Experiments on the Air Pump. See System of Pneumatics, Section 2. Experiment 1 to 30.

窒素

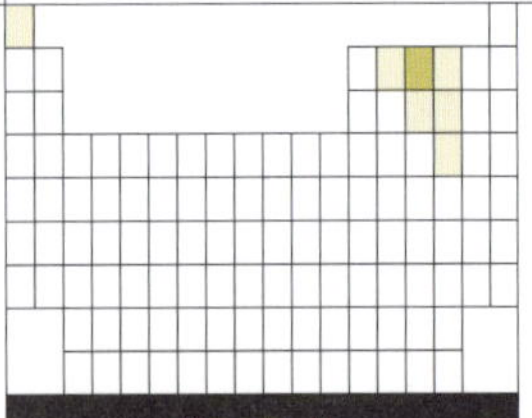

第15族

7

N

窒素

非金属

原子番号
7

原子量
14.01

標準温度圧力での状態
気体

空気は謎だらけだった。人が生きるためには空気が必要だ。しかし、1770年代にエディンバラ大学で研究していた若き空気化学者ダニエル・ラザフォードは、空気中には生命を奪いうる有害な何かも含まれているように感じていた。

ラザフォードの師であるジョゼフ・ブラックは、1750年代に、石灰（炭酸カルシウム）などの炭酸塩を熱したり酸で処理したりすると気体が発生し、その気体はロウソクの火を消したり、気体を吸った動物を死に至らしめたりすることを明らかにしていた。ブラックはこれを「固定空気」と呼んだ。この気体と、たとえば生石灰（酸化カルシウム）とを反応させると、「固定」されて炭酸塩ができるように見えたからである。ブラックは、固定空気が人間の呼気にも含まれており、明らかに呼吸の産物であることを示した。

ラザフォードは、医学博士号取得のための論文（1772年）で、この気体を有毒ガスをあらわすラテン語から「メフィティス空気」と呼んだ。普通の空気で満たされた密閉容器に小動物を入れておくと、容器内にいくらかの「空気」が残っていても、やがて窒息死してしまう。化学分析の結果、残った空気の一部は間違い

左： デイヴィッド・マーティン作の肖像画《ジョゼフ・ブラック教授、1728-1799、化学者》（1787）。[Scottish National Portrait Gallery, Glasgow, Scotland (Private Collection on long-term loan to the National Galleries of Scotland).]

上：ロンドンの王立研究所で行われた空気力学の講義。トマス・ヤングがJ・C・ヒッピスリー卿を実験台として亜酸化窒素の効果を実演している。ふいごを持つのはハンフリー・デーヴィー卿。聴衆の中にはラムフォード伯とスタンホープ伯もいる。ジェームズ・ギルレイ作の彩色エッチング。[Wellcome Collection, London.]

なく「メフィティス空気」であることが判明した。ところが、ラザフォードが生石灰でメフィティス空気を取り除いても、その「残りの空気」を吸った動物は死んでしまう。つまり、そこにはまだ別の「有害な空気」があるということだ。過去にジョゼフ・プリーストリーもヘンリー・キャヴェンディッシュも、ロウソクなどを燃やして火が消えた後に生石灰でメフィティス空気を除去するなど徹底的に実験すると、空気の体積が5分の1ほど減ることを示していた。炎によって消費された空気は一部だけということになる。

ラザフォードとブラックの観察結果はフロギストン説に従って表現されたので、私たちがその記述を読んでも混乱するだけだろう。代わりに、数十年後の化学用語を使って意味を把握することにしよう。「固定空気」は二酸化炭素のことで、実際に、私たちが息を吐く時に肺から放出される。ラザフォードの言う第2の「有害な空気」は窒素で、空気の5分の4を占める。窒素自体には毒性はない（もし毒だったら大変だ）。しかし窒素は生命を支える働きもしない。私たちが呼吸で必要とするのは酸素であり、窒素は空気のその他の部分を埋める不活性ガスにすぎない。ラザフォードのマウスのように純粋な窒素だけの空気にさらされれば、酸欠で死んでしまう。

空気から酸素と二酸化炭素を取り除くことで、ラザフォードはほぼ純粋な窒素を手にした（そこに他の気体元素も微量含まれていることは、後に他の研究者が発見する）。それゆえに彼は窒素の発見者とされているが、彼がその気体を窒素と呼んだことはなかったし、それが真の元素だという認識を示したこともなかった。

窒素をあらわす英語 nitrogen（ナイトロジェン）はフランス語の *nitrogène*（ニトロジェーヌ）から来ており、「硝石を作るもの」という意味を持つ。黒色火薬の材料として知られる硝石（硝酸カリウム）に窒素が含まれていることに由来する。ラザフォードの研究を知っていたアントワーヌ・ラヴォアジエは、1780年代に、一般的な空気は2種類の気体の混合物であることに気付いた。「呼吸に非常に適した空気」（彼はそれを酸素と呼ぶようになる）と、それよりも豊富にあって呼吸に不適な「メフィティス空気」である。混乱させて申し訳ないが、これはラザフォードがブラックの「固定空気」を指して使ったのと同じ名前でありながら、別のものを指している。ラヴォアジエのメフィティス空気は窒素のことである。

ラヴォアジエが「空気」という用語を捨てて新しい元素名を使いはじめた時、彼はメフィティス空気を、生命と相容れないことを示すギリシャ語から *azote*（アゾット）と呼んだ。彼はさらに実験を行い、窒素が硝酸に含まれ、硝酸から硝酸カリウムを作れることを示した。そのため、彼は *nitrogène*（ニトロジェーヌ）も良い名前だと認めたものの、*azote*（アゾット）に固執した。今もフランスでは窒素は *azote*（アゾット）と呼ばれている。英国では、nitrogen（ナイトロジェン）が人気を得た——そう、当時の英国人は決してフランス人と同じことをしようとしなかったのだ。

幅広い用途

窒素ガスは極めて不活性である。これは、2個の窒素原子が三重結合と呼ばれる結合で固く結ばれて、窒素分子を形成しているからである。三重結合を壊すには、非常に大きなエネルギーが必要なのだ。とはいえ、

下： 植物中の窒素の研究。テオドール・ド・ソシュール『植物の化学的研究（*Recherches Chimiques Sur la Végétation*）』（1804）より。［Science History Institute, Philadelphia.］

上：窒素（左）と水素（右）の調製。J・ペルーズ&E・フレミー『化学の一般概念（*Notions Générales de Chimie*）』より。[National Central Library of Florence.]

窒素は生体内に最も豊富に存在する元素のひとつで、タンパク質を構成するアミノ酸やDNAにも含まれている。反応性の低い窒素を空気中から取り出して生体に取り込むには、特別な技が要る。その仕事の大半を担っているのが、土壌中に住み植物と共生関係にあるジアゾ栄養生物という特殊な微生物である（その多くは細菌で、窒素固定菌とも呼ばれる）。窒素固定菌が持つニトロゲナーゼという酵素は、巧妙な化学反応によって堅牢な三重結合を切り離す。

窒素は植物の成長に不可欠な栄養素であるため、肥料の主要成分であり、硝石の用途のひとつが肥料である。しかし、硝石ではなく大気中の窒素から化学肥料を作るには、気体の窒素をより反応性の高い化合物に「固定」するというジアゾ栄養生物の能力を真似しなければならない。そのため、化学肥料の製造は通常、アンモニア（窒素と水素の化合物）から出発する。アンモニア作りは、20世紀初頭から、金属（鉄）触媒を用いるハーバー・ボッシュ法と呼ばれる工業プロセスによって行われてきた。作物の収量増に不可欠な肥料の大量供給を可能にしたハーバー・ボッシュ法による窒素固定は、良くも悪くも、20世紀の大規模な人口増加をもたらした最大の要因といえるだろう。

ダイナマイトやTNTからプラスチック爆薬に至る多くの爆発物も、窒素の化合物である。これは、原子2個からなる窒素分子は強力で安定した化学結合を持つため、窒素原子が結合しなおして窒素分子になる反応の際には、大量のエネルギーが放出されるからである。窒素ガスが不活性であることは、裏を返せば、窒素化合物の中には極端に激しくて危険な反応を起こすものもあるということなのだ。

炭素

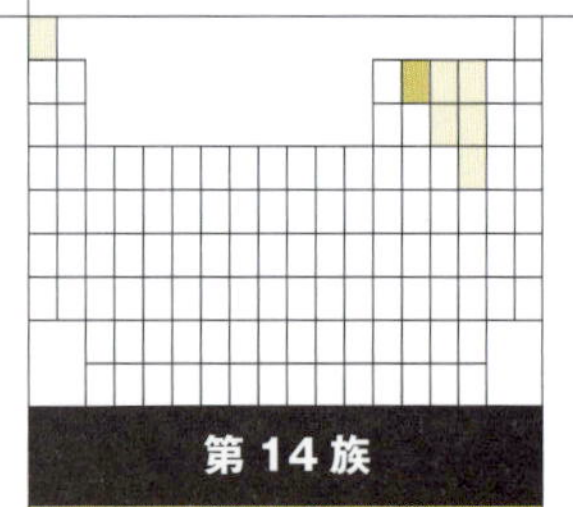

第14族

6
C
炭素

非金属

原子番号
6

原子量
12.01

標準温度圧力での状態
固体

炭素の「発見」を論じることは、概念としてほとんどばかげている。炭素は地球上のすべての生命の土台である。はるか先史時代からホモ・サピエンスは火で暖を取り、火に育まれ、煤(すす)や木炭という形の炭素を目にしてきた。黒鉛やダイヤモンドという鉱物の姿をした炭素は、純粋な形で——ダイヤモンドの場合は、まばゆく輝く魅惑の物質として——私たちの周囲に存在してきた。何をもって炭素の発見といえるのだろうか?

人類は昔から、木炭を生産し、扱ってきた。木炭は焚き火の燃料(木よりもよく燃える)や洞窟壁画の黒色顔料として使われた。やがて、木炭が一部の金属鉱石を「還元」して純粋な金属にすることが発見された。炭素が、銅やスズや鉄の酸化物である鉱物から酸素を取り除くのである。木炭は火薬の成分であり、時には医薬品や保存料として使われた。水をおいしく保つために、炭化させた樽に保存することもあった。炭が不純物や微生物をよく吸着するからである(今日でも濾過(ろか)剤として使われている)。

ダイヤモンドは、地球の深部を循環する炭素の豊富な流体から形成され、火山活動によって時折地表に姿を現す。ダイヤモンドは古代から知られており、ギリシャでは、その硬度と耐久性から、「無敵」を意味するἀδάμας(アダマス)と呼ばれていた。インドでは紀元前1000年頃からダイヤモンドが採掘・取引され、18世紀まではインドが実質的に世界で唯一のダイヤモンド産地だった。英国君主の王冠を飾る有名な105.6カラットのダイヤモンド「コ・イ・ヌール」もインド産で、ヴィクトリア朝の大英帝国が略奪した品のひとつである。

もうひとつの炭素の鉱物である黒鉛も、何世紀にもわたって採掘されてきた。古代には顔料として使われたが、16世紀頃から、その柔らかさが大砲の玉を鋳造する鋳型の潤滑剤として重宝されはじめ、需要が急増した。その後は、鉛筆の芯や、機械を滑らかに動かすための潤滑剤としても利用されている。

同じ元素、異なる物質

ある元素が示す性質は、原子そのものの性質よりも、原子同士の結合のしかたの違いの方により大きく依存する。黒鉛とダイヤモンドは、そのことを示す最もドラマチックな例である。このふたつの物質は、炭素原子間の化学結合のパターンが大きく異なっている。ダイヤモンドでは、炭素原子は(4本の結合で)しっかり結びついた3次元の結晶格子を作り、非常に高い強度と完全な透明度を持つようになる。一方黒鉛は、炭素原子が(3本の結合でつながった)正六角形の網目状の平面を作り、平面同士は上下にゆるく結びついているので横に滑ることができる。また、こうした結びつきだと可視光を実質的にすべて吸収するので、黒く見える。石炭は黒鉛に似ており、地中で有機物(主に石炭紀の豊富な植物)が圧縮され加熱されて、ほとんど黒鉛に似た炭素

上: ダイヤモンドの合成を試みるフランスの化学者アンリ・モワッサン。1890年代頃。[Bain News Service, Library of Congress Prints & Photographs Division, Washington, DC.]

の塊になったものである。

黒鉛とダイヤモンドのこれほど顕著な違いを考えれば、ダイヤモンドと黒鉛／石炭／木炭が同じ単一元素からできていることを化学者が把握するまでに長い時間がかかったこともうなずける。ダイヤモンドの研究は特に困難だった。高価だったためだけでなく、その頑丈さゆえに分析が——文字通り分解して成分を調べることが——難しかったからである。1694年、フィレンツェのジュゼッペ・アヴェラーニとチプリアーノ・タルジョーニという実験者が、太陽光をレンズで集めてダイヤモンドに当てるとその熱でダイヤモンドが蒸発して消えることを示した。高額な費用がかかり周囲を不安がらせるこの実験は、トスカーナ大公がスポンサーになっていた。その100年近く後、フランスの化学者ピエール・マケとその共同研究者たちが同じ実験を行い、ダイヤモンドが燃えてなくなるだけでなく、状況によっては木炭のような物質（フランス語で*charbon*（シャルボン））に変化することを明らかにした。

これらの研究を耳にしたアントワーヌ・ラヴォアジエは、1770年代初めに、直径およそ1mの巨大なレンズを使ってこの問題に取り組んだ。ラヴォアジエはたぐいまれなる洞察力で、このプロセスを単にダイヤモンドの蒸発としてではなく、ダイヤモンドと空気中の酸素の化学反応として捉えた。そして、ダイヤモンドは燃えて気体になり、その気体はジョゼフ・ブラックの言う「固定空気」（114ページ参照）つまり二酸化炭素であること、同じ気体が*charbon*（シャルボン）を燃やしても発生することを示した。さて、これは、ダイヤモンドと木炭が同じであるということに——後に炭素と呼ばれるようになる元素に——ほかならないのではないか？

しかし、それはあまりに突拍子もない結論であったため、はっきり証明されたのはラヴォアジエがギロチンにかけられた後の18世紀末になってからであった。1796年12月、イングランドの化学者スミソン・テナントは王立協会で「ダイヤモンドの性質について」という自身の論文を読み上げた。その中で彼は、ラヴォアジエは木炭がダイヤモンドに似ていることを指摘したものの、「このふたつの

上: シベリア東部サヤンスクのバトゥガル黒鉛鉱山。ルイ・シモナン『地下の生活、あるいは鉱山と鉱夫たち(*La Vie Souterraine ou, Les Mines and Les Mineurs*)』(1868)より。[Science Photo Library, London.]

右ページ: ダイヤモンドとコランダム。1〜4はダイヤモンド、5, 6はルビー、7, 8はサファイア、9, 10はスピネル、11, 12はヒヤシンス鉱(=ジルコン)、13はジルコン。マックス・ヘルマン・バウアーの地質学書『宝石学(*Edelsteinkunde*)』(1909)より。[University of Chicago.]

物質はそれぞれ引火性の物体に属する」という結論以上のことは言っていないと述べた。そして、自身は入念な実験を行って、ダイヤモンドが影も形もなくなるまで燃やした時に発生する固定空気の量が、同じ質量の木炭を燃やしたときに発生する固定空気の量と同じであることを測定した、と報告した。ダイヤモンドと木炭は同じものだった。

それが正しいとすれば、何の変哲もない木炭(または黒鉛)を価値あるダイヤモンドに変えることができるのではないか? この展望は、次の世紀のあいだじゅう、化学者たちを魅了した。彼らは、木炭や黒鉛に高温高圧をかけることでそれが可能になるのではないかと考えた。1893年にフランスの化学者アンリ・モワッサンがこの試みに成功したと主張したが、今では極めて疑わしいとされている。黒鉛のような炭素を使ったダイヤモンドの人工合成が初めて確実に成功したのは、1955年のことである。米国ニューヨーク州スケネクタディにあるゼネラル・エレクトリック社の研究者たちが、通常の大気圧の10万倍の圧力を発生させる400トンの油圧プレスを用いて、ついに実現したのだった。

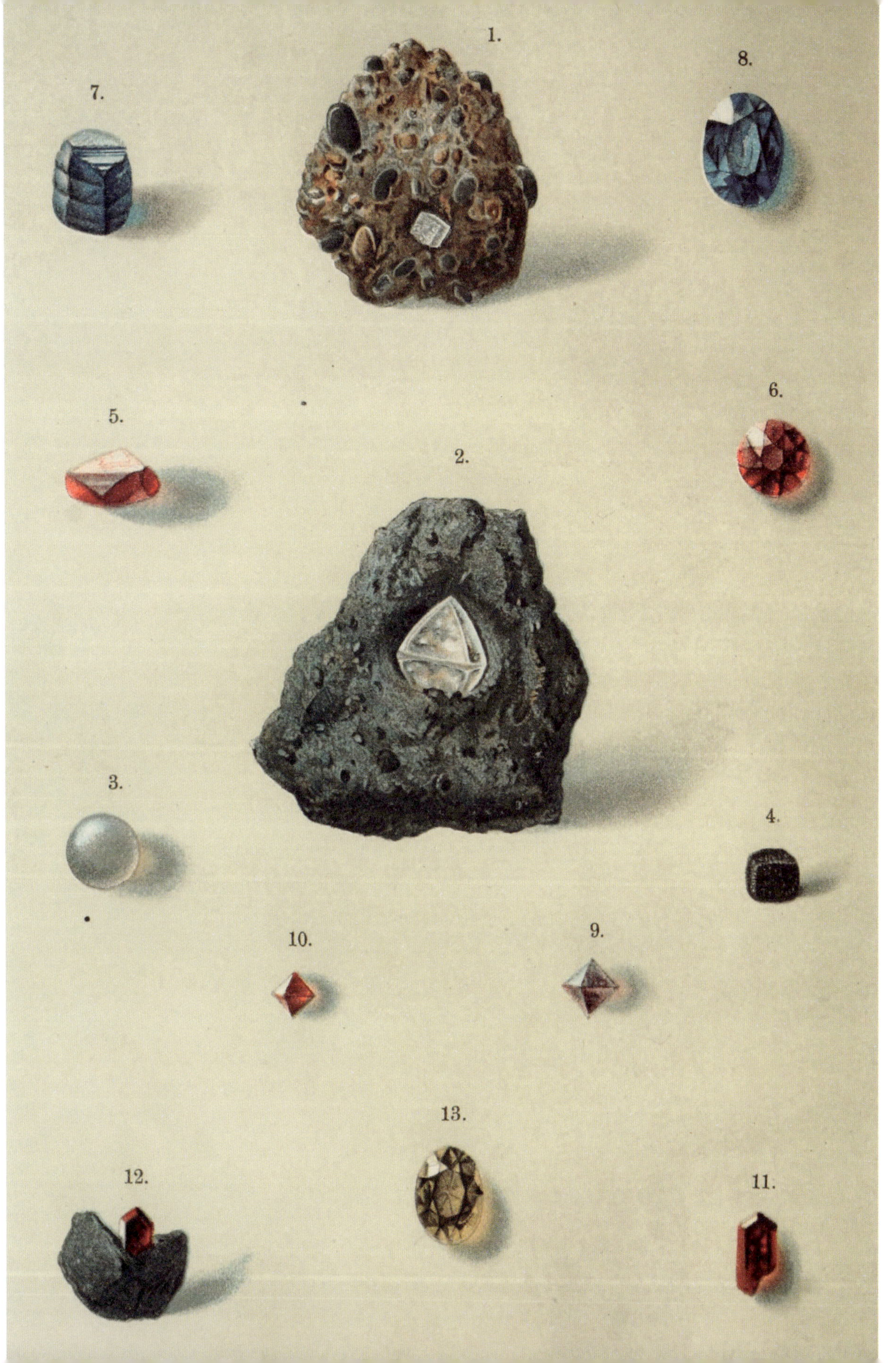
1.
8.
7.
6.
5.
2.
3.
4.
10.
9.
13.
12.
11.

カロリック説

18世紀末までに、科学者は古代に考えられていた「元素」のうちの3つ、すなわち土、空気、水の真の化学的性質を解明した。空気は、アントワーヌ・ラヴォアジエの図式では酸素と窒素という元素の混合気体であり、水は水素と酸素の反応で生成する化合物であった。「土」にはさまざまな種類があり、無数の岩石や鉱物の中から、昔からなじみのあった元素や新しい元素が着実に同定されていった。

しかし、古代の第4の元素である火はどうなのだろう?　火は物質というよりもプロセスであり、非常に複雑に見えた。炎の中に物質がないわけではなく、(ロウソクや丸太を燃やす時には)炎から煤や二酸化炭素が出てくる。しかし、火は光も生み出す。そして、おそらくほとんどの目的において最も重要な点は、火が熱を生むことである。「火とは何か」という問いへの答えの多くは、「熱とは何か」という別の問いに対する答えの中にあるのではないか——人々がそう考えるのは自然な流れのように見えた。

もちろん、熱を作り出すのは火だけではない。両手をこすり合わせても熱は発生する。私たちの体も熱を生み出しているように見える。体温は、通常は周囲の気温よりも高い。炎なしで熱を発生させる化学反応は数多い。電気が流れることでも熱は発生する。電気の火花がパチンと飛べば火傷するし、稲妻に打たれたらはるかに悲惨なことになる。

熱は"流れる"ように見え、流れ方に明確な理屈があった。鉄の棒の片方の端を火であぶると、熱が棒を伝って移動し、やがてもう一方の端が手で持っていられないほど熱くなる。熱は炎から流れ出る。さて、私たちにとって流れる物質——つまり流体——はおなじみである。川を流れる水だけでなく、気体もまた流体として認識されていた。たとえば、ロウソクの炎から出る二酸化炭素は、管の中を下方へ流して容器に集めることができた。だとすれば、熱も一種の流体だと考えることは非常に合理的だと思われた。固体

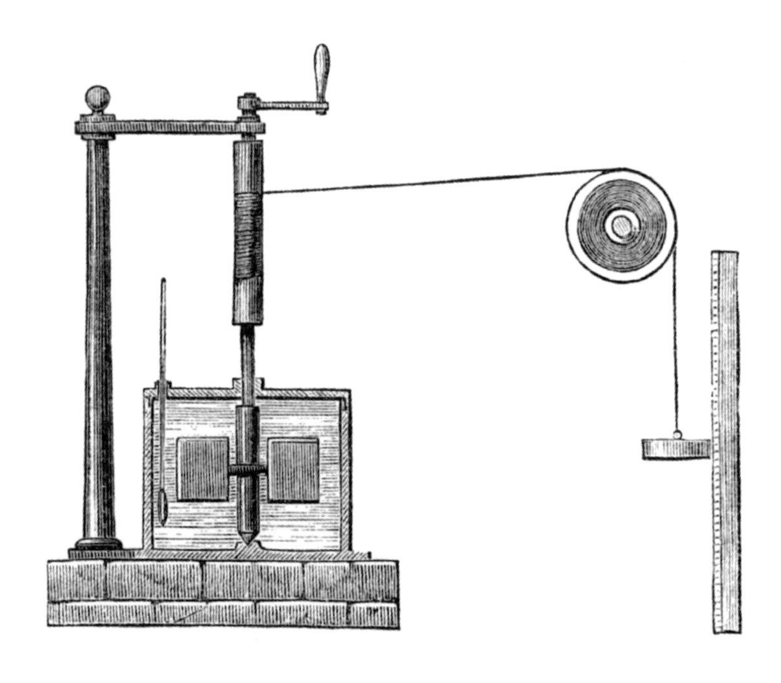

左: ジェームズ・プレスコット・ジュールによる、熱の仕事当量を測定する装置。[Engraving from *Harper's New Monthly Magazine*, No. 231, August 1869.]

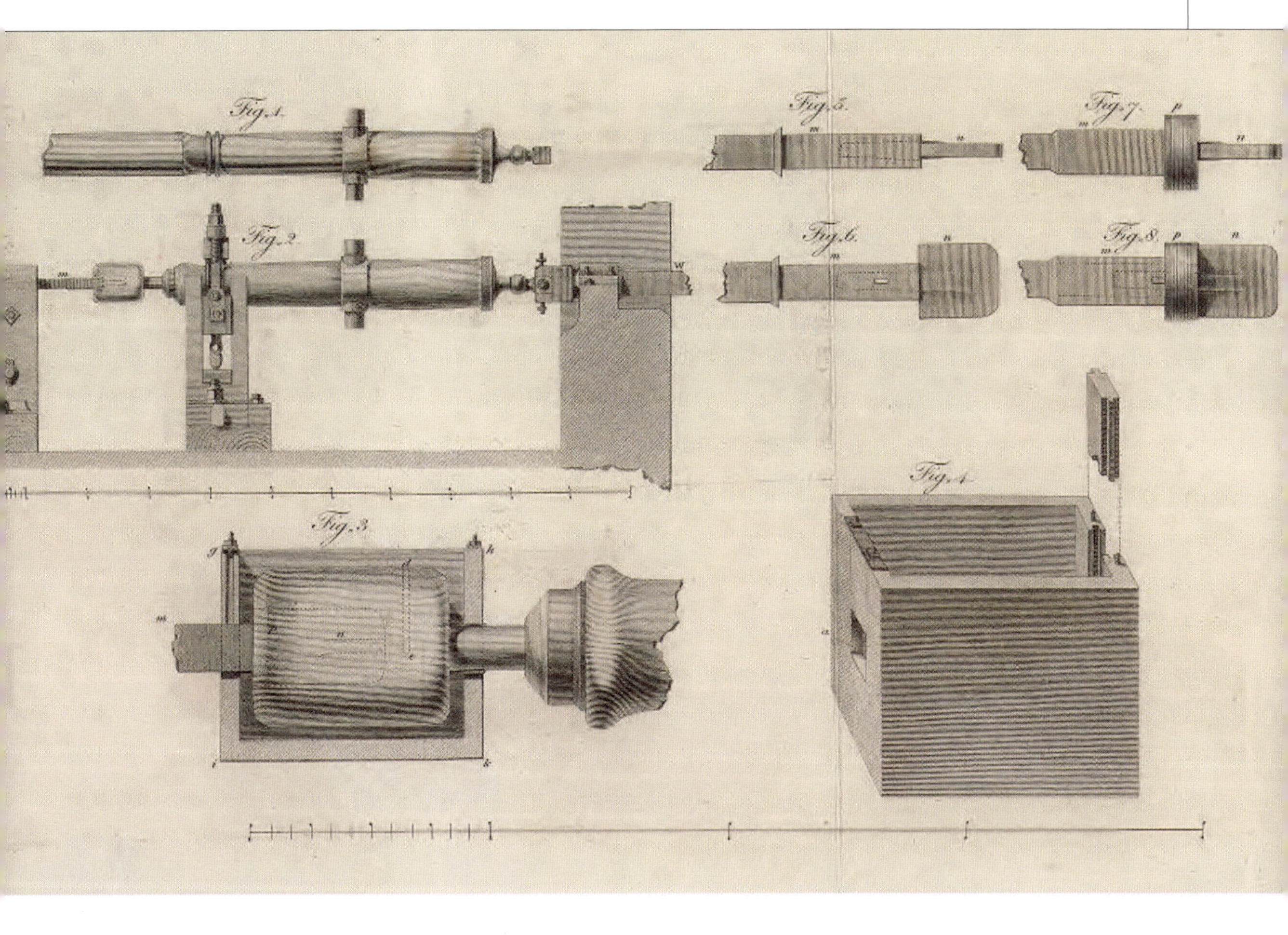

上：ラムフォード伯ベンジャミン・トンプソンの「摩擦によって励起される熱の源に関する調査」。1798年の『ロンドン王立協会哲学紀要（*Philosophical Transactions of the Royal Society of London for the Year MDCCXCVIII*）』より。[Natural History Museum Library, London.]

を通り抜けることができるのは、あまりにも希薄なためだろうと想定すればよい。

冷たさについても同じことが言えるように見えた。氷の入ったバケツに鉄の棒を入れると、冷たさが鉄の棒を伝わる。古代の哲学者の中には、熱と冷たさは正反対の物質ないし傾向であり、おそらくは物体から放出される何らかの粒子であると考える者もいた。18世紀の大半を通じて燃焼理論を支配していたフロギストン説が、この謎を解くカギだと考える人々もいた。フロギストン（燃素）自体が、熱の物質とされていたからである。フロギストン説に代わる「酸素による燃焼」という理論を提唱するにあたって、アントワーヌ・ラヴォアジエは、熱についての新しい説明を見つけねばならなかった。だが彼は、熱は物質であるという概念を捨てずに呼び名を変えただけだった。彼は1783年に、熱の物質は「繊細な流体」であると述べ、それを「*calorique*（熱素）」と呼んだ。（それならば冷たさの物質として「frigoric（冷素）」も存在するのではないかと考える者もいたが、冷たさはカロリックが欠如した状態だとする声もあった）。ラヴォアジエが1789年に出版した大著『化学原論』では、「既知の33種類の元素」のリストにカロリックが含まれていた。

元素発見の本にカロリックを含めると、フロギストンやエーテルの時と同様に、化学者が眉をひそめるかもしれない。カロリックも「存在しなかった元素」だからだ。しかし、後に間違いとわかった説をすべて歴史から除外しては、歴史の正しい理解は得られない。その理由のひとつは、「科学者がある考え方を信じ、その概念が反証された後にはじめて正しい結論に達することはよくある」という事実が、見えなくなってしまうことだ。最初の考え方は間違いや失敗ではなく、世界をよりよく理解する道を進むうえでの道標である。とにもかくにも、ラヴォアジエの時代には、カロリック説はいくつかの観察結果の説明として筋

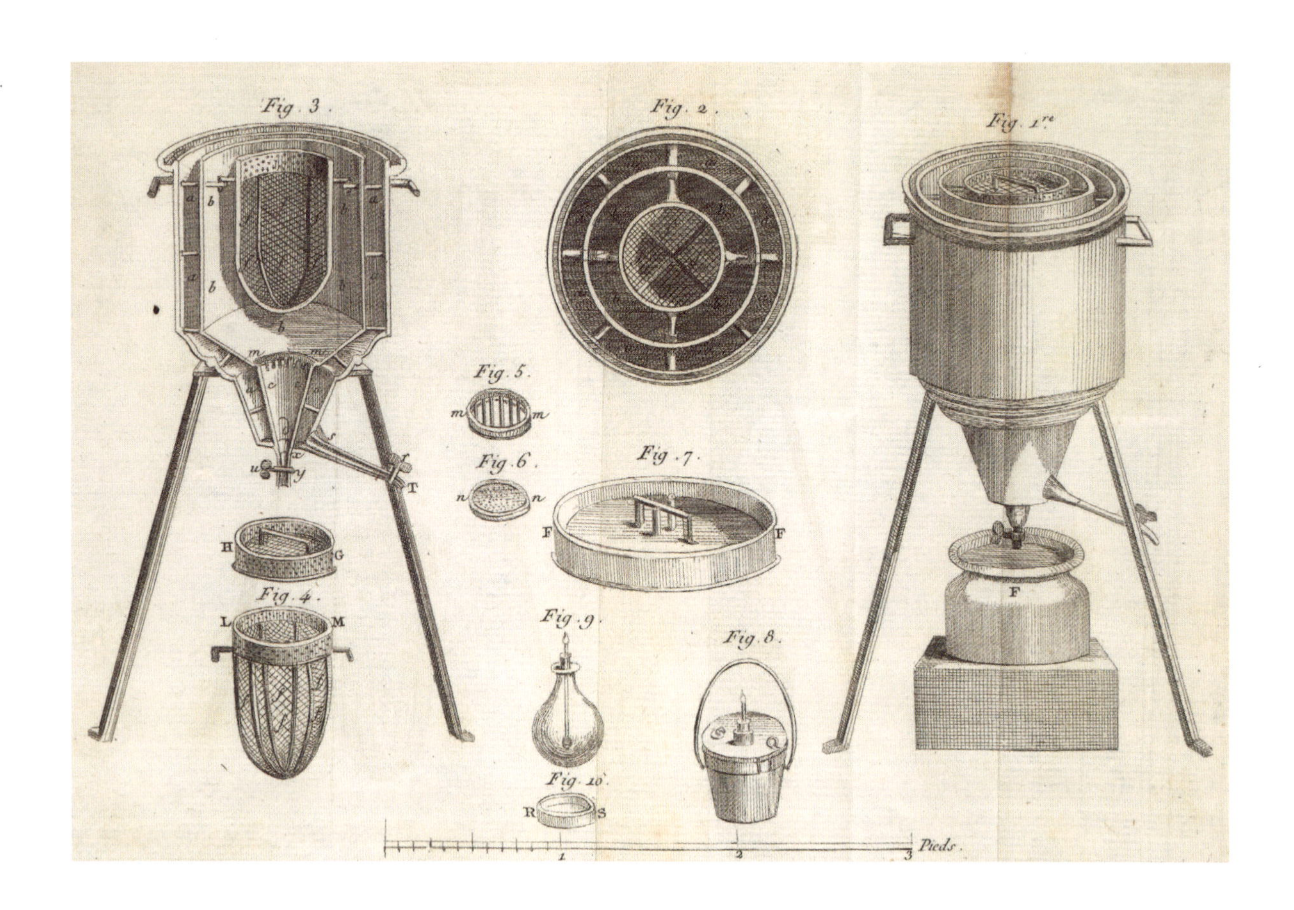

上: 氷を利用して熱量を測定する装置。アントワーヌ・ラヴォアジエの『化学原論』(1789)より。[Science History Institute, Philadelphia.]

が通っているように見えたのである。たとえば、温度が上昇すると気体が膨張する理由について、「気体がカロリックのような流体を吸収するから」というのは、うまい答えではないだろうか?　ラヴォアジエは、物質間の「カロリックの流れ」を測定する装置を考案した。この技法はカロリメトリー（熱量測定）と呼ばれ、今でも熱の変化を測る用語として使われている。

熱力学の誕生

フランスの軍事技術者サディ・カルノーは、1820年代に蒸気機関などの熱駆動式エンジンの仕組みに関する理論を構築した際、「カロリック（熱素）は高温の物体から低温の物体へと移動する」とするラヴォアジエの理論を利用した。カルノーのこの研究は、今もなお物理学理論の中心的な柱のひとつである熱力学の基礎となった。架空の元素たるカロリックとしては、悪くない遺産である。

それでもやはり、カロリックは現実には存在しない元素だった。1798年、英国の科学者ベンジャミン・トンプソン（北米植民地生まれで、ラムフォード伯の称号を持つ）は、熱の正体についてまったく異なる説明を発表した。ラヴォアジエは、カロリックは保存される物質であり、決して生成も破壊もされず、ある場所から別の場所に流れるだけだと考えていた。それに対してトンプソンは、ドイツで大砲の砲身の穿孔を監督していた際に行った実験について述べた。その作業中には大量の摩擦熱が発生し、熱くなった真鍮を水で冷やさねばならなかった。トンプソンは、穿孔作業を繰り返すことで、まるで無尽蔵にカロリックが供給されているかのように、何度でも水を熱することがで

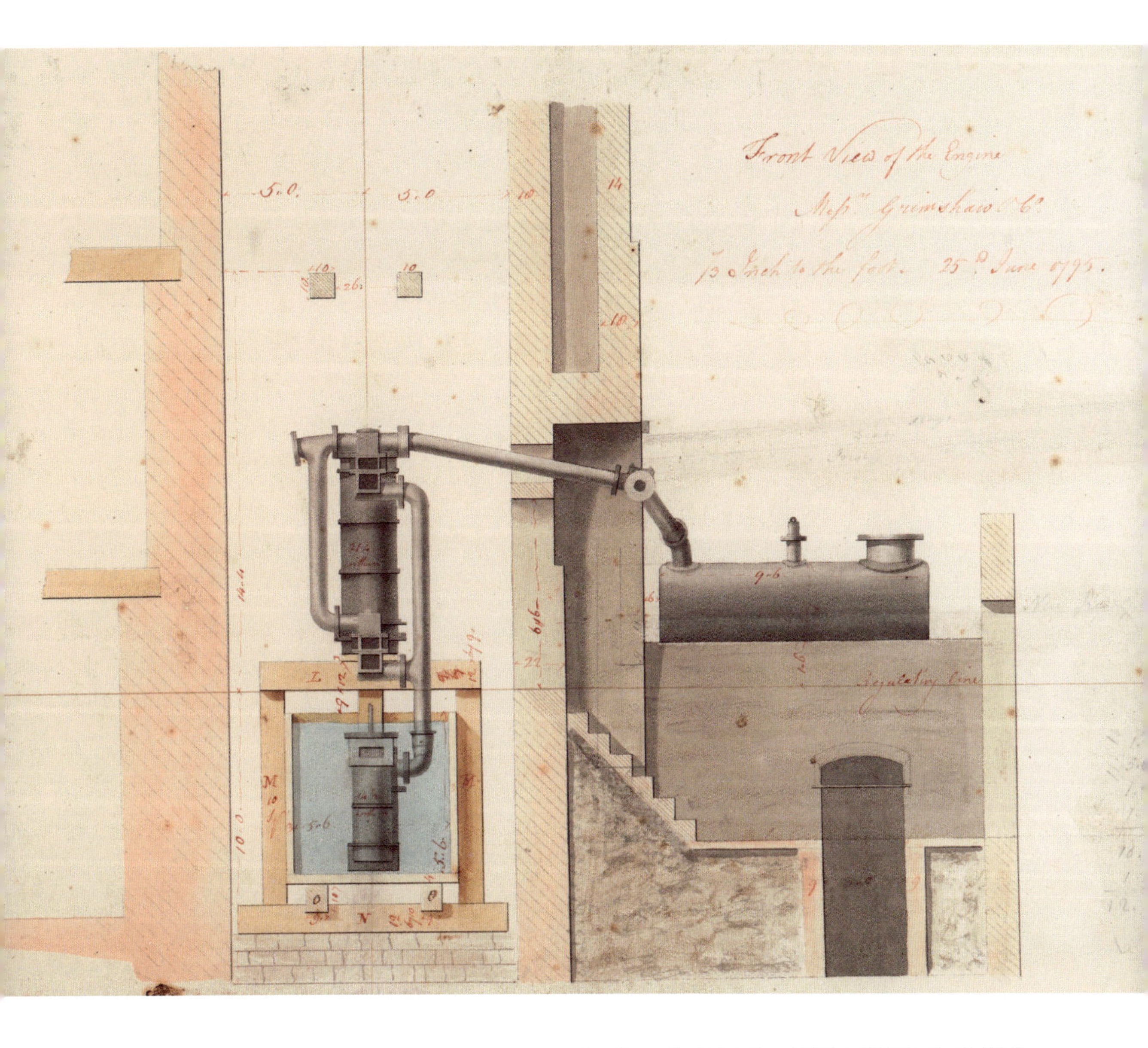

上: マシュー・ボールトンとジェームズ・ワットが英国サンダーランドのグリムショー社のために設計した蒸気機関（1795年）。[Institution of Mechanical Engineers, London.]

きると示したのである。

熱は物質によって生み出されるのではなく、プロセスによって、すなわち運動によって生み出される――それが彼の出した結論だった。彼は、何の運動なのかや、どのような原因によるのかを述べることはできなかった。しかしその後に続いた19世紀の研究者たち（ジェームズ・ジュールやジェームズ・クラーク・マクスウェルら）が、熱は物質を構成する目に見えないほど小さな粒子（原子や分子）の運動によって生じる性質であるという考えを発展させていった。熱の「分子運動論」と呼ばれたこの考え方は、現代の熱力学理論の基礎となった。

塩素

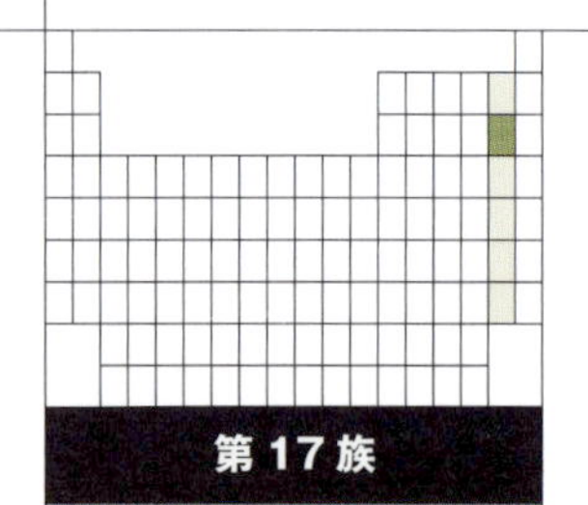

第17族

17
Cl
塩素

ハロゲン

原子番号
17

原子量
35.45

標準温度圧力での状態
気体

塩素を含む天然の化合物の中で、人間にとって最も重要なものは塩化ナトリウム、すなわち食塩だろう。食塩は海水を蒸発させて取り出すことができる。この製塩方法は古代から用いられ、現代でも行われている。また、陸上にも、はるか昔の地質時代に塩湖が蒸発してできた大規模な岩塩鉱床がある。

食塩の中の塩素原子とナトリウム原子は互いにしっかりと結合している。人間が生きていく上で不可欠なこの物質からは、構成する元素それぞれの有毒で有害な性質など微塵(みじん)も感じられない。塩素が独立した元素と認識されるようになったのは、食塩とは別の種類の塩(えん)によるところが大きい。それは、古代に「サル・アンモニアック(sal ammoniac)として知られていた塩化アンモン石(物質としては塩化アンモニウム)である。塩化アンモン石は火山地帯で白い鉱物として産出するが、鉱石として見つかることは稀である。サル・アンモニアックは、9世紀頃のアラビアの錬金術師たちの研究によって、真に化学のレパートリーに加わった。彼らはラクダの糞を燃やすことでそれが得られると報告している。ペルシャの錬金術師・医師のムハンマド・イブン・ザカリヤー・アッ=ラーズィーは、10世紀にこの物質について記述し、蒸留方法を説明している。この物質は加熱すると分解し、ともに刺激性のガスであるアンモニアと塩化水素になる。

これは重要な発見だった。なぜなら、塩化水素は水に容易に溶け、塩酸を作るからである(塩酸は今でも時に、錬金術の名であるspirits of salt(スピリッツ オブ ソルト)〔塩精〕で呼ばれることがある)。塩酸は硫酸や硝酸と並び、化学者にとって最も強力な試薬たる「鉱酸」のひとつである。濃塩酸と濃硝酸を3:1の割合で混ぜた液体は、金属のなかで最も反応性が低く「王者の風格を持つ」金さえも溶かす。その混合液が「王水」と呼ばれるのはそのためである。ただし、かつてはこの驚異の溶媒は、純粋な塩酸と硝酸を混ぜるのではなく、硝酸にサル・アンモニアックを溶かして作られた。

下: 西洋人が描いたムハンマド・イブン・ザカリヤー・アッ=ラーズィー。彼の著書のヨーロッパでの翻訳版の挿絵。16世紀。[Qatar National Library.]

純粋な塩酸が最初に作られたのがいつかは、はっきりしない。アラビアの学者たちは明らかに塩酸を作れるだけの知識を持っていたが、実際に作ったかどうかは別問題である。16－17世紀頃に、ドイツのアンドレアス・リバヴィウスやヨハン・ルドルフ・グラウバーといった化学者が塩酸の製造法を発表したのが、塩酸に関する最初の明確な記述だが、それ以前にも何度か偶然に作られていたと思われる。グラウバーは、食塩を硫酸と混ぜて粘土製の容器中で加熱して塩酸を作った。初期の化学者たちは、塩酸をしばしば「海水から得られた酸」を意味するmuriatic acid（ムリア酸）と呼んでいた。

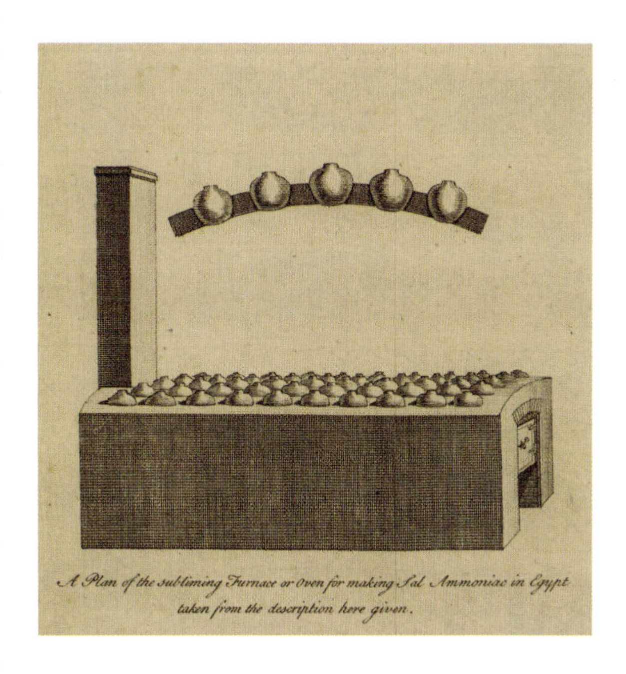

上: C·リンネとジョン·エリスの「エジプトにおけるサル·アンモニアック製造のための炉の図面」。『王立協会哲学紀要』（1759）より。［Royal Society of London.］

塩素の単離

塩酸から元素としての塩素を取り出す方法が発見されたのは、18世紀後半である。カール・ヴィルヘルム・シェーレが、酸化マンガンの鉱物であるパイロルーサイト（軟マンガン鉱）とムリア酸（塩酸）を一緒にして加熱したところ、緑色がかった密度の高い気体が発生した。この気体は息が詰まって「肺がひどく苦しくなる」きついにおいがし、彼は危険を感じた。彼は、このガスがほとんどの金属と反応して金属表面を色のついた金属塩化物で覆うことや、水に溶けて酸を作ること、花の色を失わせる漂白効果があることを発見した。

このガスを水に溶かした水溶液はじきに繊維産業で漂白剤として使われるようになり、伝統的な日光漂白よりもはるかに迅速な漂白が可能になった。1785年、フランスの化学者クロード・ベルトレは、このガスを水ではなく水酸化ナトリウム水溶液に溶かすと、より優れた漂白剤ができることを示した。この時にできるのは次亜塩素酸ナトリウムで、現在でも家庭用漂白剤として使われている（強い塩素臭がする）。

シェーレは、この気体を何らかの化合物だと考えた。フロギストン説を信じていた彼は、これを脱フロギストンしたムリア酸と呼んだ。（これはある意味では筋が通っている。フロギストンは水素と混同されることがあったため、塩化水素を「脱フロギストン」すると塩素が残る）。シェーレと同時代の研究者たち（ベルトレも含む）は、シェーレの酸性気体に含まれているのは未知の元素「ムリアティクム」と酸素の化合物だと考えた。1809年、フランスのジョゼフ・ルイ・ゲイ＝リュサックとルイ・ジャック・テナールは、この謎の化合物（ラヴォアジエの理論に従って「酸化ムリア酸」と呼ばれていた）から酸素を除去しようと、木炭と反応させてみた。ところが、何の変化も見られなかった。酸化物ではなく、それ自体が元素なのだろうか?

この問題を真剣に考えたのが英国の化学者ハンフリー・デーヴィーである。1810年に同じ実験をして同じ結果が出ると、彼はこの気体は元素であると宣言し、「淡い黄緑色」を意味するギリシャ語に由来するchlorine（塩素）の名を提案した（植物が持つ葉緑素〔クロロフィル〕も語源は同じだが、葉緑素には塩素は含まれない）。それまで、塩素は低温で固体になると思われていたが、デーヴィーはマイナス40℃でも固化しないことを示し、固化するのは塩素の水和物だとした。デーヴィーの弟子マイケル・ファラデーは、「1823年の冬の厳しい寒さを利用して」その水和物の結晶を作り、それが塩素1分子と水10分子の割合でできていることを示した。

フッ素、ヨウ素、臭素

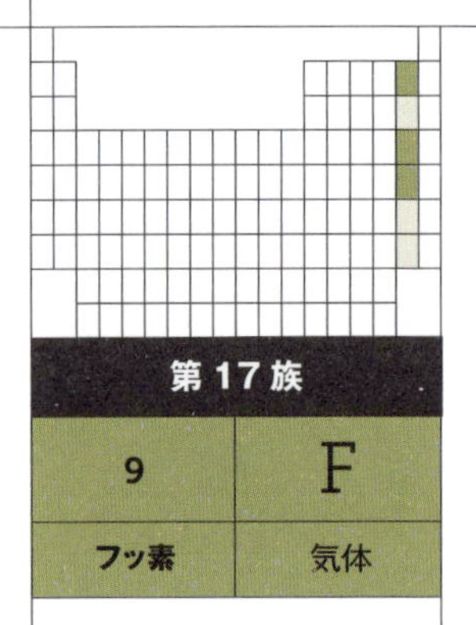

第17族	
9	F
フッ素	気体

ハロゲン
原子量: 19.00

第17族	
35	Br
臭素	液体

ハロゲン
原子量: 79.90

第17族	
53	I
ヨウ素	固体

ハロゲン
原子量: 126.9

カール・ヴィルヘルム・シェーレは、蛍石という鉱物にも強い関心を抱いていた。その英語名fluoriteは「流れる」を意味するラテン語の*fluere*が語源で、他の多くの鉱物よりも低い温度で溶けることに由来する。アグリコラの鉱物学書（78ページ参照）では、蛍石について、「火はそれを融かし、日なたの氷のように流動的にする」と述べられている。

蛍石には、熱せられると光るという珍しい性質がある。英語のfluorescence（蛍光）という言葉はそこから生まれた。蛍光は、紫外線や放射線などのエネルギーの高い放射を蛍石が吸収し、それよりエネルギーの低い（波長の長い）光を発する現象である。純粋な蛍石は蛍光を出さないが、結晶にごくわずかに不純物が入っているとその欠陥により蛍光を発することがある。シェーレはそうした原理を知らなかったし、知るすべもなかった。しかし、蛍石の蛍光は彼を魅了した。

シェーレは、この鉱物を強く加熱すると酸性の気体が放出されることを発見し、これをフルオルスパー酸と呼んだ。スウェーデン酸やスパリー酸という呼び名もあった。しかし、1780年代にアントワーヌ・ラヴォアジエを中心とするフランスの化学者たちが化学命名法の改革と合理化を図り、fluoric acid（フッ酸）と呼ぶことを提案した。

フッ酸の正体は何なのか？　ラヴォアジエは、フッ酸もムリア酸と同様、何らかの元素

左: スウェーデンの化学者イェンス・ヤコブ・ベルセリウス。1826年。[Lithograph by J. C. Formentin after J. V. C. Way, Wellcome Collection, London.]

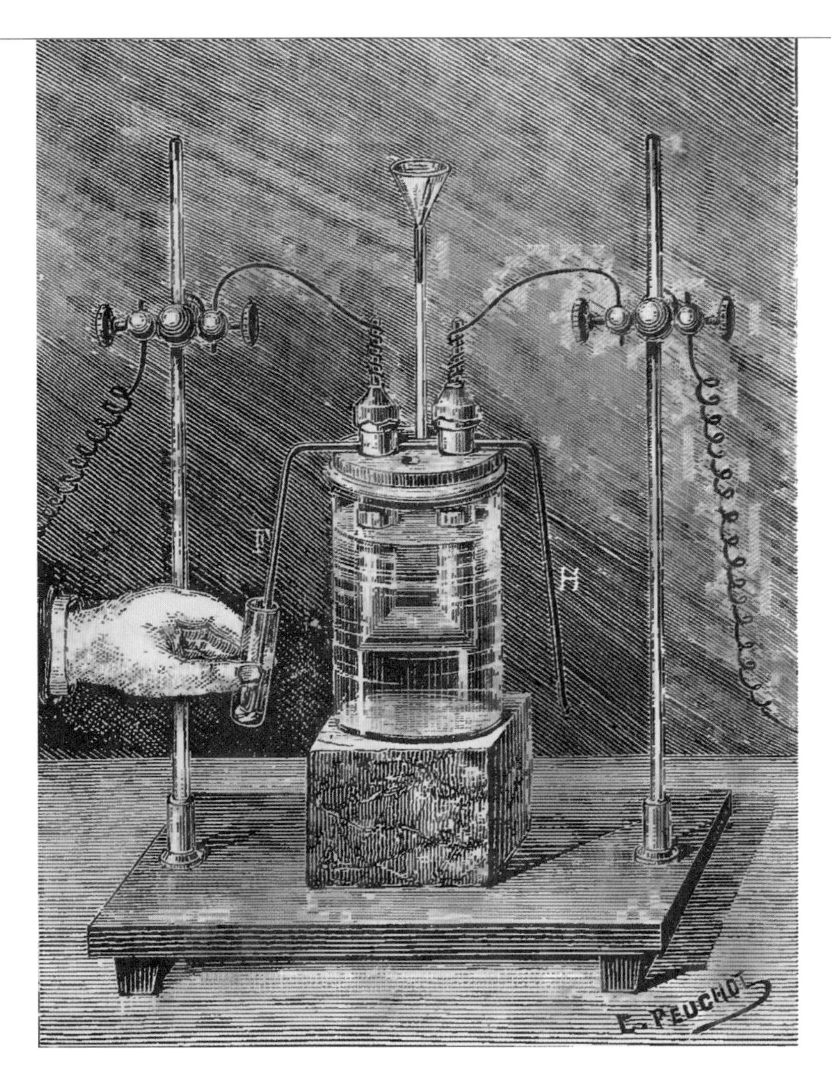

左: フランスの化学者アンリ・モワッサンの『フッ素の単離の研究（*Recherches sur l'Isolement du Fluor*）』（1887）。[Francis A. Countway Library of Medicine, Harvard.]

と酸素が結合したものではないかと考えた。しかし、ハンフリー・デーヴィーが、ムリア酸には酸素が含まれておらず、塩素という元素で構成されていることを示したのを見て、フランスの科学者アンドレ=マリー・アンペールはデーヴィーに手紙を送り、フッ酸も同様なのではないかと述べた。デーヴィーはその考えを気に入り、実際にアンペールは正しかった。

海藻の元素

1年後の1813年、デーヴィーはパリにアンペールを訪ねた。ナポレオン戦争が続いていたが、ナポレオンもデーヴィーのような高名な化学者は敵意の対象と見なさないとしていた。この時アンペールはデーヴィーに、1811年にフランスの化学者ベルナール・クルトワが海藻から単離した物質のサンプルを渡した。クルトワは海藻の灰からアルカリを作り、それを硫酸で処理すると、独特の臭いのある奇妙な紫色の蒸気が得られ、その蒸気が凝華（ぎょうか）する〔気体が直接固体になる〕と黒鉛のように黒くて金属光沢のある結晶ができることを発見していた。フランスの化学者たちは、この物質が水素と結合してムリア酸に似た酸を作ることに気付き、塩素に似た新元素なのではないかと睨（にら）んだ。フランスの研究者たちは、スミレをあらわすギリシャ語にちなんでこの物質を*iode*（ヨド）と呼んだが、デーヴィーはchlorine（クロリン）（塩素）やfluorine（フロリン）（フッ素）に近いiodine（アイオディン）（ヨウ素）という名前に修正する方がよいと考えた。

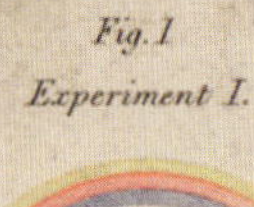

Fig.1
Experiment I.

Chromatic Equivalents.

Fig. 2. Exp. XXVIII.

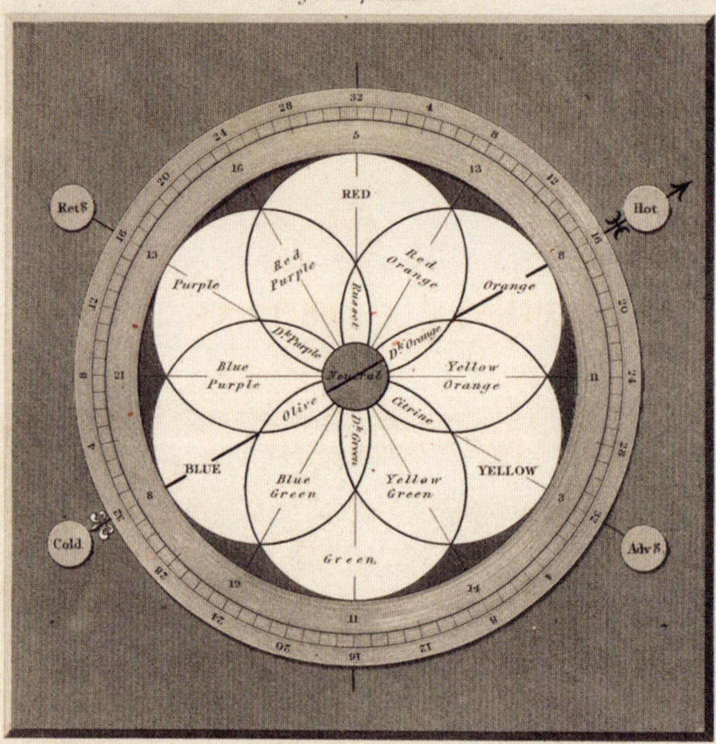

Definitive or Fundamental Scale of Colours

Fig.3

上: 画家J・M・W・ターナーのアトリエで発見された乾燥顔料の一部。赤色顔料のヨウ素スカーレットは、19世紀前半にニコラ=ルイ・ヴォークランによってヨードから作られた。ターナーは油絵《戦艦テメレール号》にこの顔料を使ったようである。

ほどなく、ヨウ素の有無を調べる便利なテストが見つかった。ヨウ素はデンプンの溶液を濃い青色に変えるのである。1825年、地中海の海藻から採取したヨウ素のサンプルを研究していたフランスの薬剤師アントワーヌ=ジェローム・バラールは、デンプンとヨウ素の反応でフラスコ内に生じた青い層の下に、黄色がかった濃いオレンジ色の別の液体の層があることを発見した。最初、彼はこの物質を*muride*(語源はムリア酸と同じ)と呼んだが、後に不快な刺激臭があることに着目して、「悪臭」を意味するギリシャ語から*brome*という名を提案した。1827年に出版された英語の化学教科書では、英名をbromine(臭素)にすべきであるとされた。

純粋なフッ素は、1886年にようやくフランスの化学者アンリ・モワッサンによって単離され、彼はこの功績で1906年にノーベル化学賞を受賞している。フッ素の単離に年月を要したのは、ひとつには「フッ酸」(今でいうフッ化水素酸)の腐食性が極めて強く、取り扱いが難しかったためである。フッ素自体はフッ酸よりさらに苛烈で、毒性が強く、化学の領域で最も反応性の高い物質のひとつである。フッ素、塩素、臭素、ヨウ素の4元素は周期表の同じ縦列に位置し、いずれも金属と反応して塩を作ることから、「塩を作る」という意味のハロゲンと総称されている。ハロゲンが作る塩のうちナトリウムと塩素が結合したものが食塩である。ハロゲンという言葉は、1811年に塩素だけを指す言葉として提案されたが、却下された。やがて塩素とヨウ素とフッ素がタイプの似た3種類の元素であることが明らかになると、精力的に化学命名法の改革に取り組んでいたスウェーデンのイェンス・ヤコブ・ベルセリウスが、1826年にハロゲンの名を総称として再登板させたのだった。

左ページ: ジョージ・フィールド『クロマトグラフィー(*Chromatography*)』(1835)の扉絵。この本には、鮮やかで美しい緋色の顔料「ヨウ素スカーレット」をはじめ、当時のあらゆる新顔料の詳細が記載されていた。[Linda Hall Library of Science, Engineering, and Technology, Missouri.]

クロム、カドミウム

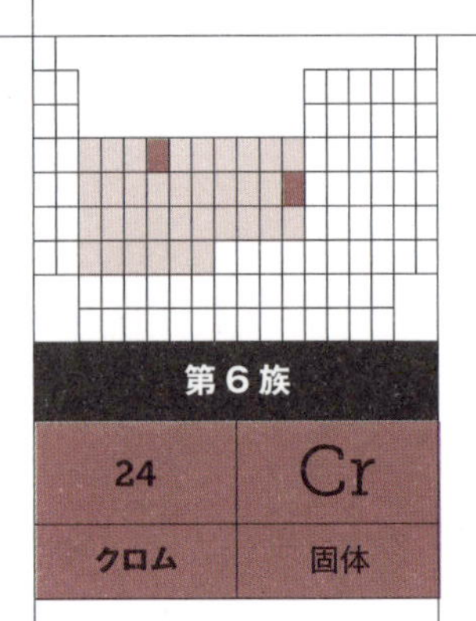

第6族

24	Cr
クロム	固体

遷移金属
原子量: 52.00

第12族

48	Cd
カドミウム	固体

遷移金属
原子量: 112.4

1761年、ドイツの鉱物学者ヨハン・ゴットローブ・レーマンはロシアのサンクトペテルブルクに招かれて帝国博物館の館長兼化学教授となり、ロシアの鉱物の調査を始めた。ウラル山脈の鉱山で鮮やかな赤い色の鉱物に出会った彼は、古代の「鉛丹」という顔料を思い起こし、「赤い鉛の鉱石」を意味する*Rotbleierz*（ロートブライエルツ）と名付けた。この鉱物はすぐに赤色顔料として絵の具に使われるようになり、「シベリアの赤い鉛」という通称が与えられた。後に、crocoite（クロコアイト）（紅鉛鉱（こうえんこう））という正式名称を得る。

紅鉛鉱は確かに鉛の鉱石だったが、鉛以外に何が含まれているのだろうか? 1794年にこの鉱物のサンプルを受け取ったフランスの化学者ニコラ=ルイ・ヴォークランは、その疑問に答えようとした（彼はその少し前に、ベリルという鉱物に含まれる元素ベリリウムを発見していた）。ヴォークランがこの鉱物を塩酸（彼の呼び方ではムリア酸）と反応させると、緑色の物質が生成した。そこで彼は、そうした化合物から金属を

左: フランスの化学者ニコラ=ルイ・ヴォークランを描いた版画。[F. J. Dequevauviller after C. J. Besselièvre, 1824, Wellcome Library, London.]

上: ジャン=バティスト・カミーユ・コロー《クラウディウスの水道橋のあるローマの田園》(キャンバスに貼った紙に油彩、おそらく1826年)の前景には緑色の顔料「ビリジアン」が使われている。[National Gallery, London.]

抽出する標準的な手法、すなわち木炭と一緒に加熱する方法を適用した。予想通りに金属が得られ、その金属は「灰色で非常に硬く、もろく、小さな針状に結晶化しやすい」性質を持っていた。

ヴォークランは、紅鉛鉱を化学的に処理してできるこの金属を含む化合物のなかに、はっきりとした色を持つものがいくつかあることを発見した。彼が紅鉛鉱の粉末をアルカリ(今でいう炭酸カリウム)に溶かし、硝酸で中和したところ、鮮やかなオレンジ色の溶液ができた。この溶解液を結晶化させると、濃い黄色の塩(えん)が現れた。また、反応条件を変える(たとえば硫酸鉛を加える)ことで、生成物の色を淡黄色からオレンジ色まで調整することができた。オレンジ色の物質は、高価なうえに有毒なヒ素化合物である鶏冠石(88ページ参照)を除けば、画家が自由に使える最初の純粋なオレンジ色顔料になった。

この色彩の豊かさに着目したヴォークランは、この金属をギリシャ語で「色」を意味する言葉にちなんで「クロム(フランス語で*chrome*)」と命名することを提案し、まもなく英語でもchromium(クロミアム)という名称になった。「シベリアの赤い鉛」はクロム酸鉛の鉱物で、クロムイエローとして知られるようになったオレンジ色顔料はその合成バージョンである。ドイツの化学者マルティン・クラプロートも、ヴォークランの1年後に独自に紅鉛鉱からクロムを発見した。

この新しい金属は、塗料産業にはありがたい物質だった。特に、1808年に米国、1818年にフランス、その2年後には英国のシェトランド諸島で、クロムを含む別の鉱石(クロム酸鉄)が発見された後はなおさらだった。19世紀の初め頃は純粋なクロムイエローはとても高価だったが、黄色が非常に強かったので、硫酸バリウムなどの安価な白色の「増量剤」で薄めることで、比較的安価なカナリーイエローの塗料を作ることができた。この黄色塗料は、ヨーロッパ各地で交通手段として使われていた馬車の塗装で人気を博した。

ヴォークランは紅鉛鉱を空気中で焙焼(ばいしょう)(あぶり焼き)し

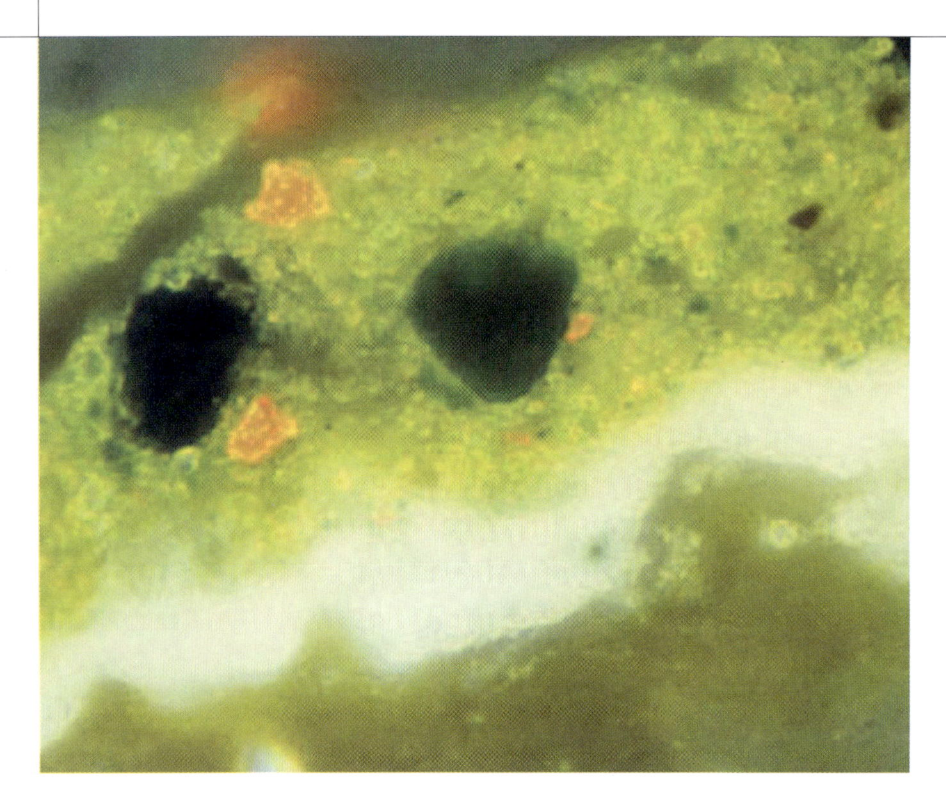

左: コローの《クラウディウスの水道橋のあるローマの田園》(前ページ)の断面拡大写真:緑色顔料ビリジアンの結晶が見える。

て緑色の化合物も作り、こちらも顔料の原料になった。ヴォークランは、「この物質の美しいエメラルド色のおかげで、エナメル塗料を使う画家たちは絵をより豊かにすることができるだろう」と書いている。1838年にはパリの画家で化学者であったアントワーヌ=クロード・パンティエがこの緑をより純粋で青みがかった色にする方法を発見し、ビリジアンとして知られる人気顔料を作り出した。

黄色い煙突から

19世紀に顔料製造が大規模なビジネスになるにつれ、化学者たちは塗料に使えそうな新しい材料を常に探し求めるようになった。そういうわけで、1817年にドイツの化学者フリードリヒ・シュトロマイヤーはザクセン州ザルツギッターの亜鉛製錬工場の煙突に黄色い物質が付着していることに気付いた時、それを調べることにした。木炭を使う標準的な手法でこの物質を「還元」した彼は、亜鉛に似た化学特性を持つ別の金属を発見した。

古代に、銅の製錬の際に亜鉛の鉱石や化合物が生成した時、それらがしばしばカドミアと呼ばれていたことは先に述べた。シュトロマイヤーはこれをヒントに、新しい金属をカドミウムと名付けた。酸化亜鉛の昔の呼び名としばしば混同される事態を招いたことを考えると、あまり適切な命名ではなかったかもしれない。しかし、今さら言ってもしかたない。シュトロマイヤーはこの新元素の化学的挙動の研究に乗り出した。その中で彼は、カドミウム化合物の溶液に硫化水素ガスを通すと、明るい黄色の固体(硫化カドミウム)が析出することを発見し、「絵画に役立つと期待できる」と言った。実際、その通りになった。この化合物のオレンジ色の形態を作り出す方法が発見されてからは、特に重宝された。カドミウムイエローとカドミウムオレンジは19世紀半ばから販売され、1910年にはカドミウムレッドが加わった。イエローとオレンジは硫黄を含むが、レッドでは硫黄の一部がセレンで代替されている(セレンは、1817年にベルセリウスによって発見され、月にちなんで名付けられた元素である)。カドミウムレッドは今日でも、多くの画家が最も好む、最も豊かな赤色であるが、依然として高価である。

右ページ: モリブデン(1, 2)、クロム(3, 4)、アンチモン(5-10)、ヒ素(11-20)。ヨハン・ゴットローブ・フォン・クールの『鉱物の王国(*The Mineral Kingdom*)』(1859)より。[Science History Institute, Philadelphia.]

1
2
3
4
5
6
7
8
9
10
11
12
13
14
15
16
17
18
19
20

希土類元素

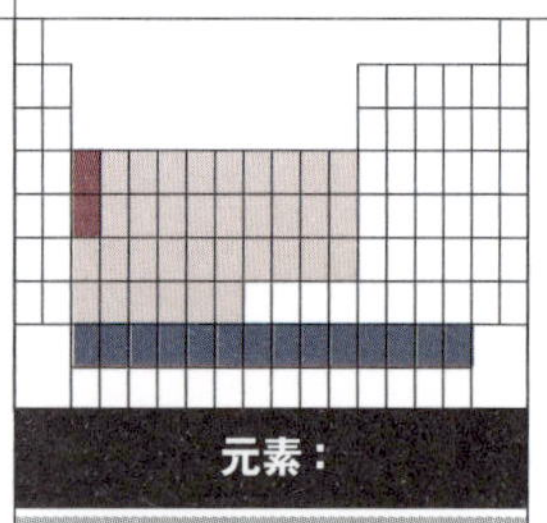

元素：

- スカンジウム 21
- イットリウム 39
- ランタン 57
- セリウム 58
- プラセオジム 59
- ネオジム 60
- プロメチウム 61
- サマリウム 62
- ユウロピウム 63
- ガドリニウム 64
- テルビウム 65
- ジスプロシウム 66
- ホルミウム 67
- エルビウム 68
- ツリウム 69
- イッテルビウム 70

注：原書ではルテチウムを希土類、ランタノイドに含めていないが、IUPAC無機化学命名法では含めている。本文中ではIUPACに準拠して記述している。

ゲルマニウム、フランシウムなど、発見された場所にちなんで命名された元素はいくつもあり、多くの場合、そこには国家の名誉や威信がかかわっている。しかし、スウェーデンの小村イッテルビーほど多数の元素名のもとになった場所は他にない。なにしろ4つもの元素名になっているのだ。

イッテルビーは18世紀後半に鉱山の村となったが、この地方ではその少なくとも300年前から石英が採掘されていた。イッテルビーでは、ガラス製造や陶磁器に使われるアルミノケイ酸塩鉱物である長石が採れた。1787年、陸軍将校でアマチュア化学者でもあったカール・アクセル・アレニウスが重い黒色の鉱物について報告し、翌年、アレニウスの火薬研究を指導したスウェーデンの化学者ベンクト・レインホルト・ジェイエルによって初めて記述された。

前にも述べたように、こうした特に密度の高い岩は、金属を含んでいる可能性を疑われることが多かった。この鉱物も、分析のためのサンプルがオーボ大学のフィンランド人化学者ヨハン・ガドリンのもとに送られる。ガドリンは1794年に、そこには新しい「土」、つまり金属化合物（通常は酸化物）が含まれていると報告した。3年後、スウェーデンの化学者アンデシュ・グスタフ・エーケベリがその発見を確認し、「土」をイッテルビーにちなんでイットリアと呼ぶことを提案した。エーケベリはおおもとの鉱物にはイッテルバイトの名を与えたが、今ではそれはガドリンにちなんでガドリナイトと呼ばれている。ただ、純粋なイットリウム金属が初めて作られたのは1828年になってからで、作ったのはドイツのフリードリヒ・ヴェーラーであった。

とても多くの元素を含む「土」

イッテルビーで採れた希少鉱物の物話はまだ続く。1843年に、ベルセリウスの助手で同じ家に住んでいた化学者カール・グスタフ・モサンデルが、鉱石から抽出されたイットリアは実際には3つの異なる酸化物――白い酸化イットリウムと、黄色い物質と、ローズレッドの物質――が混じったものであることを明らかにした。彼は、あとの2つに含まれる新元素を発見した。テルビウムとエルビウムという元素名は、イッテルビーを切り縮めた文字列から作られた。1878年、ジュネーブのジャン・シャルル・ガリサール・ド・マリニャックが、イットリアに含まれる第4の「土」（酸化物）を発見し、もうひとつ元素名が必要になった。それがイッテルビウムである。

その2年後、ウラル山脈から産出してサマルスカイトと名付けられたイットリウム含有鉱物を調べていたマリニャックは、その中にあと2つの元素が微量存在すること発見した。片方はすでに1879年にフランスの化学者ポール・エミール・ルコックによって発見され、鉱物名にちなんでサマリウムと命名されていた。もう片方は1880年にマリニャックが単離し、アルファ-イットリウムと名づけた。しかし、6年後にルコックもこの元素を発見すると、彼はマリニャックに、これらの新元素ファミリーの解明を最初に始めた人物にちなんで、ガドリニウムという名を提案した。

人目を避ける元素

1840年代のカール・モサンデルの業績によって、元素のリストはひどく複雑になった。彼はその頃、師であるベルセリウスが同定した別の新しい金属元素酸化物についても研究していた。

ベルセリウスは1803年に、スウェーデンのバストネスに鉱山を所有する一族の出である化学者ヴィルヘルム・ヒージンガーとともに、ヒージンガーが持ち込んだ重い鉱物を研究したことがあった。彼らは鉱物中の新しい酸化物を発見し、発見されて間もない小惑星セレス（現在は準惑星に分類）にちなんでセリアと名付けた。ドイツのマルティン・クラプロートも同時期にセリアを同定した。セリアは軟らかくて延性のある金属セリウムの酸化物である。し

下: イッテルビー村（スウェーデン、レサレ島）の長石鉱山。1910年頃。
[Technical Museum, Stockholm.]

Den 3 apr. 1842

右: フィンランドの化学者ヨハン・ガドリン。ガドリナイトという鉱物名は彼にちなむ。ミニチュア肖像画、1797-1799年。[Finnish Heritage Agency.]

左ページ: スウェーデンの化学者カール・グスタフ・モサンデル。多くの希土類元素の発見において重要な役割を果たした。マリア・レールによる鉛筆画。1842年。[Royal Library of Sweden, Stockholm.]

かしモサンデルは、ベルセリウスとヒージンガーのセリアが純粋ではなく、他に少なくとも2種類の酸化物がわずかに混じっていることに気付いた。彼はその片方を、鉱物の中にセリウムと一緒に存在するように見えることから、「人目を避ける」という意味のギリシャ語を語源とするランタナと名付けた。この酸化物に含まれる元素がランタンで、20世紀初めにようやく単離された。

モサンデルはもうひとつの酸化物を、「双子」を意味するジジミアと名付けた。ジジミアは混合物であることが判明する。一部はサマリウムだったが、他に2つの元素が含まれており、1885年にカール・アウアー・フォン・ヴェルスバッハが単離して、ネオジム（新しいジジミウム）とプラセオジム（緑のジジミウム）と命名した。

新しい一族

いったいどこから、あきれるほどの数の新しい金属元素がわいて出たのか？　上述の元素にスカンジウム、ジスプロシウム、ユウロピウム、プロメチウム、ツリウム、ホルミウム、ルテチウムを加えた17種は、希土類と呼ばれる。ホルミウムとルテチウムは発見地（ストックホルムと、パリのラテン語旧名「ルテティア」）が命名の由来である。これらの元素のうち15種は、周期表の中でランタンからルテチウムまで連なっており、ランタノイドとして知られている。ランタノイドは自然界で一緒に存在する傾向がある。それは、化学的性質が非常に似ていて同じ種類の化合物を形成するからであり、そうなるのは、どれも電子の配置に共通性があるからである。ランタノイドは14個の電子が入る「電子殻」を持っており、ランタンからルテチウムへと進むにつれて、「殻」は着実に電子で埋まっていく。ところが、この殻は一番外側の電子殻の下に“埋もれて”いるので、元素が化学反応をする際の挙動はあまり変わらない〔化学反応を左右するのは主に一番外側の殻の電子である〕。ランタノイドの存在は、周期表の——言い換えれば、原子の中の電子の配置を司るルールの——風変りな癖と言えるかもしれない。この奇癖のせいで、たいていの用途についてはほぼ違いのない元素が、あり余るほど多くの種類を取り揃えて存在しているのである。それが自然の無駄な道楽に見えるなら、思い出してほしい。元素は、世界はこうあるべきだという人間の先入観におもねるために作られたわけではないということを。

ジョン・ドルトンの原子説

1887年に英国の化学者ヘンリー・エンフィールド・ロスコーは言った——「原子とはドルトン氏が発明した小さな木の玉である」。彼は礼儀正しい皮肉屋であった。多くの科学者が、原子はあらゆる物質を構成する基本的で不可分の粒子だということは信じていた。しかし、そうだとしても、原子は小さすぎて目に見えない。そのため、誰もが抱く原子のイメージは、近代原子論の構築者である英国の化学者ジョン・ドルトンが自分の考えを説明するために使った"木の玉"だったのである。

左: 英国の化学者ジョン・ドルトン。J・スティーヴンソンによるエッチング、19世紀。[Wellcome Collection, London.]

ジョン・ドルトン(1766-1844)は、イングランドの湖水地方の村の学校で教育を受けた一介の学校教師だった。当時のイングランドは非国教徒の大学入学を認めておらず、クエーカー教徒であった彼は、たとえ望んだとしてもオックスフォードやケンブリッジには行けなかった。彼は1803年から1805年にかけて、書記を務めていたマンチェスター文学哲学協会に提出した一連の論文で原子論を発表する。同僚たちは、「科学の利益と(ドルトン)自身の名声」のためにそれらを書物として出版すべきだと勧め、彼はそれに従った。1808年に出版された彼の著書は、『化学哲学の新しい体系』という野心的な題名であった。

ドルトンの原子説は、古代ギリシャの哲学者レウキッポスやデモクリトスを思わせる「原子=自然を構成する材料」という古い考えを新しい形で蘇らせたとよく言われる。それはある意味で正しいが、古代の原子論は、化学、すなわち元素同士の結合については何も説明していなかった。ドルトンは、元素同士が一定の比率で結合することが多いのはなぜかを説明するために、「元素は絵の具のようには混ぜられない」という考え方を提案した。元素の結合比率は多くの場合単純で、たとえば水を作るには、ある体積の酸素ガスとそのちょうど2倍の体積の水素ガスを組み合わせればよい。

ドルトンは、元素を構成する原子が単純な比率で——1対1あるいは1対2などで——結合して「化合した原子」になると考えれば、筋が通るのではないかと述べた。重要なのは、ドルトンの論文と著書には、結合の様子を示すために原子を円や球として描いた図が掲載されていたことである。水の「化合した原子」(今でいう分子)は水素原子1個と酸素原子1個のペアであり、アンモニアは水素原子と窒素原子の1対1の結合であると彼は示唆した。公開講座では、ドルトンの木の玉が目に見える教材として使われた。

彼の示した比率は間違っていた。とはいえ、分子の概念がはっきりとしていなかった当時に、正しい比率の計算は無理だった。これらの問題は、19世紀の間に少しずつ訂正されていく。たとえば、水分子は1個の酸素原子に2個の水素原子が結合していると認識されるようになった。

ただ、ドルトンの新体系は、真に新しい化学理論とまでは言えなかった。ひとつには、そもそもなぜ原子が結合す

上: ジョン・ドルトンが原子説(1810年頃-1842年)を実演するために使った5個の木の玉。マンチェスターのピーター・ユワートが1810年頃に製作した。[Science & Industry Museum, Manchester.]

るのかを説明できなかったからである。ヘンリー・ロスコーは、ドルトンの理論の意義は、物質を構成する不可分の単位として原子を仮定したことよりも、原子は種類ごとに固有の質量を持つと唱えたことにあると指摘したが、これは当たっている。これによって、ある元素と別の元素を区別することができる。今の原子番号の概念は、この区別を体現したものである。

それでも、人々の印象に残るのは原子である。ドルトンの著書では、原子を目で見ることができたからだ。原子は木の玉だった。ドルトン自身は図や模型を純粋に教材とみなし、実際の分子がどんなものかについては何も言わなかった。しかし現在では、色付きのプラスチックの玉を棒でつないだ「分子模型」が、分子の実際の形を示すために日常的に使われている。

原子が実在するという確実な証拠を科学者たちが見つけたのは、ドルトンの新体系が発表されてから100年も後の20世紀に入ってからだった。今日では、私たちは走査型プローブ顕微鏡と呼ばれる特殊な顕微鏡で原子を小さな球として本当に「見る」ことができる。のみならず、そのような装置の極小の針状プローブを使って、原子を押し引きして動かしたり、自分のデザインしたパターンに並べることさえできる。原子は小さな球であり、万物は原子でできているのだ。

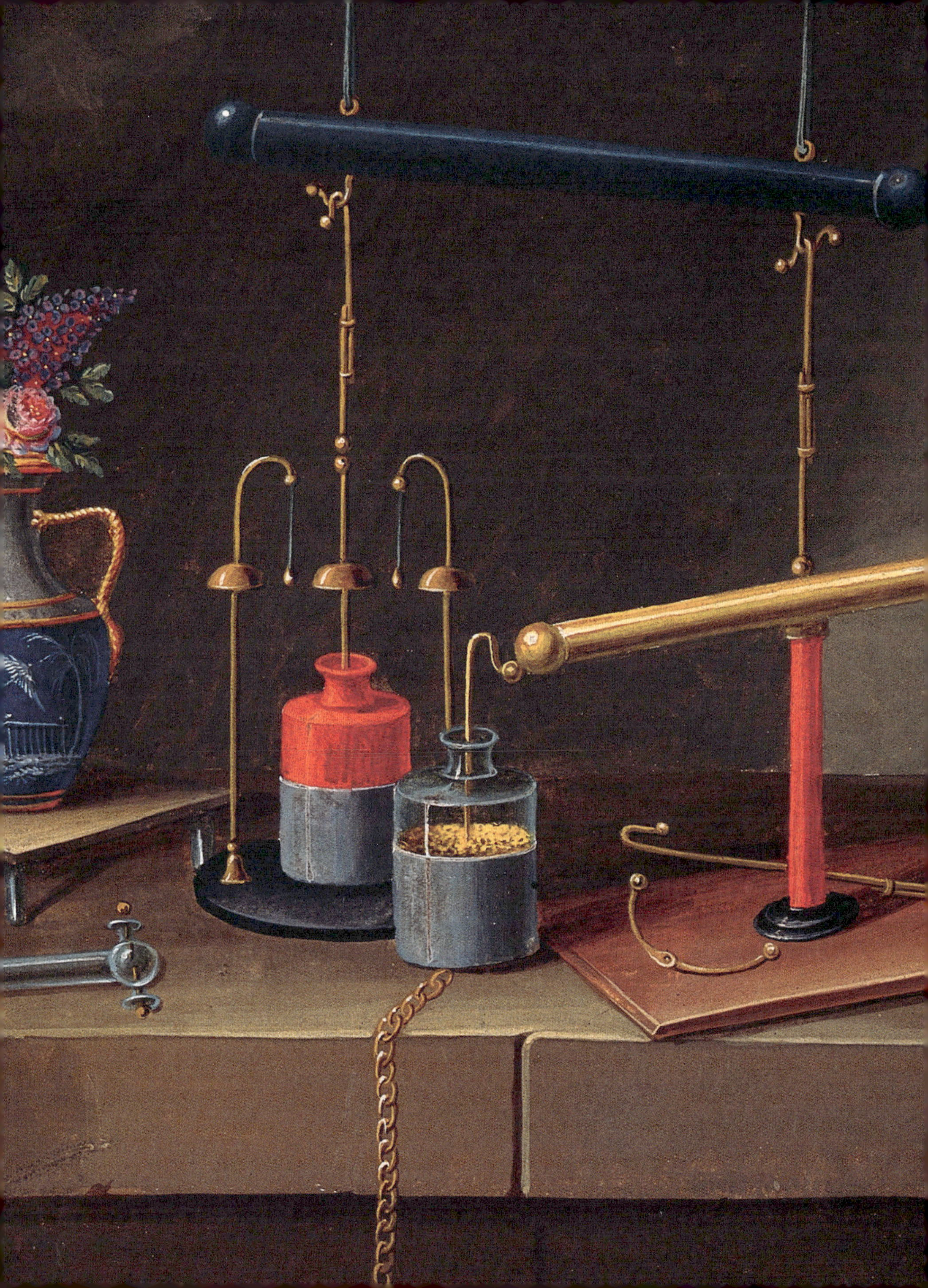

第6章

電気を使って 元素を発見する

左: ポール・ルロンの《電気:蓄電瓶と静電気発生器と花瓶》。ガッシュ、1820年。[Wellcome Collection, London.]

電気を使って元素を発見する

1796
エドワード・ジェンナーによる天然痘ワクチンの接種。ワクチンの初めての成功。

1818
メアリー・シェリーが『フランケンシュタイン』を出版。

1830
世界初の都市間鉄道、リヴァプール・アンド・マンチェスター鉄道（L&M）が開通。

1831-1836
チャールズ・ダーウィンがビーグル号に乗って航海。

1837
電信の特許が取得される。

1842
欧米初の全身麻酔による手術が行われる〔世界初は1804年の華岡青洲の手術〕。

1848
カール・マルクスとフリードリヒ・エンゲルスの『共産党宣言』が出版される。

1851
世界初の国際博覧会であるロンドン万国博覧会が開催される。

1876
ロサンゼルスに、アーク灯による世界初の電気街灯が設置される。

18世紀に入ると、多くの科学者が、「電気には深遠な謎がありそうだ」と考えはじめた。18世紀初めに英国のスティーヴン・グレイは、ガラス管をこすることで生じた静電気が金属線を伝って流体のように流れることを示した。彼は天井から絹糸（電気を通さない）で吊り下げた少年に静電気を帯電させ、金属棒をこの哀れな少年の鼻先に近付けて、火花が飛ぶ様子を実演してみせた。こうした派手なデモンストレーションは、ヨーロッパの富裕層のパーラーやサロンで人気を集めた。

電気はある種の流体であるように見えた。1745年、ライデンで研究していたオランダの科学者ピーテル・ファン・ミュッシェンブルークが、軸の上に取り付けたガラス球を手で回して静電気を発生させ、その静電気を使って半分水を入れたガラス瓶の内側と外側に設置した金属箔の電極を充電する方法で、電気を「集める」ことが可能だと示した。これがいわゆる「ライデン瓶」である。実験用に電気を蓄える便利な方法の誕生だった。

1740年代から1750年代にかけて、米国の科学者・政治家のベンジャミン・フランクリンは、ライデン瓶に電気がどのように蓄積され、放電されるかを注意深く研究していた（彼は雷雨の中で凧を揚げる実験の話で有名だが、実際にはその実験はしなかったようである）。各種のライデン瓶のなかには、不注意な実験者に手ひどい（時には命にかかわるほどの）ショックを与えるに十分な量の電気を保持するものもあった。1767年に、英国の化学者・政治改革者で酸素の発見者として挙げられることも多いジョゼフ・プリーストリーが、電気に関する当時の知見をまとめた本を出版する。この本は極めて高い評価と人気を得た。

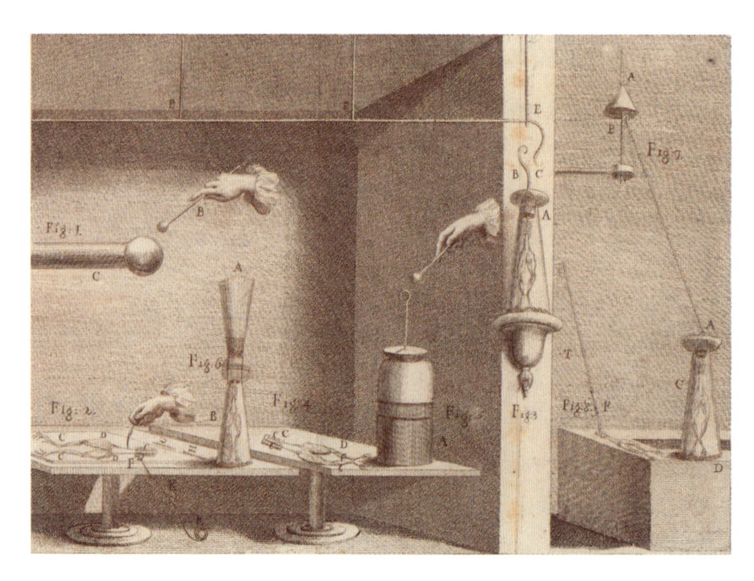

左: カエルの脚の電気実験。ルイージ・ガルヴァーニの『電気の力について（*De Viribus Electricitatis*）』（1792）より。［Wellcome Collection, London.］

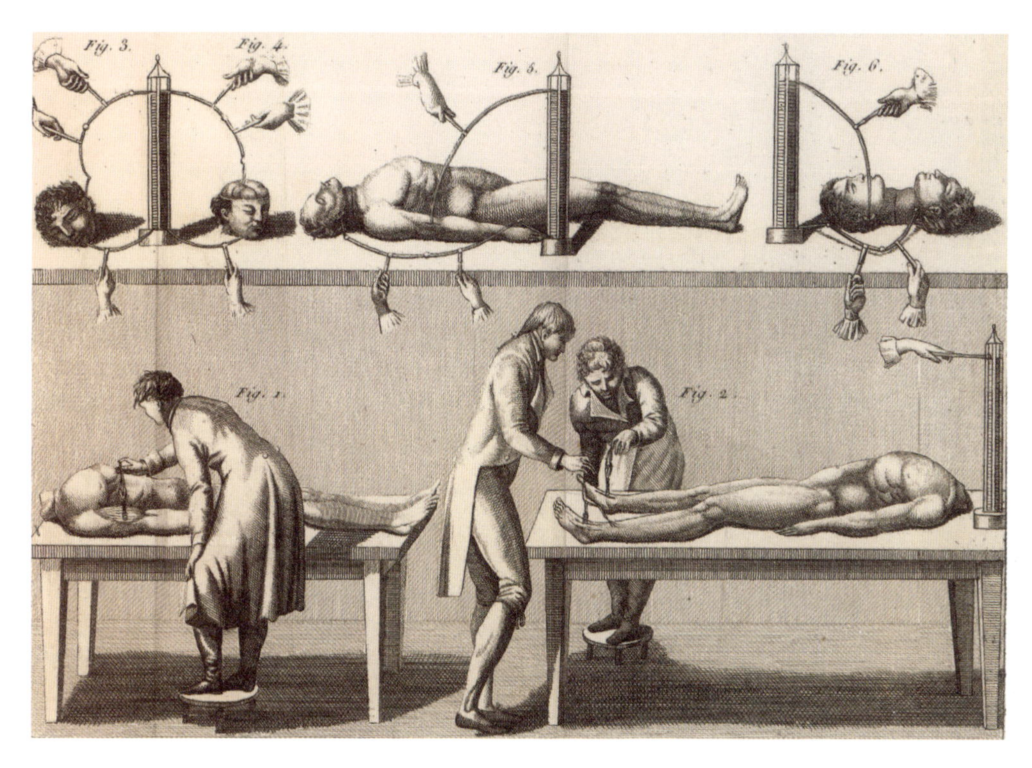

左: ルイージ・ガルヴァーニの甥ジョヴァンニ・アルディーニによる、死体への通電実験。アルディーニの著書『ガルバニズムに関する理論面・実験面の小論(*Essai Théorique et Expérimental Sur Le Galvanisme*)』(1804)より。この実験はメアリー・シェリーの小説『フランケンシュタイン』に影響を与えた。[Wellcome Collection, London.]

その約20年後、イタリアの医師ルイージ・ガルヴァーニは、ライデン瓶に蓄えた電気を解剖したカエルの脚に流すと、まるで生きているかのように脚が痙攣することを発見した。彼は、電気が生命を駆動する原理なのではないかと考えた。この理論はガルバニズムとして知られるようになり、メアリー・シェリーが小説『フランケンシュタイン』(1818)の構想を練る際に、死体を蘇生させる方法の考案に影響を与えた。

ガルヴァーニはまた、銅と亜鉛のような種類の異なる2つの金属の間を動物の筋肉でつないだ場合も筋肉が痙攣することを発見した。同じイタリアのアレッサンドロ・ヴォルタは1800年にパヴィアで、銅と亜鉛の間に塩水を染み込ませて導電性を持たせた布や紙を挟んで、それを交互に積み重ねる実験を行った。すると、この「電堆」(原始的な電池)は、かなりの電流を持続的に発生させることができた。ガルヴァーニは、「動物が電気を持っていて、金属が動物の組織から電気を受け取っている」と考えていたが、ヴォルタは逆に、2つの金属が電流の源であると主張した。

ガルヴァーニとヴォルタがこの問題について活発な、時には激しい議論を戦わせていた一方で、ガルヴァーニの甥であるジョヴァンニ・アルディーニは、ヴォルタの電堆を利用してカエルの脚よりずっと大きいものを「生き返らせる」という、ぞっとするような、文字通りショッキングな実験を行った。まず彼は、食肉処理場から解体されたばかりの雄牛の頭を持ってきてそれに電気を通し、筋肉の動き——つまり生きているように見える状態——を作り出した。そして1803年には、ロンドンのニューゲートの絞首台から運ばれてきた犯罪者の死体に電堆を接続した。

他の研究者たちは、電堆の使いみちとして、物議をかもす心配がなく役に立つ応用法を発見しようと努力していた。1800年にイングランドのウィリアム・ニコルソンとアンソニー・カーライルという科学者が、水中での電気の伝わり方を研究していた際、水に入れた電極から気泡が発生することに気付いた。彼らはそれが酸素と水素、つまりアントワーヌ・ラヴォアジエが水の構成要素だと宣言した元素であることを発見する。彼らは、電気を使って水を元素に分解したのである。この手法はすぐに電気分解と名付けられた。

つまり、電気を使って化学反応を起こせるということだ。それならば、他の物質も同じようにして、構成成分の元素に分解できるのではないだろうか?

カリウム

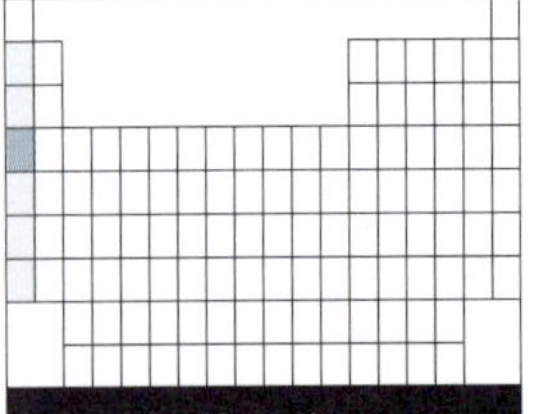

第1族

19
K
カリウム

アルカリ金属

原子番号
19

原子量
39.10

標準温度圧力での状態
固体

ヴォルタの電堆は、ハンフリー・デーヴィーという英国の若き科学者をたちまち魅了した。コーンウォールの質素な家に生まれたデーヴィーは、正式な大学教育を受けず、主に独学で科学を学んだ。彼は10代でペンザンスの外科医のもとで年季奉公をした後、1798年にブリストルを拠点とする医師トマス・ベドーズの空気研究所に入る。ベドーズはこの研究所で、亜酸化窒素（笑気ガス）などの気体の医学面での効果を研究していた。デーヴィーはそこでヴォルタの電堆の話を聞き、自らも電池を作って、ヴォルタの実験のいくつかを再現した。

1801年、デーヴィーは野心を胸にブリストルを離れ、ロンドンに新設された王立研究所の講師になるべく面接を受けた。彼はそこで「ガルバニズム」の研究を続けたいと望んだのだ。採用された彼は、4月に行った最初の講演でさっそくそのテーマを取り上げた。デーヴィーの公開講座はいつも派手で驚きに満ちており、笑気ガスの効果の実演など、聴衆の目を見張らせる楽しいデモンストレーションが含まれていた。若きデーヴィーの颯爽（さっそう）とした美貌も手伝って公開講座は大人気で、会場のあるアルベマール通りには講演を聴こうとする人々が押し寄せた。馬車の混雑に対応するために、この通りがロンドン初の一方通行路になるというおまけもついた。

カーライルとニコルソンが行った水の電気分解が頭にあったデーヴィーは、いろいろな溶液や、溶融〔加熱して液状にすること〕した塩（えん）にヴォルタの電堆から電流を流すとどうなるかを調べはじめた。すぐに彼は、鉄、亜鉛、スズなどを含む塩（えん）の溶液で、負極（マイナスの電極）上に被膜が形成されて、それらの金属が抽出されることを発見した。しかし、アルカリである「カリ」（英語ではpotash（ポタシュ）、今でいう水

右: 1812年にナイトの称号を授与されたハンフリー・デーヴィー卿の肖像画（作者不詳）。[Wellcome Collection, London.]

酸化カリウム）の水溶液で試したところ、負極からは水の時と同じく水素しか得られなかった。1807年、彼は別の方法を試みた。カリを溶融させ、銅と亜鉛の板を274枚も重ねた大型で強力な電堆で電気分解したのである。正極（プラス極）では酸素の気泡が発生した。しかし負極では、水銀のような「はっきりした金属光沢を持つ小さな球」が現れ、「そのうちのいくつかは明るい炎をあげて爆発的に燃えた」。実験を手伝っていた従兄弟の証言によると、デーヴィーはその様子を見て「部屋の中で狂喜乱舞した」という。

デーヴィーは、この金属の小片を集めて水に投げ入れると、発火して薄紫色の炎を上げながら水面を跳ね回ることを発見した。大きめの塊を水に入れると、「瞬時に爆発して（…）明るい炎が上がり」、後にはカリの水溶液だけが残った。彼は、その年に王立協会で行ったベーカリアン記念講演でこの劇的なプロセスを実際に再現してみせ、聴衆を魅了した。

デーヴィーは、この発火性の金属がカリ（potash）を構成する基本成分であると結論づけ、新元素としてpotassium（ポタシアム）と名付けた。この金属元素は空気中の水分と反応して水素ガスを発生させ、その反応熱で発火する。アルカリ〔水に溶けてアルカリ性を示す物質〕のひとつから発見され、空気中や水中ではすぐにアルカリ性の酸化物や水酸化物に戻ることから、アルカリ金属という呼び名が与えられた。

デーヴィーの報告のドイツ語訳では、英語のpotashにあたるドイツ語*Kali*（カリ）を語源として、元素名が*Kalium*（カリウム）とされた〔日本語の「カリウム」はこれに由来する〕。今も英語・仏語圏では元素名としてpotassiumが使われているが、1811年に化学命名法を標準化しようとしたスウェーデン人のイェンス・ヤコブ・ベルセリウスはドイツ語の方を好み、カリウムにKという元素記号を与えた。

右: 初期の電堆。アレッサンドロ・ヴォルタ自身が作ったものである可能性がある。19世紀。[Science Museum, London.]

ナトリウム

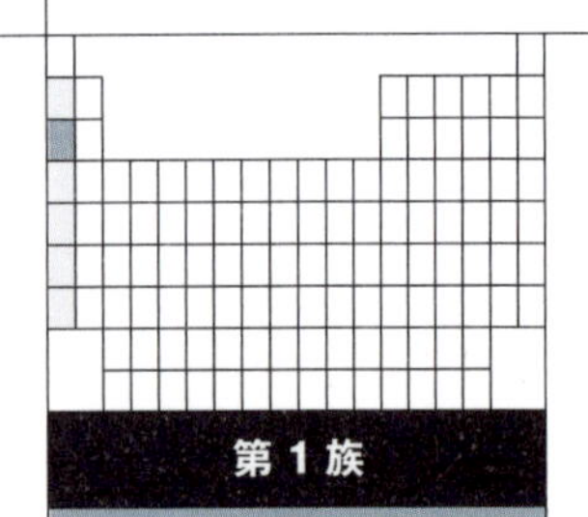

第 1 族

11
Na
ナトリウム

アルカリ金属

原子番号
11

原子量
22.99

標準温度圧力での状態
固体

カリウム発見の数日後、ハンフリー・デーヴィーは別のアルカリで電気分解を試みた。ソーダ（soda）と呼ばれていた物質（今の水酸化ナトリウム）を溶融させ、電気を通したのである。今回も負極に非常に反応性の高い金属が生成した。彼はそれをsodiumと名付け、「水に投げ込むと水面で激しく気泡を発生させるが、発火はしない」と報告している。〔日本語ではナトリウムと呼ばれる。〕

アルカリ物質であるカリとソーダは、何千年もの間、化学者にとって最も有用な物質のひとつであった（ただし、このふたつの言葉は伝統的にはカリウムとナトリウムの水酸化物ではなく、それぞれの金属の炭酸塩を指していた）。カリとソーダは、砂と混ぜてガラス製造に使うと、砂の石英を融かすために必要な温度が低くて済んだ。動物性油脂と一緒に煮れば、石鹸ができた。

英語でカリを意味するpotashは、鍋（pot）で灰（ash）を煮るという語源からもわかるように、一般に木やその他の植物の灰から作られていた。ちなみにアラビア語由来のアルカリ（*Al-kali*）も「灰」を意味し、ベルセリウスは語根の*kali*からカリウムという

左ページ: ハンフリー・デーヴィーが1807年に作ったナトリウムのサンプル。[Royal Institution, London.]

右: アルカリを得るために塩生(えんせい)植物〔塩分の多い土壌に生育する植物の総称で、焼くとソーダ灰(炭酸ナトリウム)ができる〕を溝の中で焼いているところ。中世(1400年頃)に描かれた絵。

元素名と元素記号Kを選んだ。ほとんどの植物は燃やすとカリウムを多く含む灰になるが、ナトリウムを多く含む灰になるものもいくつかある。一方、ソーダは鉱物の形でも見出され、古代エジプトやギリシャではナトロンやニトロンの名で知られた。ややこしいことに、硝石（硝酸カリウム）を意味する英語のniter(ナイター)もそこから来ている。ナトリウムの元素記号がNaなのは、ドイツの化学者たちがデーヴィーの新元素を*Natronium*(ナトロニウム)や*Natrium*(ナトリウム)と呼んだためである。

最も古い時代のナトロンやニトロンは、エジプトのナトロン渓谷で採取されたり、ナイル川の水が穴にたまり天日で蒸発して残ったりしたもので、炭酸ナトリウムと食塩（塩化ナトリウム）が混ざっていた。これは洗濯に使われたほか、石灰（炭酸カルシウム）とともにガラス製造に使われた。1世紀の博物学者である大プリニウスは、ナトロンを扱っていた商人たちが、砂浜で火を焚いて調理する時に鍋をナトロンの塊で支えたところ、灰の中から透明な液体が流れ出して固まったという偶然の出来事から、ガラスの製造法が発見されたと述べている。これはおそらく、プリニウスの語る物語の多くと同様に作り話だと思われるが、ガラスの発見が何か偶然のきっかけで起こったのは本当だろう。

18世紀後半までアルカリは原料によって分類されており、灰から作られる植物性アルカリと、ナトロン（当時はナトルムと呼ばれることもあった）のような鉱石から得られる鉱物性アルカリがあった。アントワーヌ・ラヴォアジエの周辺のフランス人化学者たちは、「ナトロン」よりも「ソーダ」（フランス語で*soude*）という名称を使うことを奨励した。「その方が広く知られているから」というのが理由だった。ソーダまたはカリを消石灰（水酸化カルシウム）と混ぜると、さらに腐食性の強いアルカリ（今でいう水酸化ナトリウムと水酸化カリウム）になる。実際、フランス語の*soude*や*potasse*（カリ）がこれらの水酸化物を指すこともよくあった。炭酸ナトリウムも炭酸カリウムも、それ自体が元素ではないことは明白であった。どちらの物質からも、二酸化炭素（「固定空気」）を取り出せたからである。

では、腐食性アルカリは元素なのか？　フランスの化学者たちは元素ではないと考えた。それを分解する方法が見つかれば、新しい元素が判明するかもしれない。この期待ゆえに、ハンフリー・デーヴィーはこれらの物質を溶融して電堆の電流を流すと何が起こるかを試してみた。それが、1807年の2種類のアルカリ金属の単離へとつながったのである。

右: ハンフリー・デーヴィーが電気分解によってカリウムとナトリウムを発見した時の様子を描いた版画。1878年頃。[World History Archive.]

カルシウム、マグネシウム、バリウム、ストロンチウム

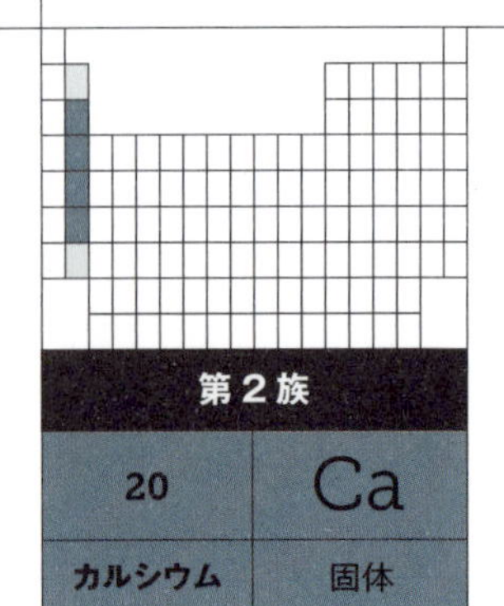

第2族	
20	Ca
カルシウム	固体

アルカリ土類金属
原子量:40.08

第2族	
12	Mg
マグネシウム	固体

アルカリ土類金属
原子量:24.31

第2族	
56	Ba
バリウム	固体

アルカリ土類金属
原子量:137.3

第2族	
38	Sr
ストロンチウム	固体

アルカリ土類金属
原子量:87.62

アルカリ性物質のなかでも非常に古くから利用されてきた材料に、石灰（炭酸カルシウム）がある。石灰は、チョーク（白亜）、石灰岩、大理石といった鉱物の形で豊富に存在する。どれもおおもとの材料は同じで、貝殻やサンゴ、あるいは有孔虫その他の微小生物など、炭酸カルシウムを分泌して殻や外骨格を作る海洋生物である。これらの生物が死ぬと、その体を保護していた殻や骨格は海底に沈んで堆積する。堆積物は上に積もった堆積物の重みで圧縮され、まずチョークに、次に（より高い圧力のもとで）石灰岩になり、地下深くで高圧とマグマの熱の作用を受けると密度の高い大理石になる。鳥の卵の殻も、炭酸カルシウムでできている。

石灰は古くから採掘されていた。主な用途のひとつは、砂（または細かい砂利）と水と混ぜて、建物の石組みを固める石灰モルタル（漆喰）を作ることだった。石灰をあらわす英語lime の語源はラテン語の*limus* で、粘着性のある軟泥を意味する。石灰石を窯で焼くと、二酸化炭素が奪われて、生石灰（酸化カルシウム）が残る。この生石灰に水を加えて混ぜると、どろどろの状態の消石灰（水酸化カルシウム）になる。それが空気に触れると、徐々に大気中の二酸化炭素と反応して炭酸カルシウムに戻り、鉱物のように硬く固まるのである。

エジプトのピラミッドには、石灰モルタルと、鉱物である石膏（硫酸カルシウム）から作られたモルタルの両方が使われていた。ローマ人は、特別な火山灰を加えて消石灰

下: 石灰と火山砂と岩石からなるローマ時代のコンクリートの一部。フランスのヴァール県フレジュスの水道橋より。1世紀。

上: W·H·ペインのアクアチント《石灰窯で働く人々》(1804)の一部分。[Wellcome Collection, London.]

下: エジプトのサッカラにある世界最古の階段ピラミッド内の通路。石灰岩レンガと石灰モルタルで壁が造られている。紀元前2670-2650年頃。ジェセル王の命で宰相イムホテプによって建造された。

と反応させ、一種のコンクリートを生成させることで、より耐久性のあるモルタルを作った。その製法はローマ時代の建築技術者ウィトルウィウスによって記録されており、この頑丈なモルタルはローマ時代の建物のいくつかを今日まで支えている。

建築における石灰モルタルの重要性や、石鹸作りや布の染色での生石灰の使用という需要ゆえに、古代には、強い苛性〔動植物の組織に対する強い腐食性〕を持つアルカリである石灰が、(食塩を別として)他の何よりも大規模に生産されていた。さて、18世紀を通じて、化学者たちは石灰の苛性について、また、それがアルカリ性と関係があるのかについて、頭を悩ませていた。というのも、生石灰が消石灰になると、アルカリ性は保たれるが、苛性はなくなるからである。ジョゼフ・ブラックは、消石灰が二酸化炭素(彼は「固定空気」と呼んでいた)の有無を調べるテストに使えることを発見した。二酸化炭素ガスを消石灰の水溶液に通すと、カルシウムが二酸化炭素と結合

右ページ: ストロンチアン石（ストロンチウムの炭酸塩）。ジェームズ・サワビーの『英国の鉱物学（*British Mineralogy, or, Coloured Figures Intended to Elucidate the Mineralogy of Great Britain*）』（1802-1817）の図版。[Smithsonian Libraries, Washington, DC.

上: アーガイル地方（スコットランド）のストロンティアン村の豊かな鉱山地帯を描いた地図。[National Library of Scotland, Edinburgh.]

して不溶性の炭酸カルシウムを形成し、液体が白く濁る。

アントワーヌ・ラヴォアジエの『化学原論』（1789）に掲載された33種の元素のリストには、「土」の項目にチョーク（石灰質土）が含まれていた。しかし、1793年の英訳版では、「ハンガリーの実験者たちがチョークから金属を抽出したと主張し、その金属をparthenum（パルテヌム）と呼ぶことを提案している」という内容の注が付けられた。訳者のロバート・カーは、ラヴォアジエの提唱するフランス式命名法にもっと合致したcalcum（カルクム）の方が良い名前だろうと述べている。ほどなく、ドイツの化学者マルティン・クラプロートが、この方法で作られた金属はおそらく鉄であると示したことで、ハンガリー人の主張は否定された。しかし、ハンフリー・デーヴィーは、この「アルカリ土類」に金属が潜んでいるのではないかと疑い、1808年に電気分解を使ってその金属を見つけることに成功した。

水酸化カリウムや水酸化ナトリウムの場合とは違い、デーヴィーはチョークを溶融させて電気分解することはできなかった。水酸化カルシウムや炭酸カルシウムは、加熱しても生石灰（酸化物）ができるだけで、融けて液状にはならないからである。そこで彼は、「石灰質土」（生石灰）と酸化水銀を混合した粉末を水で湿らせたものに電堆から電流を流した。すると、負極に小さな水銀の液だまりができた。デーヴィーがその液体を集め、加熱して水銀を蒸発させたところ、アマルガム〔水銀と他の金属の合金〕として含まれていた金属が残った。カーの提案が頭に残っていたのだろう、デーヴィーはその金属をカルシウム（calcium）と名付けた。

デーヴィーが調べた物質は、石灰質土だけではなかった。ラヴォアジエの「土」には*magnésie*（マニエジ）（マグネシア）と*baryte*（バリット）（重晶石）という、鉱物から得られる2種類の弱いアルカリも含まれていた。マグネシアはマンガン化合物と混同されることがあり（92－93ページ参照）、マグネシアもマンガンもその名は地名（このタイプの鉱物が産出するアナトリアのマグネシア地方）に由来する。デーヴィーはこの2種類の土類にも酸化水銀を用いた電気分解を行い、やはり新しい金属を含む水銀アマルガムができることを発見した。彼は最初、片方をマグニウムと名づけた。「マグネシウム」はすでにマンガンを指す言葉として誤用されていたからである。しかし彼は、「何人かの冷静で思慮深い友人からの率直な批判」を受けて、1812年に出版した『化学哲学の要論』の中で、今やおなじみのマグネシウムという名前を受け入れることにした。デーヴィーは、マグネシウムと水銀のアマルガムを作るのは他の金属の場合よりも時間がかかると書いたが、後に、マグネシアを白金管の中でカリウム蒸気とともに熱し、残留物である「暗灰色の金属膜」を水銀に溶かすと、より直接的にマグネシアを分解できることを発見した。

デーヴィーはさらに、strontia（ストロンティア）という名の「土」（金属酸化物）で実験した。これは、1790年にスコットランド西部のストロンティアンにある鉛鉱山で見つかったストロンチアン石という鉱物から得られる酸化物である。彼が単離した金属は、ストロンチウムと名付けられた。デーヴィーは、一挙に新しい金属ファミリー（カルシウム、マグネシウム、バリウム、ストロンチウム）をまるごと発見したのである。この4つに最軽量のベリリウムを加えた元素グループは、アルカリ土類金属と総称されている。

ホウ素

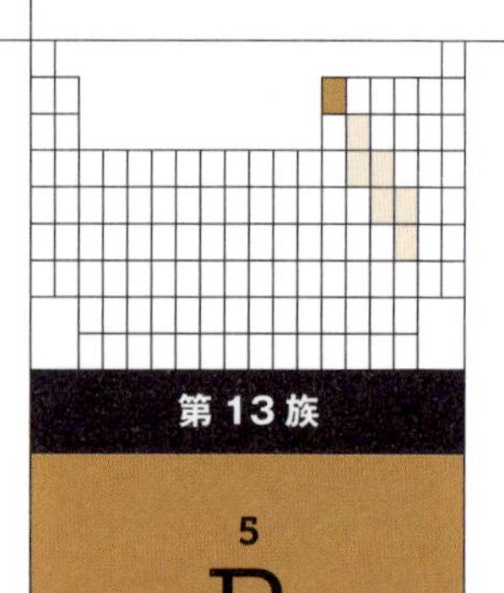

第13族

5
B
ホウ素

半金属

原子番号
5

原子量
10.81

標準温度圧力での状態
固体

硝石、生石灰、カリなどと並んで古くから重要な役割を担っていた物質のひとつに、鉱物の形で採れる白い塩(えん)であるホウ砂(しゃ)（英語ではborax(ボラクス)）があった。ホウ砂は8世紀頃からアラビアの錬金術師の一部によって言及されており、語源は中期ペルシャ語でホウ砂を意味する*būrak*(ブーラク)とされる。中央アジアに天然の鉱床があったが、ほとんどのホウ砂はチベットからシルクロード経由で輸入されていた。ホウ砂は金細工（金の融解を助ける融剤〔フラックス〕として）やガラス製造で使われたほか、医薬品にもなった。しかし、ホウ砂に何が含まれているのかを誰も知らず、他の白色塩と見分けにくかった。18世紀初めにフランスの化学者ルイ・レムリはホウ砂について、自然界に存在する塩(えん)の中で最も理解が進んでいないと評している。

アントワーヌ・ラヴォアジエの元素リストには、ホウ素が「ホウ酸基」として掲載されていた。つまり、彼はホウ素を酸（ホウ酸）の構成成分と捉えていたということである。当時ホウ酸は鎮静剤として使われていた。ホウ砂とそれに関連する化合物は緑色の炎をあげて燃えることが知られており、18世紀から19世紀にかけては、イタリアとアメリカで見つかった鉱床の鉱物がホウ砂であることがそれで確認された。

ホウ砂は、ハンフリー・デーヴィーが新元素を探求する際に狙いをつけた物質のひとつだった。1807年10月、彼が「わずかに湿らせた」ホウ酸を電気分解すると、負極に「濃いオリーブ色」の物質が生成した。彼はこの元素をboracium(ボラシアム)と呼び、金属であると推定した。しかし、その後の研究で金属ではないことがわかると、boron(ボロン)（ホウ素）という名前に変えた。-iumは金属にのみ使われる接尾辞だからである。デーヴィーは、「ホウ素は他のどの物質よりも炭素に似ている」と語っている。

電気分解では微量のホウ素しか得られなかったが、翌年3月、デーヴィーはホウ素をより大量に生産する別の方法を発見した。ホウ酸を鉄または銅の管の中で金属カリウムとともに熱する方法である。

最初にホウ素を作ったのはデーヴィーだったとしても、最初に報告したのは彼ではなかった。ナトリウムとカリウムの同定に成功したデーヴィーは、当時英国と戦争をしていたフランスでも称賛を浴び、ナポレオン・ボナパルトから名誉ある賞を授与された。しかしナポレオンは、フランスの科学者もこうした発見をすることを強く望み、そのためにパリのルイ・ジョゼフ・ゲイ=リュサックとルイ=ジャック・テナールに大型のヴォルタ電池を提供した。彼らもホウ砂など複数の物質を調べはじめ、興味を引くようなものをなかなか抽出できなかったが、ついにはデーヴィーと同じ方法（ホウ酸をカリウムと一緒に熱する）で新元素を手にし、デーヴィーが研究結果を発表した1808年6月30日よりも9日早く、発見を報告した。彼らは新元素を*bore*(ボール)と名付け、フランスでは今もホウ素はその名で呼ばれている。

実を言うと、デーヴィーもフランスのふたりも純粋なホウ素を単離したわけではなく、サンプルには他の元素がおそらく50%ほど含まれていたとみられる。かなり純粋に近いホウ素は、1892年にアンリ・モワッサンが酸化ホウ素とマグネシウム金属を反応させ

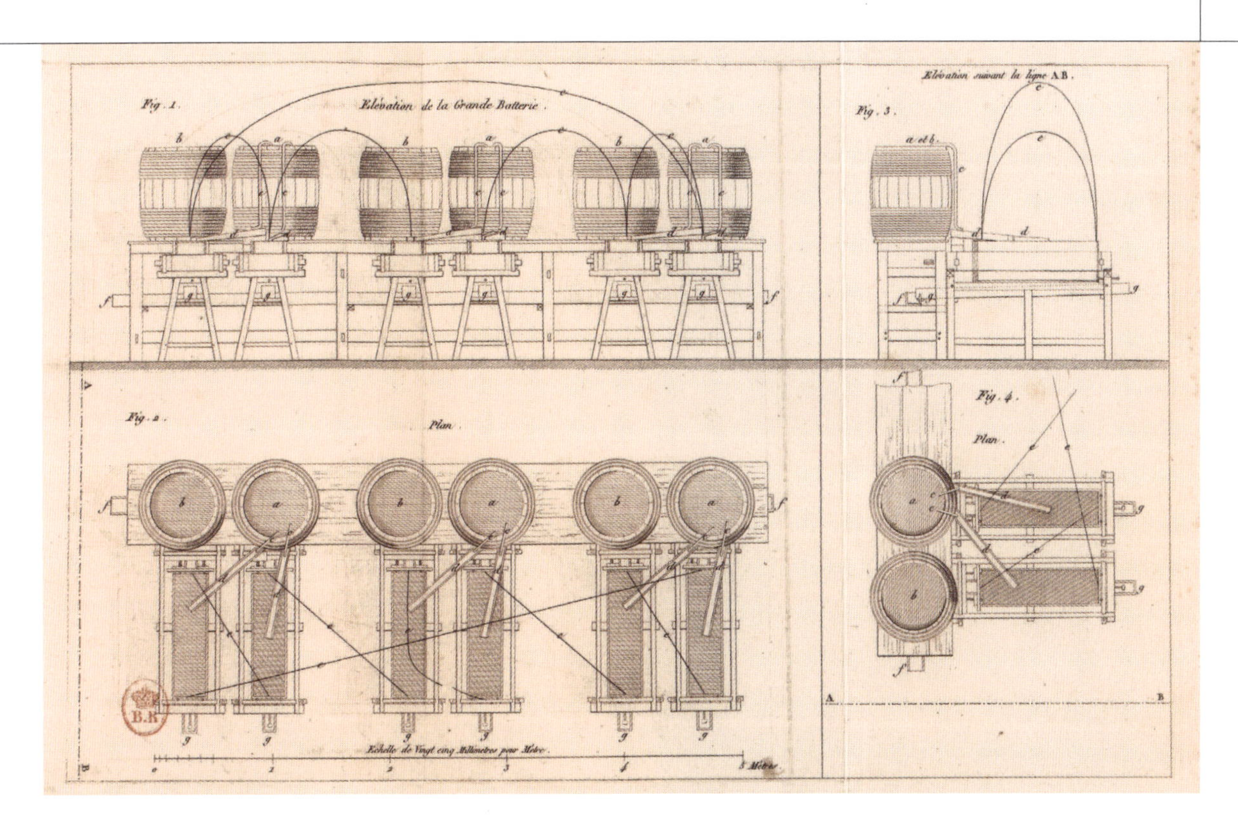

て作ったのが最初である。1911年には米国のゼネラル・エレクトリック社のエゼキエル・ワイントラウブという研究者が、三塩化ホウ素の蒸気と水素にアーク放電を行うことで、さらに純度の高いホウ素を作った。しかし、真に純粋なホウ素が得られたのは1950年代後半になってからである。

デーヴィーが最終的に気付いたように、ホウ素は非金属である。電気を通さず、見た目はくすんだ濃い灰色をしている。ホウ素（boron）はこの上なく退屈な（boring）元素で、名は体をあらわしていると揶揄（やゆ）する化学者もいるが、それは不当な発言だろう。純粋なホウ素は、幅広い結晶構造をとることができる。基本は12個のホウ素原子が正二十面体の形に結合したクラスターで、そのクラスター同士の結びつき方で様々な結晶構造をとるのだ。ホウ素は、最高レベルに硬い物質である炭化ホウ素と窒化ホウ素の構成成分でもある。炭化ホウ素は戦車の装甲や防弾チョッキに使われる。窒化ホウ素はダイヤモンドに次ぐ硬度を持つため、切削（せっさく）・研磨工具の世界で重宝されている。

上： ルイ・ジョゼフ・ゲイ＝リュサックとルイ＝ジャック・テナールがホウ素を取り出すために使用した蒸留装置。彼らの著書『物理・化学研究（*Recherches Physico-Chimiques*）』（1811）より。[National Library of France, Paris.]

右： ゼネラル・エレクトリック社の研究員エゼキエル・ワイントラウブの肖像写真（撮影年不明）。[Williams Haynes Portrait Collection, Box 16, Science History Institute, Philadelphia.]

アルミニウム、ケイ素、ジルコニウム

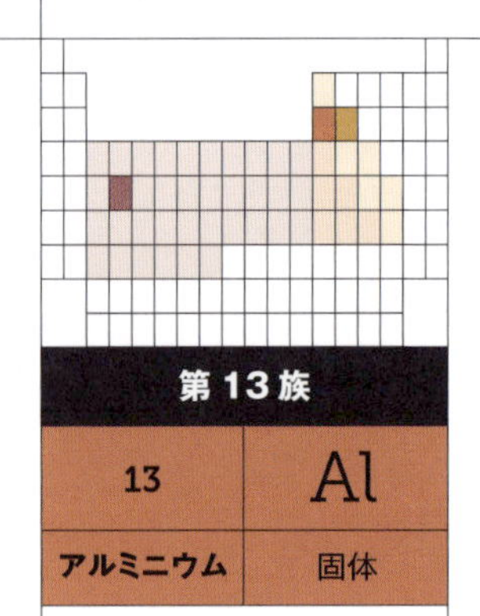

第13族

13	Al
アルミニウム	固体

ポスト遷移金属
原子量:26.98

第14族

14	Si
ケイ素	固体

非金属
原子量:28.09

第4族

40	Zr
ジルコニウム	固体

遷移金属
原子量:91.22

ハンフリー・デーヴィーは、古くから知られていた物質のうち、未知の元素を含む化合物ではないかと疑われていた2種類の鉱物にも目を向けた。それらはアルミナとシリカと呼ばれており（デーヴィーの呼び方ではアルミンとサイレックス）、どちらも、化学者が昔から「土」と認識していた物質だった。アルミナは、古代から染色やなめしに使われてきた塩であるミョウバンと関連があった。シリカ（ケイ石）は砂の主成分で、語源はラテン語で燧石をあらわすsilexである。

デーヴィーはこの2種類の物質を溶融させてから電気分解して元素に分解しようとしたが、望んだ結果にはならなかった。彼は「それらに作用する別の手段を探さねばならなかった」と書いた。そして、白金のるつぼの中でアルミナとカリを混ぜ合わせてから一緒に電気分解したところ、白金電極の片方に「金属物質の膜」ができ、それを酸で分解するとアルミナが再構成された、と報告した。

次に彼は、ホウ酸からホウ素を得た時に使った方法を試した。すなわちシリカとアルミナをそれぞれカリウムの蒸気と混ぜて加熱したのである。シリカの場合は、「金属的な輝きを持たない、灰色っぽい不透明な塊」と「黒鉛に似た黒い粒子」が生成した。アルミナでは、「金属的な光沢を持つ灰色の粒子が多数」現れた。

デーヴィーは慎重で、一足飛びに結論を出そうとはしなかった。彼はどちらも新元素ではないかと疑ってはいたが、確証を得て他者を納得させるには、それらを単離し、化学的挙動を十分に解明する必要があることを知っていた。彼は新元素候補にシリシウムとアルミウムという仮の名前をつけた。彼はまた、ジルコンとして知られる鉱物で同じ実験を行い、もうひとつ新しい金属の可能性を感じる物質（これもやはり未確定）を見つけ、それをジルコニウムと呼んだ。

デーヴィーが言葉を選んで報告したことは賢明だった。シリカから得られた灰色と黒色の粒子が何

右:《科学者ハンス・クリスティアン・エルステッドの肖像》（1832-1833）。C・A・イェンセン作。[Statens Museum for Kunst, Copenhagen.]

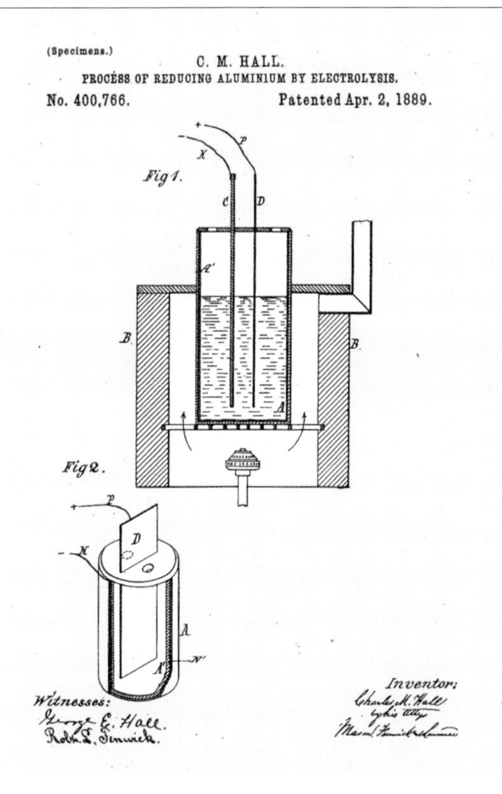

上：チャールズ・ホールが1886年7月9日に出願した「電気分解によるアルミニウム還元法に関する特許」（PN 400,766）。［United States Patent and Trademark Office.］

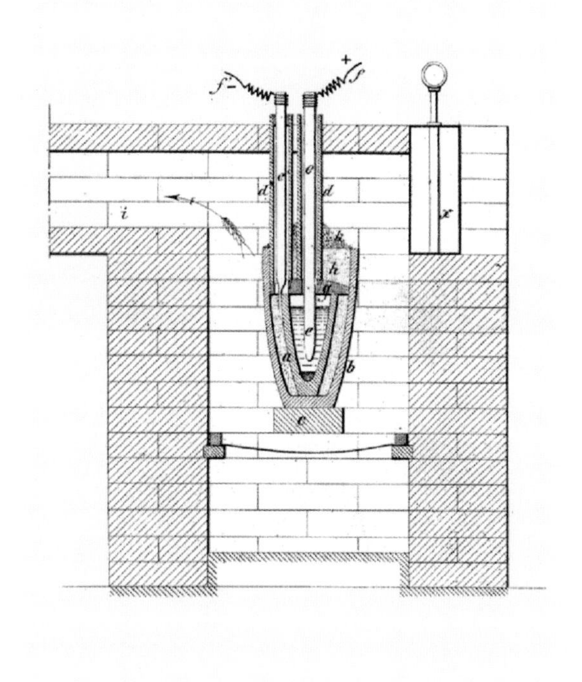

上：ポール・エルーがフランスで1886年に出願したアルミニウムの電気分解に関する特許（PN 175.711）に描かれた、るつぼの図。［European Patents Office.］

だったかは不明だが、少なくとも、純粋な元素ではなかったようだからだ。ゲイ=リュサックとテナールは、1811年にシリカ由来の化合物をカリウム金属と反応させる手法を試みたが、彼らも非常に不純物の多いケイ素以上のものは作れなかったとみられる。比較的純粋なケイ素が初めて作られたのは1823年で、スウェーデンの化学者イェンス・ヤコブ・ベルセリウスがフッ化ケイ素をカリウムとともに熱して灰色の粉末を生成し、それがデーヴィーの推測したシリシウムであると同定した。純粋なアルミニウムが初めて作られたのは、おそらく1825年にデンマークの科学者ハンス・クリスティアン・エルステッドが、三塩化アルミニウムをカリウム蒸気と反応させた時だとみられている。後にドイツのフリードリヒ・ヴェーラーがカリウムアマルガムを使う方法を編み出し、1854年にフランスのアンリ・エティエンヌ・サント=クレール・ドヴィーユがカリウムの代わりにナトリウムを使って大量生産を可能にした。

デーヴィー自身は、アルミウムという名前をアルミニウムに改めた。シリシウムは、彼の予想とは違って金属ではなかったが、半導性という重要な性質を持つことが判明した。ごくわずかしか電気を通さず、加熱するとその導電性が少し増すのである。ベルセリウスの実験に先立つ1817年、スコットランドの化学者トマス・トムソンは、シリシウムが「金属の性質を持つことを示すわずかな証拠もない」と指摘し、carbon（炭素）やboron（ホウ素）と同じ方式でsilicon（ケイ素）と命名すべきだと提案した。

ケイ素は半導性という特徴により、現代のエレクトロニクスにとって、はかり知れない価値を持つ。金属は無差別に電気を通す。しかしケイ素は、結晶格子に不純物（ドーパント）を添加したり、電場を利用したりすることで、流れる電流を精密に制御できる。これは電流のオン・オフの切り替えができるということで、トランジスタと呼ばれる電子スイッチの材料にうってつけなのだ。今日では、ケイ素（シリコン）はほぼすべての超小型電子回路の土台となっている。結晶シリコンの小さな平板（チップ）に微細なスケールでトランジスタを焼き付けることが可能になり、今や親指の爪ほどの大きさのチップに何百万個ものトランジスタが搭載されている。シリコン・トランジスタのサイズは小さくなり続け、チップへの搭載密度はどんどん高まり、コンピューターや携帯用電子機器の処理能力は飛躍的に向上している。

ケイ素は、多くの金属の製錬と同様に、溶融したシリカ（二酸化ケイ素）を木炭やコークスで還元することで工業的に作られる。しかし、半導体に必要な超高純度のケイ素（シリコン）の製造は話が別で、さらに精製して高純度シリコンにした後に、ゾーン精製法と呼ばれる技術を適用する。これは、棒状のシリコンの外側に設置した環状ヒーターをゆっくり動かしてシリコンを帯状に融解させ、純度が高い方が固化しやすいことを利用して不純物を徐々に融解部分に集めて分離する方法である。

一方、アルミニウムは、豊富に得られて強度が高い金属の中で最も軽いことから、理想的な構造材料として利用されている。ケイ素とアルミニウムはともに多くの岩石や鉱物に含まれており、そうした岩石や鉱物の内部で酸素原子と結合して、アルミノケイ酸塩という強い化学結合の結晶ネットワークを形成している。そのため、原理的にはほとんど無尽蔵である。しかし、酸素と容易にかつ強力に結合するため、抽出は困難で、多くのエネルギーを必要とする。アルミニウムの主な鉱石はボーキサイトという鉱物で、主成分は酸化アルミニウムである。それを電気分解して金属アルミニウムを分離するが、ボーキサイトは融解温度が2050℃以上と非常に高いため、融点を下げるために氷晶石（ひょうしょうせき）と呼ばれるアルミニウム塩を混ぜる。この方法は1886年に考案された。元素発見史では別々の場所で同時期に同じ発見が行われることがあるが、これもその例のひとつで、米国オハイオ州のチャールズ・ホールとフランスのポール・ルイ・トゥーサン・エルーの両者が、ほぼ同時期にこの方法を開発し、数週間差で特許を出願した。法廷闘争の末、ホールが米国での権利を、エルーがヨーロッパでの権利を取得した。

右: 米国アーカンソー州で、ボーキサイトを採掘してアルミニウム精錬工場向けに積み出しているところ（1908年）。[Bettmann Archive.]

周期表の誕生

無数の物質で溢れかえる世界を前にした時、人間は秩序を——世界に何らかの構造を持ち込むための体系や分類を——求めたがる。古代の人々が、「基本元素は4つだけ(あるいはもっと少ないかもしれない)で、他のすべてはそれらから作られている」と考えた時も、根底に同じ衝動があったに違いない。しかし、元素の数が増えるにつれ、新しい体系化の原理が必要になった。1789年にアントワーヌ・ラヴォアジエが発表した元素リストでは、気体と流体、金属、非金属、土類という当座の分類が設けられたが、そこには明らかなパターンはなかった。

左: 中年期のドミトリー・メンデレーエフの写真(撮影年不明)。[Edgar Fahs Smith Collection, Kislak Center for Special Collections, Rare Books and Manuscripts, University of Pennsylvania.]

1829年、ドイツの化学者ヨハン・ヴォルフガング・デーベライナーは、その秩序の一端を覗き見られるのではないかと考えた。いくつかの元素は、似た性質を持つ3つが一組になっているように思えた。たとえば、リチウム、ナトリウム、カリウムは「アルカリ金属」、塩素、臭素、ヨウ素は刺激性の強い「ハロゲン」という具合である。1843年にハイデルベルクのレオポルト・グメリンが著した化学の教科書には、このような「3つ組」の元素10組と、4個や5個の元素からなるグループが記載されていた。また1850年代には、英国の化学者ウィリアム・オドリングが、類似性を持つ元素のグループ(たとえば、窒素、リン、ヒ素、アンチモン、ビスマス)をいくつか挙げている。元素は、似た仲間で集まって「一族」を構成しているように見えた。

同じ頃、元素を順番に並べる自然な方法が現れた。原子量、つまり各元素の原子が同じ数あったとした場合の重さに従って並べる方法である。19世紀の化学者たちは原子の数を数えることはできなかったが、イタリアの科学者アメデオ・アヴォガドロが1811年に唱えた「同温、同圧、同体積のすべての気体は同数の原子または分子を含む」という仮説を頼りにした。最も軽い元素は水素で、他の元素はほとんどすべて、水素の原子量の整数倍に近い重さを持っていた。19世紀前半は、たとえば炭素は12倍、酸素は16倍、硫黄は32倍などとされていた(人により、違う考え方もあった)。このことから、1815年に英国のウィリアム・プラウトは、水素は古代ギリシャの第一質料(*prote hyle*、16ページ参照)のような、他のすべてのも

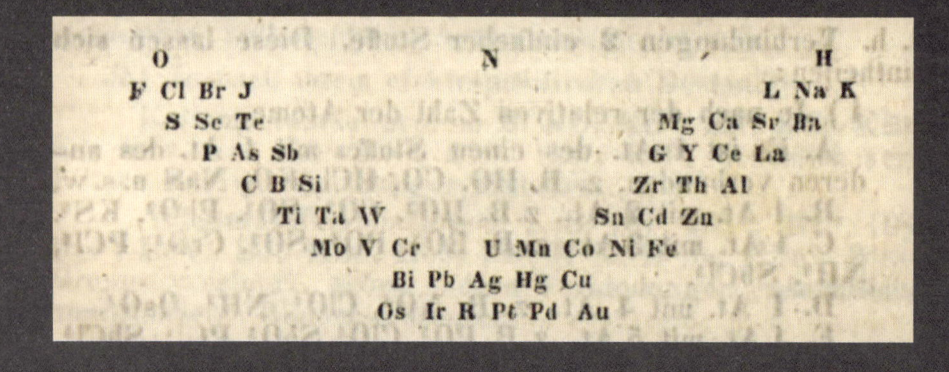

左: 性質の似た元素の「3つ組」およびその他のグループ分け。レオポルト・グメリン『化学ハンドブック(*Handbuch der Chemie*)』(1843)より。[Bavarian State Library, Munich.]

Естественная система элементовъ Д. Менделѣева.

Высшій окиселъ образующій соли:	Группа I. R²O	Группа II. R²O² или RO	Группа III. R²O³	Группа IV. R²O⁴ или RO² RH⁴	Группа V. R²O⁵ RH³	Группа VI. R²O⁶ или RO³ RH²	Группа VII. R²O⁷ RH	Группа VIII. (переходъ къ I) R²O⁸ или RO⁴			
	H=1										H=1 HX
Типичес. Рядъ	Li=7	Be=9,4	B=11	C=12	N=14	O=16	F=19				
Рядъ 1.	Na=23	Mg=24	Al=27,3	Si=28	P=31	S=32	Cl=35,5				
Рядъ 2.	K=39	Ca=40	?44=Eb?	Ti=48(50?)	V=51	Cr=52	Mn=55	Fe=56	Co=59	Ni=59	Cu=63
Рядъ 3.	Cu=63	Zn=65	?68=El?	?72=Es?	As=75	Se=78	Br=80				
Рядъ 4.	Rb=85	Sr=87	?88=Yt?(92)	Zr=90	Nb=94	Mo=96	100	Ru=104	Rh=104	Pd=106	Ag=108
Рядъ 5.	Ag=108	Cd=112	In=113	Sn=118	Sb=122	Te=125(?128?)	I=127				
Рядъ 6.	Cs=133	Ba=137	?138=La?=Di?(144)	Ce=140(138?)	142	146	148	150	151	152	153
Рядъ 7.	153	158	160	162	164	166	168				
Рядъ 8.	175	177	?171=Er?(169)	?180=Di?=La(187)	Ta=182	W=184	190	Os=193 (199?)	Ir=195 (198?)	Pt=197	Au=197
Рядъ 9.	Au=197	Hg=200	Tl=204	Pb=207	Bi=208	210	212				
Рядъ 10.	220	225	227	Th=231	235	U=240	245	246	248	249	250

* Тѣло твердое, малорастворимое въ водѣ.
∧ Тѣло газообразное или летучее.
M=K, Ag.... M²=Ca, Pb .....
X=Cl,ONO²,OH,OM.....X²=SO⁴,CO³,O,S.....

上: それぞれの元素群を縦に並べるという、今の周期表に似た形で発表された最初の周期表。ドミトリー・メンデレーエフ『化学の原理（*Основы химіи*）』（第2版、1871）より。[Science History Institute, Philadelphia.]

のを生み出すもととなる一種の根源的物質なのではないかと示唆した。（後述するように、彼は大筋では正しかった）。

1860年のカールスルーエ国際会議で、イタリアのスタニズラオ・カニッツァーロが、アヴォガドロの説を基にした原子量（水素を1とした相対質量）の改良版リストを発表した。そのリストを見たドイツの化学者ユリウス・ローター・マイヤーは、「目からうろこが落ちたようだった」と述べた。彼は、元素を表に並べれば、元素の並び順と、元素を「族」に分類して捉える考え方を組み合わせることが可能だと気付いた。原子量は左から右へ、上の行から下の行へと順番に大きくなり、族は縦の列として表示できる。彼はこの方法を1864年の教科書『現代化学理論』で発表した。

同じ発想をした者は他にもおり、オドリングも同年に似たような形式を提案している。英国の化学者ジョン・ニューランズは、原子量に従って並べた元素のリストには「周期があるように」見えると指摘した。ある元素が、8つ先や16個先の元素と共通の性質を持っているということである。しかし、ニューランズが1866年に、音階におけるオクターブに似たものとしてその考え方を提示すると、こじつけだと嘲笑された。

いわゆる元素周期表の「公式の」発見は、サンクトペテルブルク大学で研究していたロシアの化学者ドミトリー・メンデレーエフ（1834-1907）が1869年に発表した時とされている。しかしその数年前にはすでに、類似の考え方が（賛否両論があったにせよ）かなり確立されていたことはほとんど疑いない。

今日から見ると、メンデレーエフの発見には、よくできた物語が付随しているという強みがある。西シベリアのトボリスクという遠隔の地の出身で、仙人のような長い髪と髭を蓄えたメンデレーエフは、カニッツァーロが改良した原子量リストに秩序を見出そうと考え、各元素をカードに書

	4 werthig	3 werthig	2 werthig	1 werthig	1 werthig	2 werthig
	—	—	—	—	Li = 7,03	(Be = 9,3?)
Differenz =	—	—	—	—	16,02	(14,7)
	C = 12,0	N = 14,04	O = 16,00	Fl = 19,0	Na = 23,05	Mg = 24,0
Differenz =	16,5	16,96	16,07	16,46	16,08	16,0
	Si = 28,5	P = 31,0	S = 32,07	Cl = 35,46	K = 39,13	Ca = 40,0
Differenz =	$\frac{89,1}{2}$ = 44,55	44,0	46,7	44,51	46,3	47,6
	—	As = 75,0	Se = 78,8	Br = 79,97	Rb = 85,4	Sr = 87,6
Differenz =	$\frac{89,1}{2}$ = 44,55	45,6	49,5	46,8	47,6	49,5
	Sn = 117,6	Sb = 120,6	Te = 128,3	J = 126,8	Cs = 133,0	Ba = 137,1
Differenz =	89,4 = 2.44,7	87,4 = 2.43,7	—	—	(71 = 2.35,5)	—
	Pb = 207,0	Bi = 208,0	—	—	(Tl = 204?)	—

上： ユリウス・ローター・マイヤーの周期表。彼の著書『現代化学理論（*Die Modernen Theorien der Chemie*）』（1864）より。［Wellcome Collection, London.］

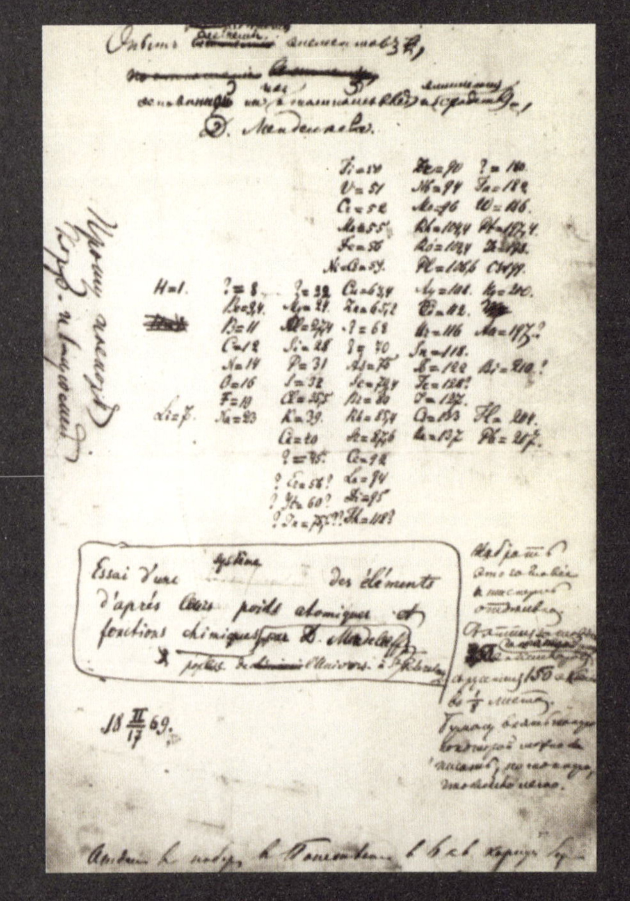

左： ドミトリー・メンデレーエフの最初の元素周期体系の原稿。1869年2月17日。［Science Museum Library, London.］

いてトランプ占いのように並べたと言われている。1869年2月17日、思うような結果が得られずに疲れ果てた彼は、書斎で居眠りした。

「夢の中で、すべての元素がしかるべき場所に収まった表を見た」と彼は後に語ったと伝えられている。目覚めた彼は、急いで夢の内容を書き留め、2週間後に「元素の体系の提案」を発表した――という物語である。しかし、科学史家たちは、この話の信憑性には懐疑的である。「夢」の話は、40年後にメンデレーエフの同僚が語った内容が出どころである。メンデレーエフは、元素の「族」に関する他の人々のアイディアをすでに知っていたに違いない。

しかし、彼の説は完璧ではなかった。似た化学的挙動をする元素が同じグループに入るように辻褄を合わせるため、彼はいくつか勝手な改変をした。たとえば、一般に認められている化学式（化合物の元素の組み合わせの比率）の一部について、間違っていると主張したのである。ただしそれは、彼が不正をしたということではない。逆にメンデレーエフの物語は、科学の世界において、優れ

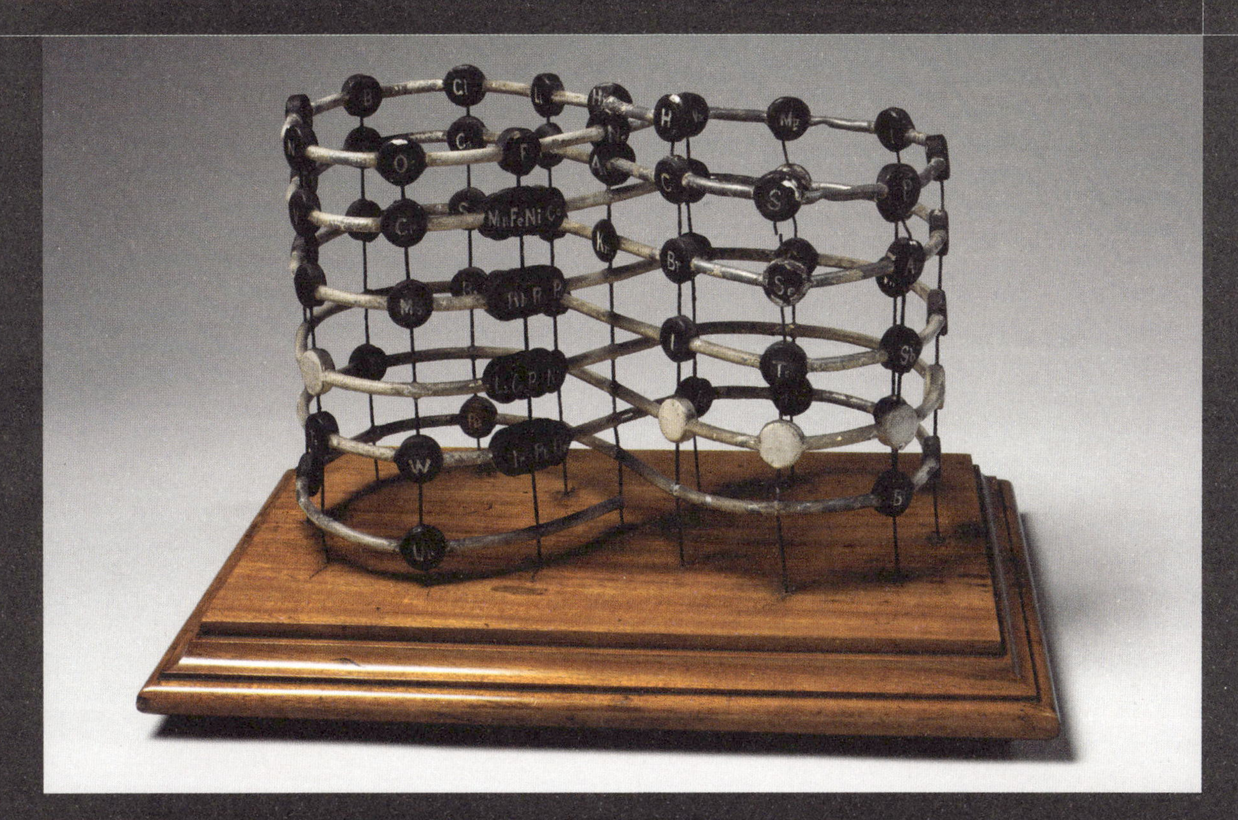

上: ウィリアム・クルックス（176ページ参照）が周期表の説明のために作った螺旋型模型。1888年。[Science Museum, London.]

たアイディアはたとえ実験で得られた証拠と一致しないように見えても主張し続けるに値することを示している。

マイヤーは1868年に大体同じ周期表を作成していたが、1870年まで発表しなかった。そのため、マイヤーが「自分が先だ」と主張したにもかかわらず、周期表を作ったのはメンデレーエフだとされる傾向にある。しかし、メンデレーエフが作成者とされている理由は、幸運なタイミングだけではない。彼は鋭い洞察力で、表が正しく機能するように各元素を配置するにはいくつかの空白を残さねばならないことを見抜いていた。実質的に、その空白に入る未発見の元素が存在するという予測である（マイヤーも空白を残したが、それを予測として確立するには至らなかった）。これらの予測が実証されはじめると、ようやくメンデレーエフの周期表は広く注目されだした。

予言された元素で最初に見つかったのはガリウムで、フランスの化学者ポール=エミール・ルコック・ド・ボアボードランが1875年に発見した。原子量は69.86で、メンデレーエフが「エカアルミニウム」（予想原子量68）と仮称した、アルミニウムの真下の空欄にぴったりはまった。1879年と1886年には、「エカホウ素」「エカケイ素」として予言された元素も発見され、それぞれスカンジウム、ゲルマニウムと命名された。

周期表の空欄が埋まっていくにつれ、その周期性はかなり複雑であることが明らかになった。リチウムから塩素までの2行は8種類のパターンにうまく分かれているが、それ以降は鉄、ニッケル、銅などの遷移金属によって周期が分断される。なぜ周期表がそういう形になるのかは、ずっと謎であった。謎が解けるのは原子の内部構造が解明されてから、つまり20世紀初頭に亜原子粒子である電子と陽子の存在が明らかになってからである。元素の化学的性質の周期性は、その性質を司る電子が原子核の周りの軌道にどのように配列されているかによって生じる。この事実は、1900年代から1930年代にかけての量子力学理論の構築によって初めて説明された。周期表の形には、原子の構造がどうなっているかという、最も深遠な原理が隠されているのである。

166-167ページ: 斬新な周期表。エドガー・ロングマンが1951年のフェスティバル・オブ・ブリテンの科学展のためにデザインした壁面展示（2004年にフィリップ・ステュアートが絵として再現）。

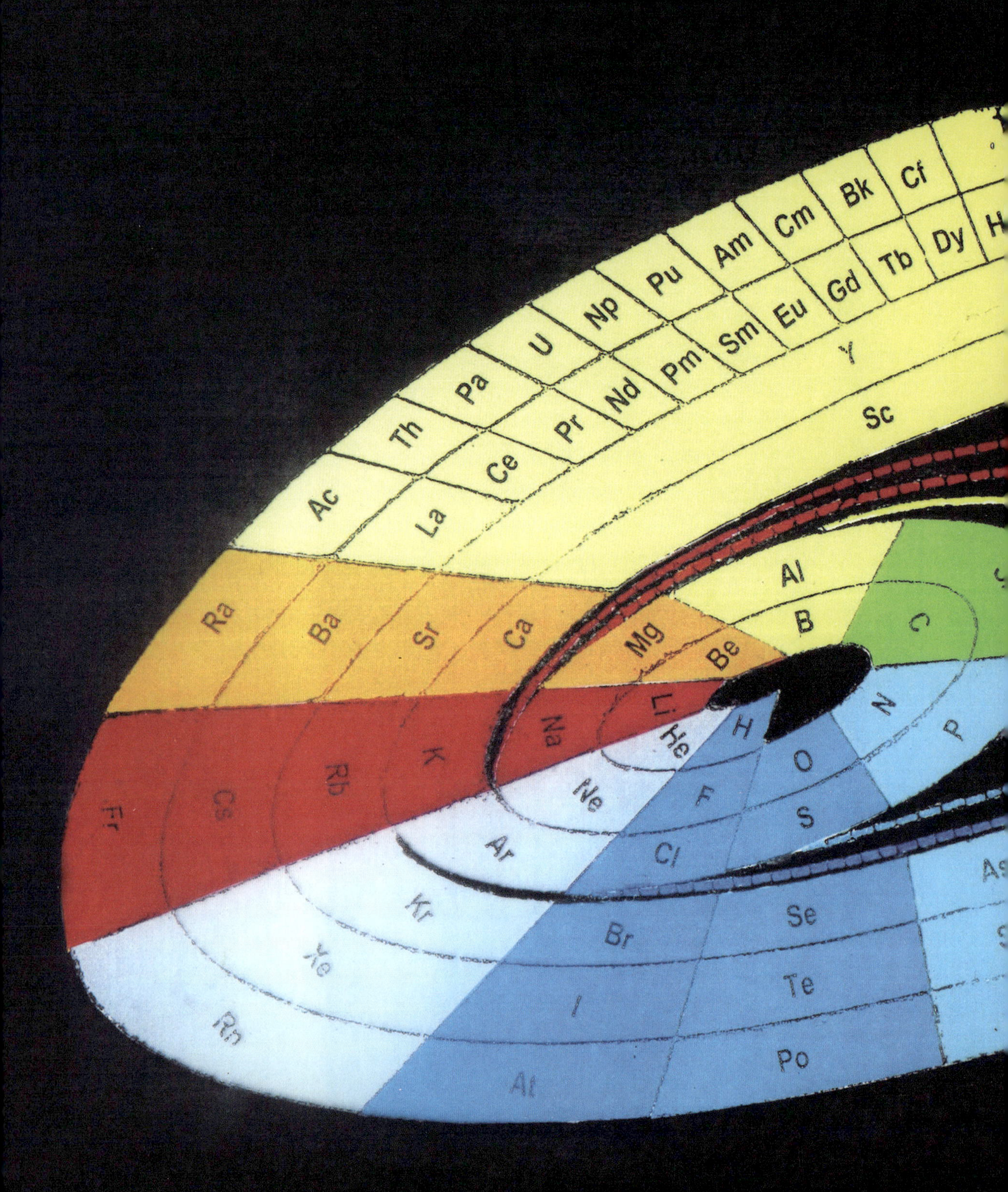
Ac
Th
Pa
U
Np
Pu
Am
Cm
Bk
Cf
La
Ce
Pr
Nd
Pm
Sm
Eu
Gd
Tb
Dy
Y
Sc
Al
B
C
Ra
Ba
Sr
Ca
Mg
Be
Fr
Cs
Rb
K
Na
Li
He
H
N
O
P
Ne
F
S
Ar
Cl
Kr
Br
Se
Xe
I
Te
Rn
At
Po

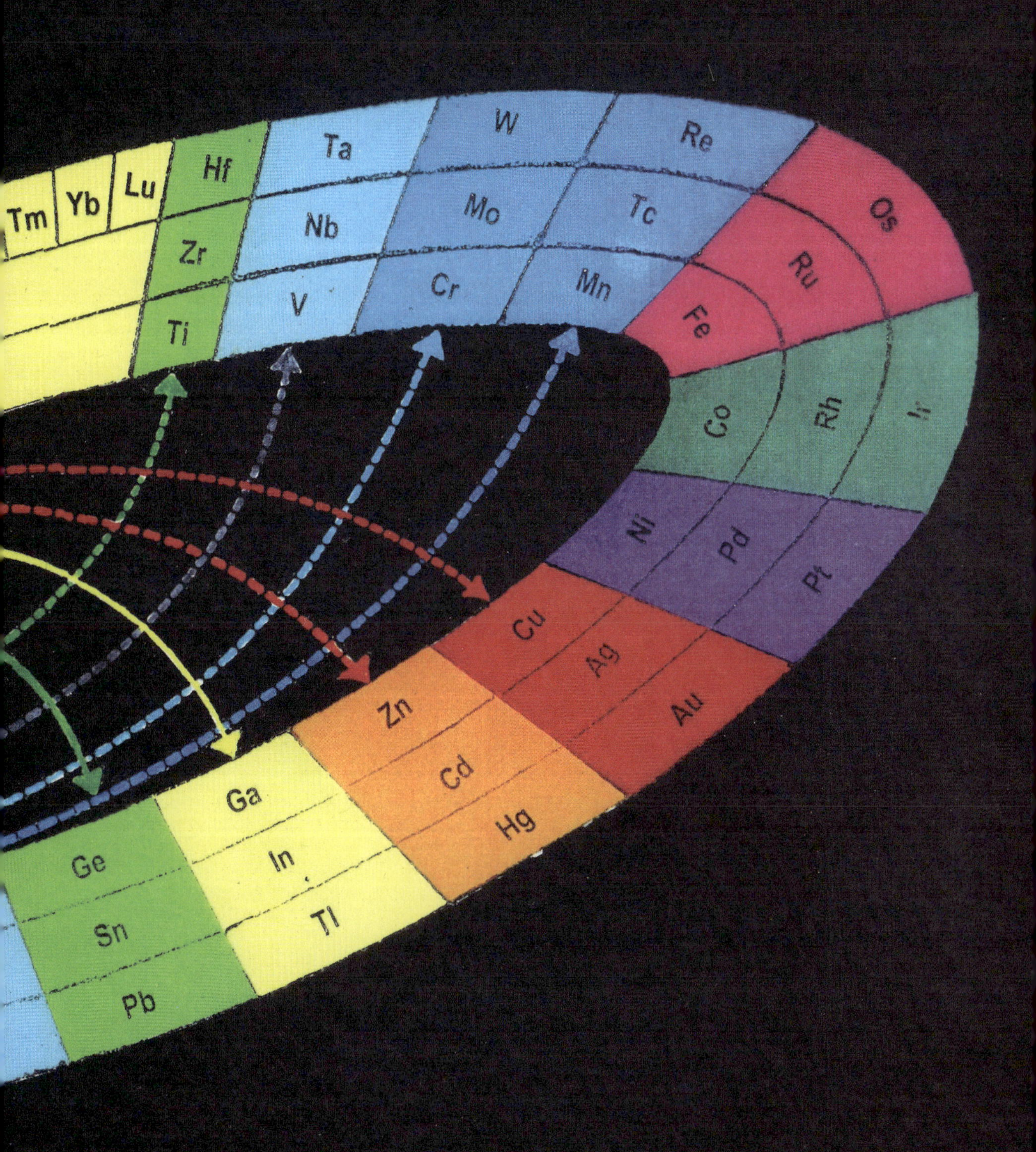
Tm
Yb
Lu
Hf
Zr
Ti
Ta
Nb
V
W
Mo
Cr
Re
Tc
Mn
Os
Ru
Fe
Co
Rh
Ir
Ni
Pd
Pt
Cu
Ag
Au
Zn
Cd
Hg
Ga
In
Tl
Ge
Sn
Pb

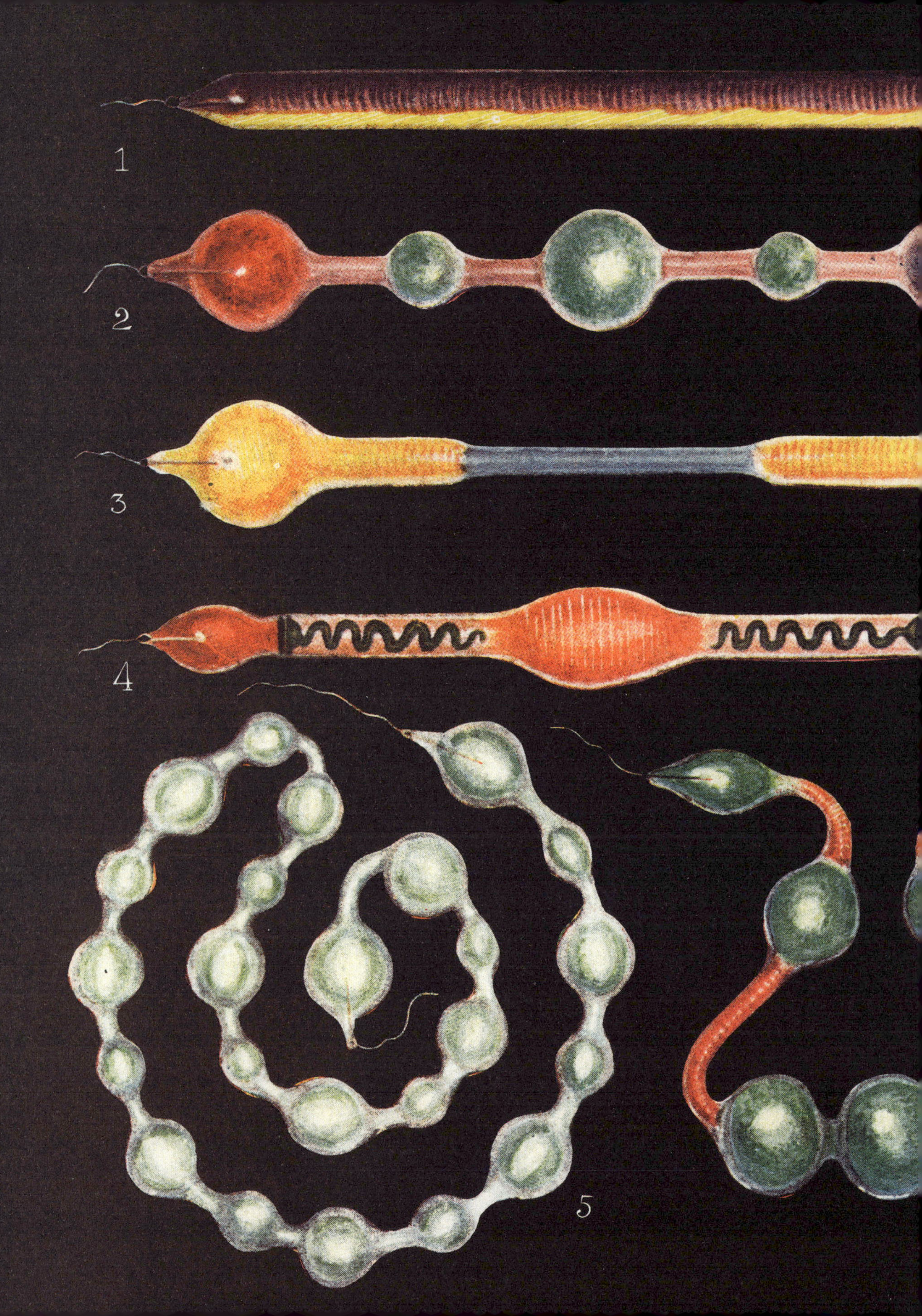
1
2
3
4
5

第7章

放射線の時代

左:「希薄気体中の放電」。教育用百科事典『ニュー・ポピュラー・エデュケーター（*The New Popular Educator*）』（1880）より。

放射線の時代

1858
敷設されたばかりの海底ケーブルを使って、初めて大西洋をまたいだ電信通信が行われる。

1861-1865
アメリカ合衆国と、そこから分離独立した南部連合の間で、南北戦争が戦われる。

1865-1877
米国の再建。合衆国憲法修正第13条により奴隷制が廃止される。

1876
アレクサンダー・グラハム・ベルが、初めて電話での通話に成功。

1879
トマス・エジソンが最初の電球をテストする。

1890頃
ヨーロッパと北米で自転車の人気が急速に高まる。

1903
マリーとピエールのキュリー夫妻がノーベル物理学賞を受賞。ライト兄弟が世界で初めてモーター駆動の飛行機での飛行に成功。

1914
オーストリアのフランツ・フェルディナント大公がサラエヴォで暗殺され、第1次世界大戦が勃発。この戦争は1918年まで続く。

1917
ロシア革命により帝政ロシアが滅亡。1922年末に、ボリシェヴィキの支配するソヴィエト社会主義共和国連邦(USSR)が成立する。

アリストテレスが「天界を構成する第五元素」としたエーテルは、自然哲学から完全に消え去ってはいなかった。19世紀半ばになると、光を伝える媒質である「光のエーテル」という新たな装いで、再び脚光を浴びる。

光はそれまで常に議論の的であった。17世紀末のアイザック・ニュートンにとって光は粒子の流れで構成されるものだったが、ライバルのロバート・フックは、光は波動であると主張した。フックは1672年に、光は「均質で均一で透明な媒質を通して伝えられるパルスまたは動きにほかならない」と書いている。アントワーヌ・ラヴォアジエは、1789年の著書に載せた元素リストに、性質を特定することなく「光」を含めた。しかし、主流になったのはフックの見解であった。1800年代初めに英国の博学者トマス・ヤングは、間隔の狭い2つのスリットを通過する光線が互いに干渉し、明暗の帯のパターンを作り出すことを実証した。この現象が起こるには、光が波としての性質を持っていなければならないように思われた。しかし、フックが言ったように、波にはそれを運ぶ媒質が必要である。そこで、その役を果たすために復活したのがエーテルだった。エーテルは宇宙にあまねく浸透し、目に見えず、大きさや重さを量るには希薄すぎると考えられた。

1860年代に、スコットランドの科学者ジェームズ・クラーク・マクスウェルがその仕組みに説明を与えた。彼は、電場と磁場の乱れが空間を光速で伝わることを示し、これが光の正体なのではないかと考えた。つまり、光は電磁振動であり、ちょうど音波が空気中を伝わるのと同じように、電場と磁場を支えるエーテル媒質の中を伝わるとしたのである。真空の宇宙の中でも、エーテルが光を運ぶとされた。「惑星間や恒星間の広大な領域は、もはや宇宙の無駄な場所とはみなされなくなる(…)。〔宇宙空間は〕星から星へと途切れることなく広がっているこの素晴らしい媒質ですでに満たされていることが、いずれ判明するだろう」とマクスウェルは書いている。

マクスウェルは1864年に、これらの電磁波を記述する一連の方程式を示した。その理論が電磁波の波長と周波数に制限を設けていないことは明白であった。可視光の波長は当時も測定可能で、(現在の単位で)

右: ジェームズ・クラーク・マクスウェル。G・J・ストダートによるエッチング。1881年。[Wellcome Collection, London.]

約400ナノメートル〔1ナノメートルは10億分の1メートル〕の紫色光から約700ナノメートルの赤色光までであった。だが、理論上、電磁波の波長は可視光領域より長くも短くもなりうる。可視光より波長の長い赤外線は1800年に天文学者ウィリアム・ハーシェルが発見していた。それよりずっと波長の長い（おそらく数メートルから数キロの）振動は、1887年にドイツの物理学者ハインリヒ・ヘルツによって検知され、電波として知られるようになった。そのわずか9年後には、イタリアの発明家グリエルモ・マルコーニが、電波の到達距離が長いことを利用して、発信元からはるか遠くの検出装置までメッセージを送信してみせた。1892年に英国の化学者ウィリアム・クルックスは、電波は「電線も電柱もケーブルもその他の高価な電気器具も不要の」電信に使えると書いた。その20～30年前に、莫大な費用をかけ、困難な作業の末に大西洋の海底に電信ケーブルが敷設されていた。しかし今や、メッセージは、文字通りエーテルを通して簡単に送ることができる――ほとんどの科学者は本気でそう考えた。1901年、マルコーニはイングランド西部のコーンウォールからカナダのニューファンドランドまで無線で信号を送った。

波長が可視光より短い電磁波も存在した。可視光の紫色領域より少し外にある紫外線は、すでに1801年から知られていた。その年に、ドイツの科学者ヨハン・ヴィルヘルム・リッターが、この「目に見えない」光をプリズムで分離して銀塩に当て、可視光の場合と同じように銀塩が黒くなることを発見したのである（数十年後に、こうした銀塩感光プロセスに基づいて写真が誕生する）。しばらくの間、紫外線が普通の光と同じ性質のものかどうかについて議論が戦わされた。しかし、マクスウェルの理論によってその問題には説明がついた。1895年、ドイツの物理学者ヴィルヘルム・レントゲンは、写真の乳剤を黒く感光させる別の種類の目に見えない放射を発見し、それをX線と名付けた。X線は可視光線と比べて波長が数百分の1という短さの電磁波であった。

19世紀末には、世界には目に見えない光線があまねく射し込んでいるように見えた。それらの光線の多くを明らかにしたのは、写真であった。そのなかには、フランスの物理学者プロスペル＝ルネ・ブロンロが1903年に提唱したN線のように想像の産物であることが証明されたものもあれば、ウラン塩から出ていることが判明した謎の「ウラン光線」（100ページ参照）や、宇宙から飛来する宇宙線のように、20世紀初頭の科学における重要な発見の先触れとなるものもあった。他方、一部の科学者は、これらの光線を「奇跡に似た」性質を持つものとして受け取った。クルックスは、マクスウェルのエーテルは大西洋を越えて信号を伝えるだけでなく、死者と交信する交霊会を開いている霊媒たちのチャネリングの際に、現世と霊界の間でメッセージを伝えている可能性もあると主張した。

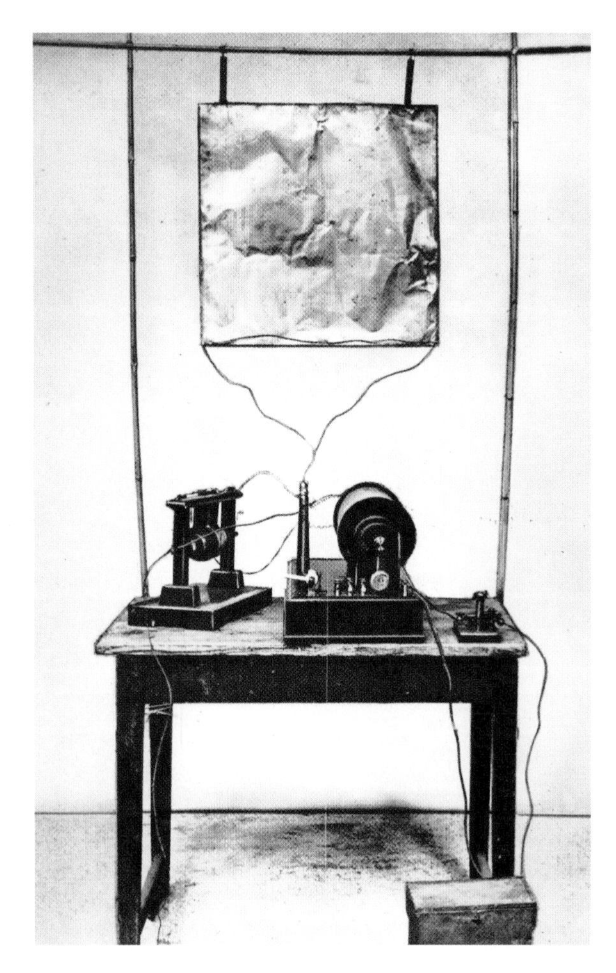

上: グリエルモ・マルコーニが1895年8月に作った初の無線送信機を再現したもの。[*Radio Broadcast magazine*, New York: Doubleday, Page & Co., 1926, Vol. 10.]

19世紀末の輝かしき“放射の世界”では、何でもありうるように思われた。

セシウム、ルビジウム

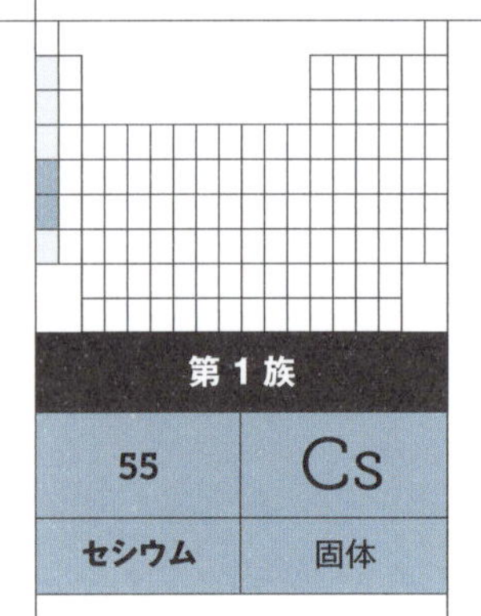

第1族	
55	Cs
セシウム	固体

アルカリ金属
原子量:132.9

第1族	
37	Rb
ルビジウム	固体

アルカリ金属
原子量:85.47

ヴィクトリア朝末期、元素を発見するための新しい方法が考案された。その方法を使えば、研究者はもはや、新元素を「目に見えて手で扱えるだけの量」分離・精製する必要がなかった。新たな方法は、各元素が狭い幅の波長域でそれぞれ固有の色の光を吸収したり放出したりすることを利用していた。現在では分光法と呼ばれている。

この手法は1859年に、物理学者グスタフ・キルヒホフと化学者ロベルト・ブンゼンというふたりのドイツ人によって開発された。ブンゼンは、いろいろな金属元素を炎で加熱すると、元素ごとに特徴的な色の光を発することを知っていた。これは、化合物の中に何の元素が含まれているかを調べる時に役立つ。しかしキルヒホフとブンゼンは、炎の色を肉眼で観察するかわりに、分光器という装置を考案した。アイザック・ニュートンが太陽光を虹色のスペクトルに分けたように、プリズムを使って光を波長ごとに分ける装置である。太陽光にはスペクトルのすべての色が含まれている。それに対して、ブンゼ

左: 左からグスタフ・キルヒホフ、ロベルト・ブンゼン、化学者ヘンリー・ロスコー。1862年、エメリー・ウォーカー撮影。ロスコーの自伝『ヘンリー・エンフィールド・ロスコー卿の半生と実験（*The Life & Experiences of Sir Henry Enfield Roscoe…Written by Himself*）』（1906）より。[Science History Institute, Philadelphia.]

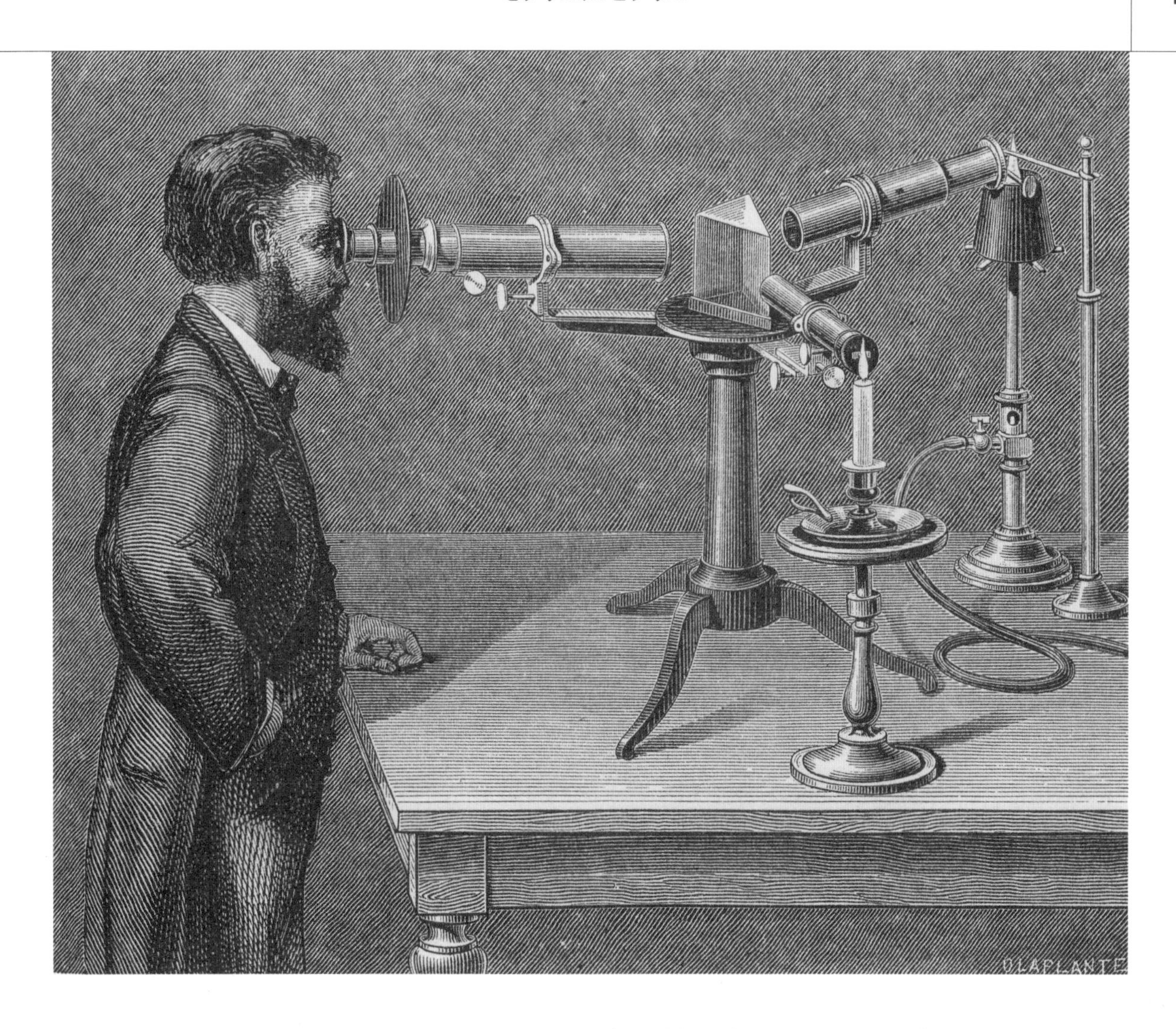

上: 19世紀の分光器。ハインリヒ・シェレンの『スペクトル分析:地上物質および天体の物理的構造への応用(*Spectrum Analysis in Its Application to Terrestrial Substances, and The Physical Constitution of the Heavenly Bodies*)』(1872)より。[Science History Institute, Philadelphia.]

ンが開発したバーナーのガス炎の中で高温になった金属原子から発せられるさまざまな色の光には、元素ごとに特有の波長の光が含まれ、特徴的な明るい帯(輝線)として――固有の「線スペクトル」として――現れることを彼らは示した。この技術は非常に感度が高く、微量の金属塩でも、何の元素が含まれているかを割り出せるフィンガープリント(指紋)スペクトルを作り出すことが可能であった。

キルヒホフとブンゼンは多種多様な物質を炎の中に入れ、分光器を使って固有のスペクトルの輝線を探して、その物質の中にどんな金属が含まれているかを調べた。彼らは鉱物や鉱水を研究し、ナトリウム、カリウム、カルシウム、鉄などの元素が含まれていることを探り当てた。

分光器は、ある物質が既知のどの金属を含んでいるかを知るための分析手段となるだけではなかった。もしも既知の元素のスペクトルのどれとも一致しない輝線が現れたら、そこに未知の金属が存在することが明らかになる。1860年、キルヒホフとブンゼンは、天然の鉱泉水を蒸発させた後の残留物のスペクトルに、既知の元素のものとは一致しない青い輝線を何本か見つけた。彼らはそれを、リチウム、ナトリウム、カリウムと同族(つまりアルカリ金属)の新元素のスペクトルではないかと疑った。翌年までに、彼らは膨大な量の鉱泉水からこの元素の塩を微量抽出することに成功し、その塩のスペクトルに「互いに近接した2本の見事な青い線」が見られることを確認した。彼らは、新元素を発見したと主張してもよいだろうと判断した。

赤い輝線

キルヒホフとブンゼンは、「その元素の白熱した蒸気が放つ明るい青色の光から、ラテン語で晴れた空の青を示す際に使われる*caesius*（カエシウス）に由来するセシウム（caesium）という名を提案することにした」と記した（米国英語ではcesiumと綴られるが、IUPAC（アイユーパック）〔国際純正・応用化学連合〕の表記はcaesium）。セシウムは実際にアルカリ金属である。

ふたりはそこで止まらなかった。次にザクセン産のレピドライトという鉱物を研究して新しい塩（えん）を抽出し、それが紫、赤、黄、緑の部分に未知の輝線を持つことを発見した。このうち、赤色領域の線が最も目立っていたため、彼らは深い赤色を意味するラテン語から、ルビジウム（rubidium）という名前を提案した。ルビジウムもアルカリ金属であるが、かなり希少で反応性が高いため、純粋な形で取り出されたのはようやく1928年になってからである。

下: リース・ルイス（animate4.com）によるルビジウム-セシウム分光のアニメーションのひとコマ。2016年。ともに水溶性のセシウムイオン（Cs^+）とルビジウムイオン（Rb^+）が、炎色反応試験で特徴的な青紫色と赤色の光を放ち、発光スペクトルも示されている。

右ページ: ロベルト・ブンゼンとグスタフ・キルヒホフの「アルカリ金属とアルカリ土類金属のスペクトル」。『スペクトル分析（*Spectrum Analysis*）』（1885）より。一番上は太陽光のスペクトル。[Science History Institute, Philadelphia.]

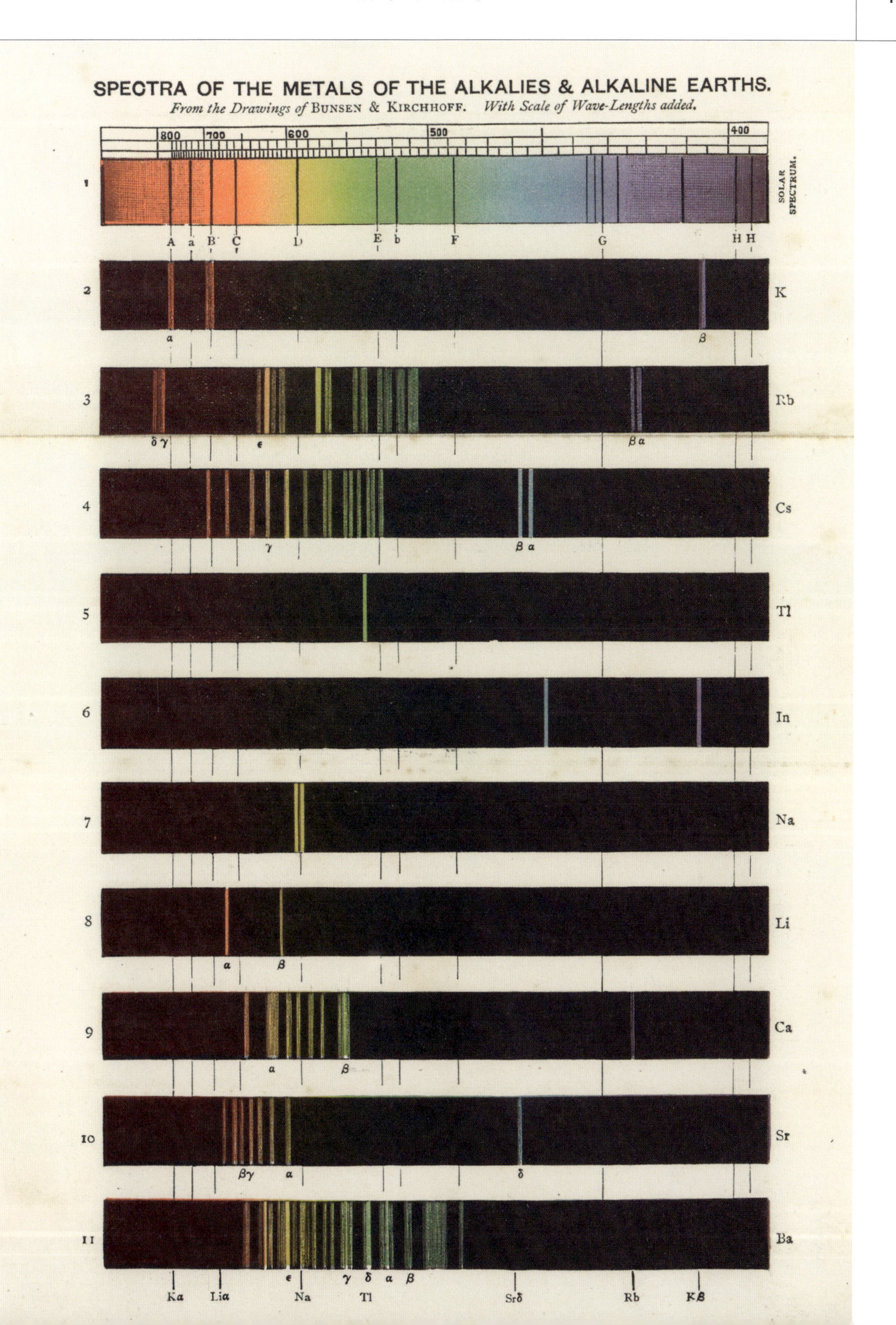
SPECTRA OF THE METALS OF THE ALKALIES & ALKALINE EARTHS.
From the Drawings of BUNSEN & KIRCHHOFF. With Scale of Wave-Lengths added.
800
700
600
500
400
SOLAR SPECTRUM.
A a B C D E b F G H H
K
Rb
Cs
Tl
In
Na
Li
Ca
Sr
Ba
Ka Liα Na Tl Srδ Rb Kβ

タリウム、インジウム

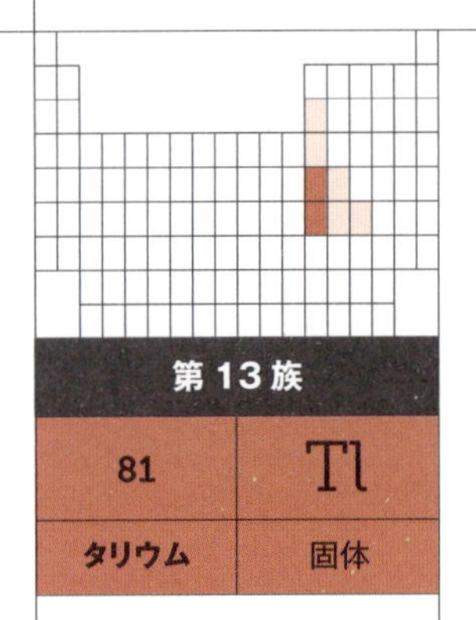

第 13 族

81	Tl
タリウム	固体

ポスト遷移金属
原子量:204.4

第 13 族

49	In
インジウム	固体

ポスト遷移金属
原子量:114.8

ウィリアム・クルックスは、ヴィクトリア朝の英国科学界で最も華やかに彩られた人物のひとりだった。彼の業績は幅広く多彩である。王立化学大学で学んで化学分野の研究に従事する一方、1859年から『ケミカル・ニュース』という雑誌を発行・執筆し、写真という新しい技術に強い関心を抱き、公衆衛生から金の採掘まで広範なテーマについて執筆した。スピリチュアリストの世界でも活発に活動した。表向きは懐疑主義者を装い、本物の「霊による現象」と詐欺とを見分けるために科学的技法を使うよう提唱していたが、どちらかといえば霊媒の主張に騙されて、霊媒には死者の霊と交信して霊の顕現を誘導する力があると信じていた。

そうした怪しげな方面への情熱を持ちながらも、クルックスは科学者として高く評価されていた。1898年には英国学術振興協会の会長に就任し、その前年にはナイトの爵位を授けられている。

クルックスの名声の大部分は、グスタフ・キルヒホフとロベルト・ブンゼンが開発したタイプの分光器を使って彼が新元素を発見したことによるものだった。彼は、分光器によって「発見されるのを待っている」新元素が多数あることを確信して、ロンドンの自宅に作った実験室で研究を行っていた。1861年初め、彼は共同研究者のチャールズ・ウィリアムズに、「〔未知の元素の〕疑いがあるスペクトルを、すでにいくつも目にした」と語った。彼は手に入るものをすべて調べた。そのなかには、普通は研究対象にされそうもない物質も含まれていた。それは、硫酸を工業的に製造する際に出る汚泥状の残渣である。この残渣には、天然の硫黄によく混じっているセレンという元素が含まれていることが知られていた。残渣を分光器にかけたクルックスは、これまで知られていない緑色の輝線——新元素のしるし——を発見して、目を輝かせた。

キルヒホフとブンゼンが新発見の金属元素にスペクトル線の色から名前を付けたことを知っていた彼は、ギリシャ語で芽吹く小枝を意味するθαλλός(タロス)に由来するタリウム(thallium)という名前を提案した。「タリウムのスペクトルが見せてくれる緑色の線は、今の

右: 研究室でのウィリアム・クルックス。1890年代。[Wellcome Collection, London.]

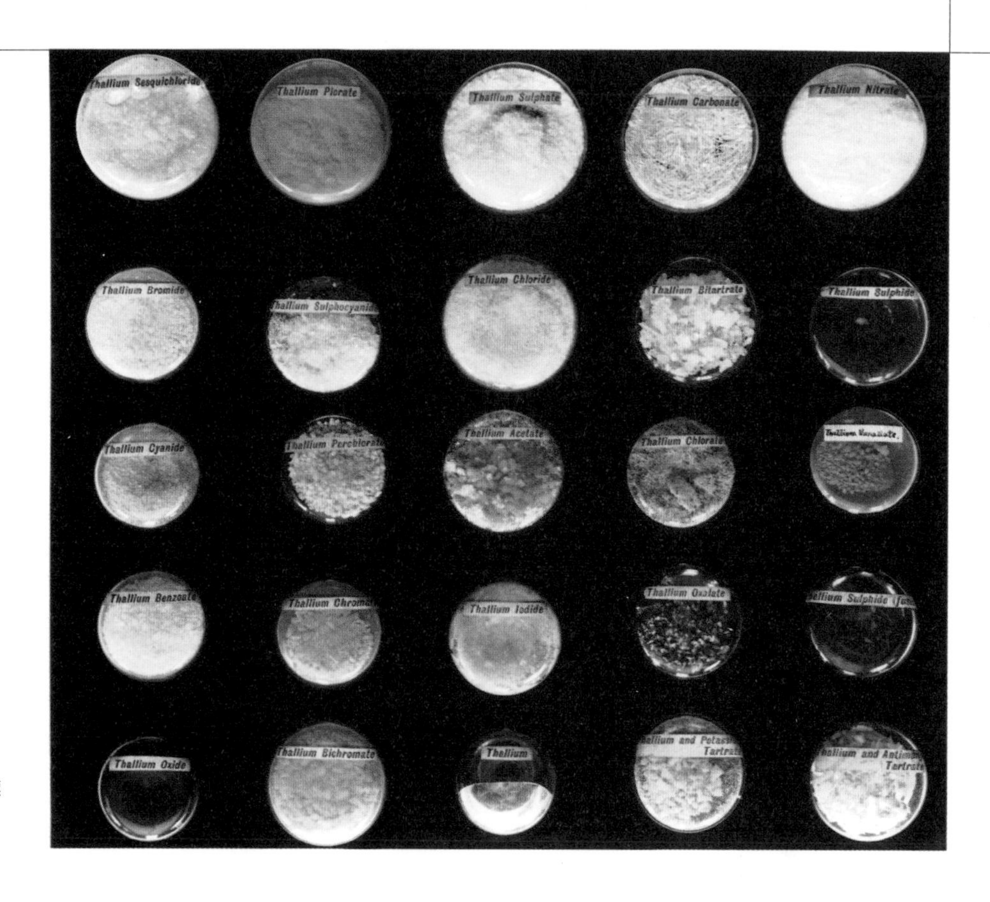

右: ウィリアム・クルックスによるタリウムの発見を示す標本。1862年頃。[Science Museum, London.]

時期の植物の伸び伸びとした色あいを鮮烈に思わせる」とクルックスは書いている（ちょうど、時は春だった）。

しかし問題は、それだけで新元素の主張が認められるのかということだった。当時の化学者の多くは、元素リストに追加する前に、純粋な形態のその元素を、化学的性質の研究に十分な量だけ単離する必要があると考えていた。ブンゼンとキルヒホフが鉱泉水からセシウムを抽出することに全力を注いだのも、結局のところそれが理由であった。クルックスは、その困難な単離をウィリアムズに頼んだ――自分は「文章を書く仕事」で忙しすぎて作業ができないからと言って。しかし結局彼は待つことができず、新しいスペクトル線を検出したとだけ発表するようにというウィリアムズの意見を聞き入れずに、新元素を発見したこと、その元素はおそらく周期表の硫黄やセレンと同じグループに属すると思われることを、3月の『ケミカル・ニュース』誌で報告した〔実際は硫黄・セレンとは別の族〕。彼は翌1862年の1月にようやくタリウム塩のサンプルを得て、同年5月にロンドンのハイドパークで開催された国際博覧会に鼻高々で出品した。しかし6月にはその鼻をへし折られる。フランスの化学者クロード=オーギュスト・ラミーが、臭素の発見者アントワーヌ=ジェローム・バラールとともに、固体タリウムのインゴットを作ったと主張していることを知ったからである。

翌年、フェルディナント・ライヒとヒエロニムス・リヒターというふたりのドイツ人科学者が亜鉛の鉱石にこの新元素が含まれていないか調べたところ、かわりに、それまで知られていないインジゴブルーの輝線を見つけた。彼らは、別の新元素を発見したと宣言してインジウムと名付け、その純粋なサンプルを手に入れる作業に着手した。最初に研究を行ったのはライヒだったが、彼には色覚障害があったため、スペクトル線の調査にはリヒターの協力が必要だった。ところが、1867年にリヒターは自らが発見したと主張し、それを知ったライヒは落胆した。

インジウムは周期表でタリウムの上に位置するため、両者の化学的性質はよく似ている。インジウムは最も軟らかい金属のひとつとして知られ、ナトリウムと同様にナイフで切ることができ、156.6℃で融解する。これは、鍋に入れて火にかけた砂糖が融けて飴になるのとだいたい同じ温度である。

ヘリウム

貴ガス

原子番号
2

原子量
4.003

標準温度圧力での状態
気体

1802年、英国の化学者ウィリアム・ハイド・ウォラストン（パラジウムの発見者、95ページ参照）は、かつてニュートンが行ったのと同じ太陽光のスペクトル分光実験を再現した。しかし、使用した光学機器はニュートンの時代よりも優れており、彼はスペクトルに隙間があること、つまり、そこだけ光が取り除かれたような暗い線があることに気付いた。

1814年にはドイツの科学者ヨーゼフ・フォン・フラウンホーファーが独自に同じ観測を行い、より精度の高いレンズを使って、スペクトルの中の暗い線をすべて描き出した。数えると、暗線は574本あった。彼は特に目立つ暗線にAからKまで（I（アイ）は除く）の文字を割り振った。そして、同じ文字であらわされるグループ内での区別は、下付き数字で示した。

しかし、これらの隙間が何によって生じるのかが明らかになるのは、ロベルト・ブンゼンとグスタフ・キルヒホフがスペクトルの研究を始めてからだった。ふたりは、太陽光スペクトルの「フラウンホーファー線」が、分光器で元素を観察した時の輝線のいくつかと同じ波長に現れることに気付いた。彼らは、太陽の大気、あるいは地球の大気の中にそれらの輝線を持つ元素があり、それが光を吸収しているのではないかと考えた。ということは、これを利用すると、太陽が何の元素で構成されているかを知る方法が手に入る。

インドへの旅

また、太陽光スペクトルにはそれらの元素からの発光も見て取ることができた。元素が一度吸収した光を再放射するからである。特に、黄色の領域に2本の強い線があ

下: フラウンホーファー線が示された太陽光スペクトル、1814年。[Deutsches Museum, Munich]

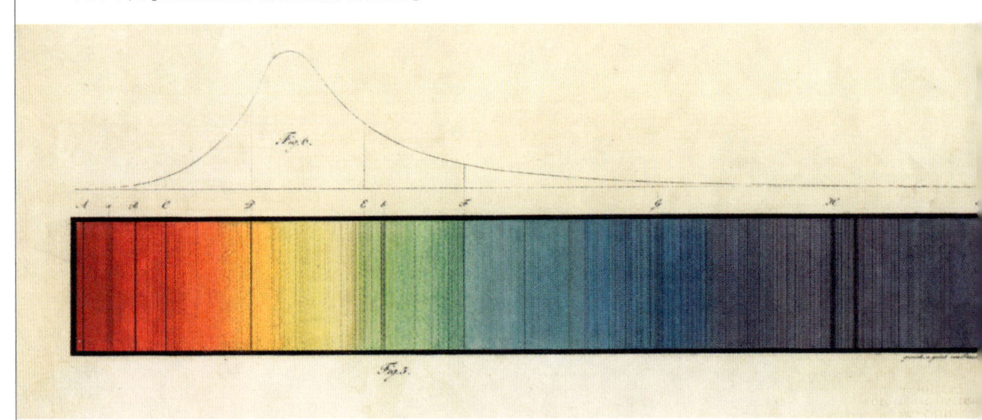

右: M·ステファンによる1868年の日食のスケッチ。『学術派遣団アーカイブ（*Archives des Missions Scientifiques et Littéraires*）』（1868）より。[Natural History Museum Library, London.]

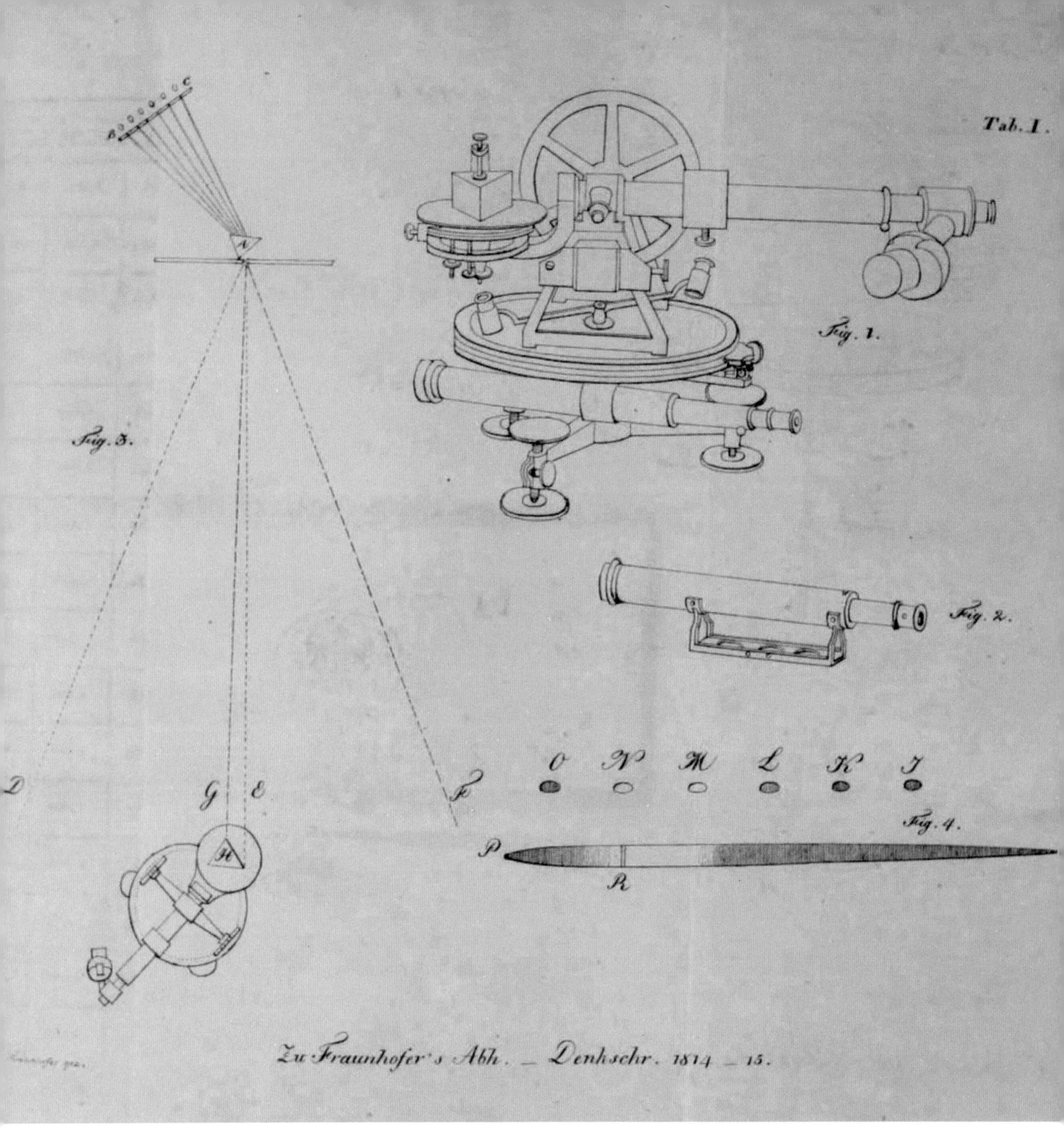

上: ヨーゼフ・フォン・フラウンホーファーの分光法。彼の論文「アクロマート望遠鏡の完成化に関して（*in Bezug auf die Vervollkommnung achromatischer Fernröhre*）」（1814）より。[Natural History Museum Library, London.]

り、それはフラウンホーファーがD_1とD_2と名付けた線と同じ位置だった（D_1とD_2はナトリウムに対応する）。しかし、この2本があまりに強いため、他のもっと弱い輝線が見えにくかった。そのため、フランスの天文学者ピエール・ジュール・ジャンセンは1868年にインドに赴き、皆既日食中の太陽光スペクトルを観測した。彼は、日食中のコロナからの光のスペクトルに、他の元素の輝線を見つけられるのではないかと期待していた。そして実際に別の明るい黄色の線を1本発見したものの、それもナトリウムから出たものだろうと考えた。しかし同年のそれよりも後に、英国の天文学者ノーマン・ロッキャーが、曇天のロンドンでスモッグに汚染された空気を通して太陽光のスペクトルを測定して、やはり3本目の黄色い線を発見した。ロッキャーはそれにD_3の記号を付けた。この発見について化学者エドワード・フランクランドと検討した末、ロッキャーは、新しい輝線は太陽に存在するこれまで知られていなかった元素に由来するに違いないと結論づけた。彼らは、ギリシャ神話の太陽神ヘリオスにちなんで、その元素をヘリウムと名付けた。

岩から出てくる気体

太陽に、地球には存在しない元素がある——それはかなり奇抜な提案だった。しかし、本当に地球には存在しないのだろうか？　1882年にヴェスヴィオ火山の噴火で流出した溶岩を分光分析したイタリアの物理学者ルイージ・パルミエリは、ロッキャーのD_3と同じ波長の輝線を見つけた。彼は、溶岩に太陽の元素ヘリウムが含まれているに違いないと考えた。

しかし、化学者が“噂の新元素”の存在を本当に信じるためには、サンプルを手に入れて性質を研究する必要があった。ヘリウムを最初に単離したのは米国の化学者ウィリアム・ヒレブランドだったようだが、彼は当時そのことに気付かなかった。ヒレブランドは1891年に閃ウラン鉱という鉱物を酸に溶かし、鉱石から気泡が出るのを目にした。彼は分光法でその気体を調べたが、すべてのスペクトル線を特定することはできなかった。その気体には反応性がなかったため、窒素だろうと彼は考えた。しかし1895年にスウェーデンのウプサラ大学のペール・テオドル・クレーヴェとニルス・アブラハム・ラングレットが同じ実験を行い、閃ウラン鉱にヘリウムが含まれていることを明らかにした。

同じ年、ユニヴァーシティ・カレッジ・ロンドンで研究していたスコットランドの化学者ウィリアム・ラムゼーが、ヒレブランドの発見に目を留めた。彼は閃ウラン鉱を手に入れ、マシューズという学生にヒレブランドの実験の再現を依頼した。ラムゼーは当初はその気体を新元素ではないかと考え、「隠れた」を意味するギリシャ語に由来する「クリプトン」という名を提案した。しかし、彼はその気体のスペクトルに明るい黄色の輝線があり、ヘリウムによく似ていることに気付いた。「何かにおうぞ、と思いはじめた」と、後年彼は述懐している。彼の分光装置はあまり良いものではなかったため、彼は気体のサンプルをロッキャーとウィリアム・クルックスに送り、より正確な分析を依頼した。翌日、クルックスはそこにヘリウムが含まれていることを確認した。化学者たちの手でヘリウムがさらに集められると、その原子量（原子の質量）が非常に小さいことが判明した。ヘリウムより軽いのは水素だけで、逆に、ウランは当時知られていたなかで最も重い元素であった。なぜウラン鉱石の中にヘリウムがあるのか？　その答えは、誰も予想できないほど驚くべきものであった。ヘリウムはウラン原子の原子核から放出されていたのである。どのように？　それは、じきに「放射壊変」と呼ばれることになるプロセスの中で起こっていた。

上： ウィリアム・ヒレブランド、1900年頃。[Williams Haynes Portrait Collection, Science History Institute, Philadelphia.]

不活性ガス（貴ガス）

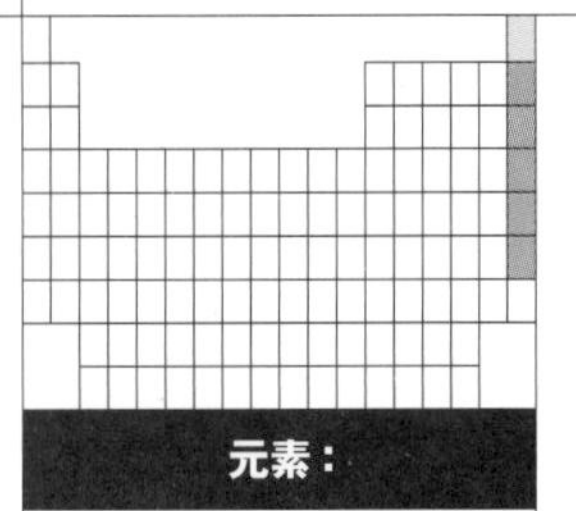

元素：

ネオン 10
アルゴン 18
クリプトン 36
キセノン 54
ラドン 86

18世紀には、燃焼している物体からフロギストンという元素が空気中に放出され、空気が完全に「フロギストン化」すると――つまりフロギストンで飽和状態になると――燃焼が止まると考えられていたことを、以前の章で述べた。今の私たちは、実際はその逆で、燃焼には空気中の酸素が必要で、その濃度が低くなると燃焼が止まることを知っている。ヘンリー・キャヴェンディッシュは、その気体（彼の考えでは、フロギストン化した空気）を放電の火花によって「脱フロギストン空気」（今でいう酸素）と反応させると、一種の酸（実際には、水に溶けると硝酸になる窒素酸化物）に変化し、今でいう窒素を減らせること示した。

しかし、慎重な観察と測定を旨としていたキャヴェンディッシュは、この方法で脱フロギストン空気と完全に反応させても、フロギストン化した空気を完全に取り除くことができなかったと報告している。何度実験しても必ず、まったく反応しない小さな気泡が残り、それが「普通の空気」の約120分の1を構成していたのである。19世紀にジョージ・ウィルソンが著したキャヴェンディッシュの伝記では、説明のつかない謎と記されている。

19世紀後半、化学を学ぶ若き学生だったウィリアム・ラムゼーはウィルソンのこの本を買い、キャヴェンディッシュの“不可解な気泡”の話を読んだ。やがて、ラムゼーはキャヴェンディッシュが作った窒素の酸化物を研究し、気体化学の専門家になった。1894年4月のある日、彼は、著名な科学者であるレイリー卿（ジョン・ウィリアム・ストラット）が窒素研究について語る講演を聴く。キャヴェンディッシュの観察結果にまつわる謎がラムゼーの脳裏に甦ったのは、その時だったようである。レイリーは、空気から窒素を抽出して（つまり、空気から他の既知の成分をすべて取り除いて）測定した時の密度は、窒素を化学的に生成したときに測定された密度と異なるように見える、と述べた。講演後、ラムゼーはレイリーに、もしかしたら空気中には窒素と一緒に、まだ知られていない非常に反応性の低い物質が微量だけ混ざっているのではないか、と問いかけた。

ラムゼーはキャヴェンディッシュの実験を再現し、確かに何か別の気体が存在することを確認した。その気体は、どんな方法を試しても反応させることができなかった。ラムゼーはこれを非常に不活性な新元素であると考え、それにふさわしい名前として、「怠け者」を意味するギリシャ語にちなむargon（アルゴン）を提案した。ラムゼーは1896年に、アルゴンと化合する元素が絶対にないとまでは断言できないが、「少なくとも、（そうした）化合物ができることはなさそうに思える」と書いている。それは努力が足りないといった問題ではなかった。ラムゼーがサンプルをアンリ・モワッサンに送った時、モワッサンは自身が単離したフッ素ガス（激烈なほど反応性が高い）と結合させようとしたが、成果は得られなかったのだ。

奇妙なまでに反応しないこの元素は、人々の想像力を刺激するタイプの物質ではなかった。ラムゼーが1895年に王立協会で密封したガラス管に入ったサンプルを披露した時、聴衆は、それがただの空気が入った小瓶ではないと信じることくらいしかできなかった。

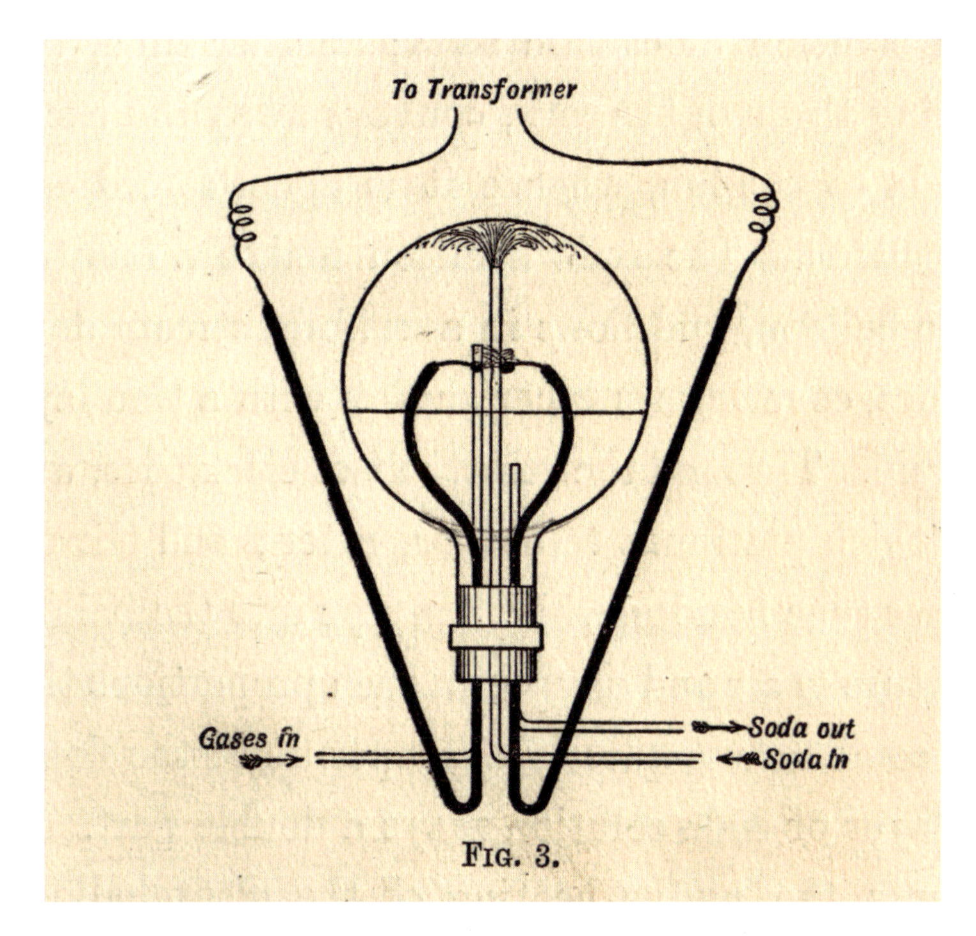

左: アルゴンを使った実験。ウィリアム・ラムゼー『大気中の気体(*The Gases of the Atmosphere: The History of Their Discovery*)』(1896)より。[University of California Libraries.]

しかし、H・G・ウェルズはこの発見に関心を抱いた。当時ウェルズは「科学冒険物語」である『タイム・マシン』(1895)や『モロー博士の島』(1896)を出版して、文学界での名声を獲得しはじめていた。彼はセンセーショナルな成功を収めた『宇宙戦争』に、侵略してきた火星人が使用する「黒い煙」と呼ばれる毒ガスを登場させた。分光器を使って化学分析すると、「3本の明るい輝線を持つ未知の元素の存在」が示される。作中ではこの元素は、「アルゴンと結合して化合物を形成し、たちまち致死的効果を及ぼす性質を持つと考えられる」と述べられる。読者のほとんどはアルゴンなど聞いたこともなかっただろう。しかし、ウェルズのように科学の知識を持つ者にとっては、アルゴンは元素をめぐる物語のエキサイティングな新展開だったのである。

アルゴンは孤独な異端児ではなかった。ラムゼーは、似たような元素がまだ発見されずに残っているかもしれない——つまり、他の元素と結合しないがゆえにこれまで知られていなかった、周期表の新しい列全体が発見されるかもしれない——と考えた。1895年にラムゼーが閃ウラン鉱という鉱物の中にヘリウムがあることを発見した話を前に書いたが、実はその時彼は新元素を見つけたいと願っていたので、ある意味ではがっかりもしたのだった。

ユニヴァーシティ・カレッジ・ロンドンで一緒に研究していたラムゼーとモリス・トラヴァースは、空気中の"反応しないごくわずかな部分"に着目した。彼らは、開発されて間もない空気液化技術を使って、アルゴンを捕捉するために「分別蒸留(分留)」〔沸点の違いを利用して物質を分離すること〕を行った。液化した空気をゆっくり蒸発させると、最後に最も重い成分が残る。次に、わずかに残っているかもしれない窒素を化学的手法ですべて抽出し、残留物(ほとんどがアルゴン)を分光器で調べて、他の元素の存在を示すかもしれない輝線を探した。

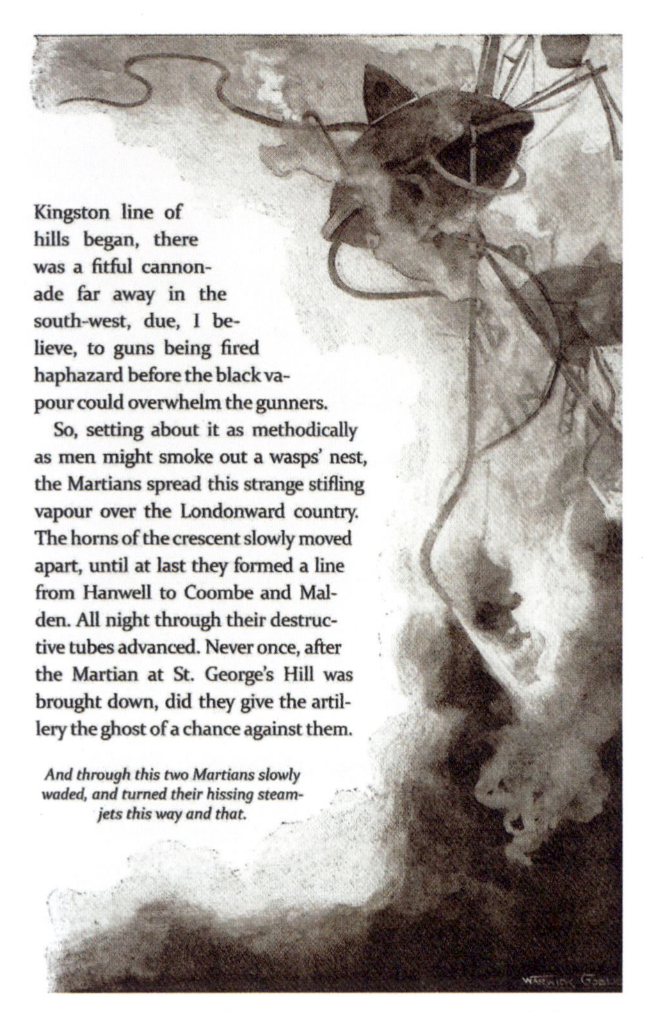

上: H·G·ウェルズの『宇宙戦争』の雑誌連載時(1897)の挿絵。「黒い煙」(謎の元素がアルゴンと化合した物質とされた)が描かれている。

他者とまじわらない高貴な一族が揃う

すぐに彼らは、明るい黄緑色の輝線によって他と区別される気体を発見した。彼らはその気体を、以前ラムゼーが閃ウラン鉱から"発散"する新元素を見つけようとしたときに使った「クリプトン」という名で呼ぶことにした。彼らはまた、ヘリウムとアルゴンの間にもうひとつ軽い気体があるはずだと考え、6月に発見した。それはトラヴァースの表現を借りれば「真紅の光の炎」「記憶に残り、いつまでも忘れられない光景」を見せる気体であった。彼らはその新奇さから、「新しい」を意味するギリシャ語を語源としてネオン(neon)と名付けた。

その1ヵ月後、ラムゼーとトラヴァースはさらに別の不活性ガスを捕まえた。クリプトンを分留してキセノン(xenon)を発見したのである。名前は「よそ者」を意味し、この元素グループの奇妙さを物語っている。そして1908年に、ラムゼーは天然の不活性ガスの中で最も重いラドンを単離した。ラドンという名前は、放射壊変によってラジウムから出てくることにちなんでいる。ラドンで生じる放射性壊変という現象を最初に発見したのは、当時カナダのマギル大学にいたニュージーランド出身の物理学者アーネスト・ラザフォードとその同僚の化学者フレデリック・ソディである。1902年に、トリウムという元素の放射壊変の産物として見つけたのだ。放射壊変とは、特定の元素の原子の核から放射性粒子が放出されてその原子が別の元素の原子に変わる現象で、ラドンはこの過程で

下: ウィリアム・ラムゼーの肖像。マーク・ミルバンク作、1913年。[University College, London.]

上：ニューヨークのタイムズスクエアから見たブロードウェイ。ネオンサインの登場によるインパクトがよくわかる。1928年。[Library of Congress Prints & Photographs Division, Washington, DC.]

現れていたのである。自然の放射壊変によるラドンは一部の花崗岩の中にも存在しており、岩石から漏れ出す放射線が健康被害をもたらしかねないほど量が多いこともある。

ラムゼーは複数の不活性ガスの発見により1904年のノーベル化学賞を受賞した。不活性ガス（現在は「貴ガス」と呼ばれる）の元素は、今のところ、おおむねその「不活性」の称号を維持している。キセノンとクリプトンはいくつかの安定した化合物を形成するように誘導できる。アルゴンとヘリウムは、かなり特殊な条件下でのみ反応する（原子が強力な放射線によってイオン化された場合や、極端な低温条件下や高圧力下で非常に弱い化学結合を安定化させた場合など）。ネオンは、いまだ他の元素に背を向けたままである。

ラジウム、ポロニウム

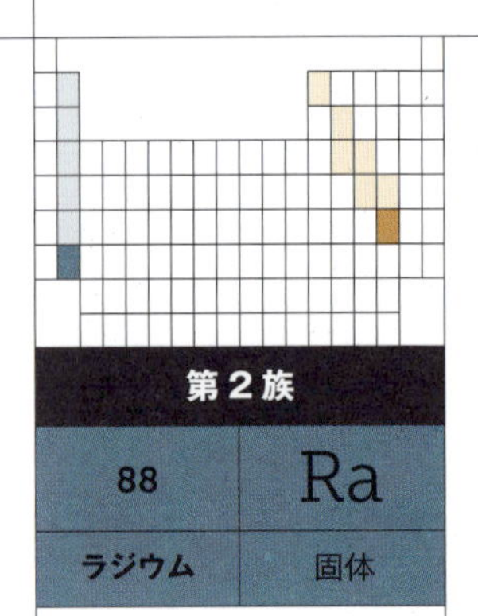

原子量:(226)

第16族

84	Po
ポロニウム	固体

原子量:(210)

1896年にアンリ・ベクレルが発見したウランからの「光線」(100ページ参照)は謎だった。写真乳剤を黒く感光させることができるにもかかわらず、目には見えず、皮膚に当たった感じもしないその光線は、その1年前にヴィルヘルム・レントゲンが発見し、ベクレルの発見につながる研究を促したX線に似ているように思われた。エネルギーを放出するこの力をウランに与えている特別な性質とは、何なのだろうか?

X線は、他の物質(皮膚や肉など)の内部や背後に隠れている密度の高い物体(骨など)を写真に写し出せることで、世紀末ヨーロッパにセンセーションを巻き起こした。ウラン光線はそれより弱く、X線のように人々を魅了することはなかった。だが、この光線にもっと注目すべきだと考えた人物がいた。パリのソルボンヌ大学で博士論文の題材を探していた若きポーランド人化学者、マリー・キュリーである。「この問題はまったく新しく、まだ何も書かれていなかった」と彼女は後に書いている。

マリー・キュリー、旧姓名マリア・スクウォドフスカは、1891年にパリに留学した。そこで出会ったのが、フランスの物理学者ピエール・キュリーである。彼は1880年に兄のジャックとともに圧電現象(ある物質に圧力をかけると電圧が生じる現象)を発見し、すでに一定の名声を確立していた。ピエールとマリーは1895年に結婚した。

1898年にマリー・キュリーは、物理化学学校の小さな研究室で夫と協力してウラン線の研究を開始した。ふたりはまず、ウラン塩がその謎の光線によって近くの金属板に電荷を誘起する様子を調べた。この現象を利用すれば、放射の強さを測定できた。しかしマリーは、アンリ・モワッサンから提供された少量のウランに頼ることをやめ、生のウラン

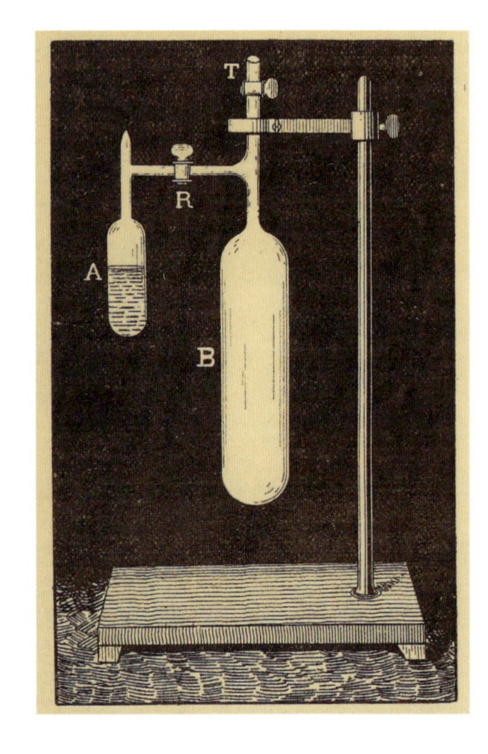

右:「ラジウムの放射による燐光」。J・ダンヌ『ラジウム、その調製と特性(*Le Radium, Sa Préparation et Ses Propriétés*)』(1904)より。[Francis A. Countway Library of Medicine, Harvard.]

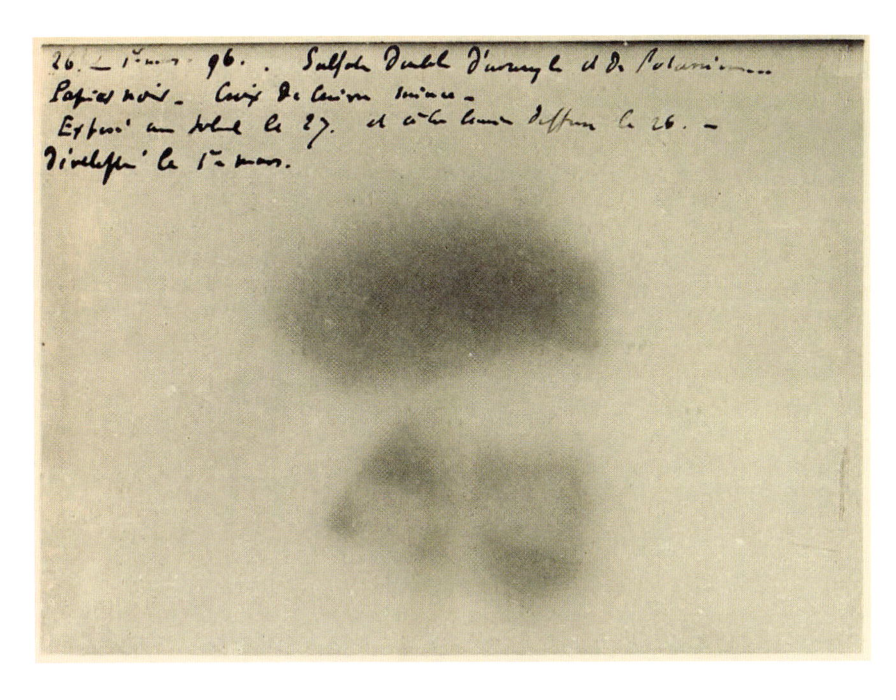

左: 放射線によって感光した、アンリ・ベクレルの最初の写真。ベクレルの『物質の新しい性質の研究（*Recherches sur une Propriété Nouvelle de la Matière*）』（1903）より。[Harvey Cushing / John Hay Whitney Medical Library, Yale University.]

鉱石を使いはじめた。すると、奇妙なことがわかった。鉱石から、精製したウランよりも強力な放射が出ていることがあったのである。つまり、鉱石がウランそのものより強い“放射能”（彼らが作った新たな用語）を持っていたのだ。

キュリー夫妻は驚くべき結論に達した。鉱石には、ウランよりもさらに強い放射能を持つ不純物が含まれているに違いない。「私はこの新しい仮説をできるだけ早く検証したいと、熱烈に思った」とマリーは書いている。

そのためには、この新しい放射線源の物質を分離し、単離しなければならない。作業には、イットリウム鉱物に含まれる希土類金属などの新元素の分離に使われたのと似た化学的手法が必要だった。つまり、ある元素を固体として沈殿させ、他の元素を溶液中に残せるような反応を見つけなければならない。新元素が別の沈殿しやすい元素と化学的に似ていれば、新元素も沈殿させることができる。放射性元素には、放射能を持つがゆえに、それが「どこにあるか」（溶液中にあるか沈殿物になったか）を常に把握できるという利点があった。放射能は、ピエールが考案した圧電現象を利用する装置で検出できる。化学者ギュスターヴ・ベモンの協力を得ながらウラン塩の溶液を研究していたマリーは、ウラン鉱石にはウランの他に2種類の放射性物質が含まれているように見えることを発見して、驚いた。片方はバリウムに似たふるまいをし、もう片方はビスマスに似ていた。

キュリー夫妻は何種類もの抽出法を用いて、少しずつ、ウランよりもはるかに放射能の強い溶液を調製していった。彼らは1898年7月までに、ウラン鉱石から「ビスマスに似た、これまで知られていなかった金属」を抽出したことをフランス学士院に報告し、「この金属の存在が確

下:（右から）マリーとピエールのキュリー夫妻、実験助手のM・プティ。パリのロモン通りにあった研究室にて。1898年頃。[Wellcome Collection, London.]

左: ボウルの中身は初めて作られた臭化ラジウム。暗闇で撮影され、ラジウム自身の燐光で照らされている。1922年。[Musée Curie; coll. Institut du Radium, Paris.]

右ページ: マリー・キュリーが放射性物質に関して記したノート。装置のスケッチも見える。1899-1902年。彼女のノートは、彼女が研究した物質にさらされていたため、今も放射能を帯びている。[Wellcome Collection, London.]

認されたあかつきには、われわれのうちひとりの祖国にちなんで、これをポロニウムと呼ぶよう提案する」と記した。当時ポーランドは帝政ロシア・プロイセン・オーストリアの三国に分割領有されて独立を失っており、マリーは故国の文化的独立の維持を強く願っていた。

しかし彼らが一番に追求したのは、もうひとつの、バリウムに性質が似ているのでバリウムとの分離が難しい元素の方だった。それが未知の元素であることを示すスペクトル線を確認できるほど濃縮された溶液ができる頃には、その元素の放射能があまりに強すぎて溶液の水が発光する様子が観察できた。その光を見たピエールは、「放射性を持つ（*radioactif*（ラディオアクティフ））」という単語からの連想でラジウム（radium）という名を思いつき、1898年のクリスマス近くにノートに書きとめた。「濃縮したラジウムを含む生成物がすべて自発的に発光することを観察して、私たちは特別な喜びを感じた」とマリーは書いている。

マリーは、物理化学学校の敷地内にある、小屋に毛が生えた程度で暖房もない研究室で、より純度の高いラジウムのサンプルを単離する作業に打ち込んだ。しかし、彼女は不平を言わなかった。「私たちの楽しみのひとつは、夜に作業室に入ることだった。どちらを向いても、私たちが作ったものが入った瓶やカプセルのぼんやりと光るシル

Huit pages : CINQ centimes

Dimanche 10 Janvier 1904.

Le Petit Parisien

SUPPLÉMENT LITTÉRAIRE ILLUSTRÉ

DIRECTION: 18, rue d'Enghien (10e), PARIS

UNE NOUVELLE DÉCOUVERTE. -- LE RADIUM

M. ET Mme CURIE DANS LEUR LABORATOIRE

上: ノーベル賞受賞前の研究室でのマリー・キュリーとピエール・キュリー。『ル・プティ・パリジャン』誌1904年1月10日号の表紙。[National Library of Medicine, Bethesda, Maryland.]

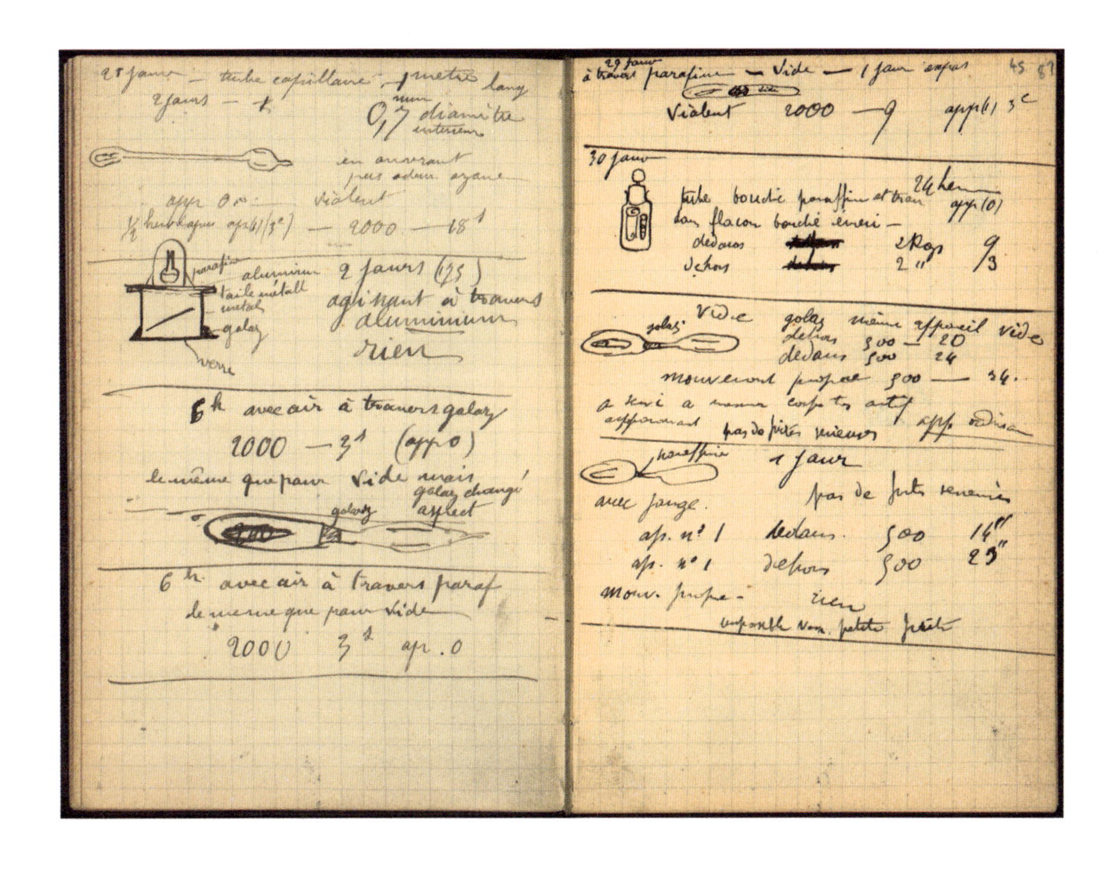

エットが見えたからだ。それは本当に素敵な光景で、いつも私たちにとって新鮮だった」と書いている。

マリー・キュリーは、1902年までかけて、新元素を発見したと決定的に主張するために必要なものをようやく手に入れた。約10分の1グラムの純粋なラジウム化合物である。それを使って原子量などの特性を測定した彼女は、1903年6月に博士論文を提出した。その頃になると、科学界はこれらの新しい放射性物質に関する――そして放射能とは何かをめぐる――議論に沸いていた。放射は、尽きることなく続いているように見えた。このエネルギーはどこから来るのだろうか?

この年、マリーとピエール・キュリーは、ベクレルが発見した放射現象に関する研究での貢献が認められ、ベクレルとともにノーベル物理学賞を贈られた。マリーにとって最初のノーベル賞であった。2度目は1911年で、ラジウムとポロニウムの発見と単離により化学賞を単独で受賞している。

当初、光を発するラジウムは奇跡の治療薬とみなされた。ラジウム塩が万能薬として売られ、ラジウムを入れた「光る」カクテルが作られ、ラジウム塗料は時計の文字盤や計器盤の夜光塗料として使われた。しかし、1910年代半ばになると、医学的効能の主張が疑わしいどころか、ラジウムは有害であることが明らかになりはじめた。放射能が健康に深刻な悪影響を及ぼすことが、徐々に明白になっていった。マリーとピエールがしばしば貧血や倦怠感や関節痛に悩まされたのも、ラジウムの入ったフラスコを扱った後に指が炎症を起こして皮膚が剥がれたのも、それで説明がついた。マリー・キュリーは晩年、がん治療へのラジウムの利用、つまり放射線を使って腫瘍を死滅させる治療法の研究を行った。しかし彼女自身にその治療を施すには遅すぎた。1934年7月、おそらく放射性物質の研究が原因と思われる白血病で、彼女は世を去った。

第 8 章

核の時代

左: 史上初の水爆実験「マイク」。1952年11月1日に太平洋マーシャル諸島エニウェトク環礁のエルゲラブ島において、「アイビー作戦」の一環として行われた。

核の時代

1905
アルベルト・アインシュタインが特殊相対性理論を発表。

1929
ウォール街で株価が大暴落。世界恐慌が始まる。

1939
ナチスのポーランド侵攻をきっかけに、ヨーロッパで第2次世界大戦が始まる。

1944
英国のブレッチリー・パークで最初の電子計算機「コロッサス」が稼働。

1945
米国が開発していた原子爆弾が完成し、広島と長崎に投下される。第2次世界大戦が終結。

1957
ソヴィエト連邦が、世界初の人工衛星であり、地球周回軌道を周回した初の人工物体であるスプートニクを打ち上げ。

1962
キューバのミサイル危機で米国とソ連が13日間の睨み合いになり、世界は核戦争の瀬戸際に立たされた。

1969
アポロ11号が月面に着陸し、ニール・アームストロングが月面に最初の一歩をしるす。

1989
ベルリンの壁が崩壊。

1991
12月26日、ソヴィエト連邦が解体される。

近代原子科学の夜明けが始まったのは、19世紀末である。それが物理学なのか化学なのかを誰もはっきりとわかってはいなかったが、この新しい科学は、ついに元素の性質と構造を合理的に説明し、物質の基本的性質に関してそれまで安閑と「確実なものごと」だとされてきた内容を打ち砕いた。

原子が実在の物体として受け入れられるようになると同時に、皮肉にも、「それ以上分割できない」を意味する言葉に由来するatom（アトム）（原子）という名が不適切だったことが明らかになった。1908年にフランスの物理学者ジャン・ペランは、顕微鏡下で水中の小さな樹脂の粒の運動（ブラウン運動）を観察し、その不規則な経路が、1905年にアルベルト・アインシュタインが予言した数学的規則に従っていることを示した。アインシュタインの理論は、こうした「ランダムウォーク」〔正確な予測が不可能な動き〕は、目に見えないサイズの水分子が粒に衝突することで起こるという考えに基づいていた。つまりこの結果は、物質が“原子でできた微小な粒子”で構成されているという見解を裏付けていた。それまで原子の存在を証明する直接的な証拠は何ひとつなかったが、ペランの著書『原子』（1913）はついに原子論を勝利の栄光へと導き、原子に懐疑的な態度を取りつづけていた科学者のほとんどを納得させた。

しかしその前から、原子があらゆる物質を作る最小の単位ではないことはすでに明白だと思われていた。1897年に英国の科学者ジョゼフ・ジョン・トムソンが、真空管の中でマイナスに帯電した電極から放出される陰極線と呼ばれる不思議な「線」が、実はマイナスの電荷を帯びた粒子でできていることを証明した。この粒子は「電子」と名付けられ、電子が電流を構成することが認められた。すべての電子は、それがどの気体に由来するかにかかわりなく同一であったため、トムソンは電子があらゆる元素の原子を構成する一要素だと考えた。電子は、初めて見つかった亜原子粒子（原子よりも小さい粒子）であった。

さらに、あるひとつの原子に含まれる電子の数は、周期表中の位置を決める原子番号と同じであることが間もなく判明した。原子番号は、元素を重さ順に並べた時にその元素がどの位置にあるかを示す単なる目印にとどまらず、その元素の原子の構造に関する重大な何かをあらわしていた。

原子の構造に関するさらなる知見は、放射能の発見からもたらされた。科学者たちは、ウランなどの放射性物質から出る放射線の一部は、実は粒子、つまり原子の小さな一部分であると判断した。「ベータ（β）線」と呼ばれる放射線の正体は「ベータ粒子」であることが証明され、そのうえ、その粒子は実際にはトムソンが報告した「電子」にほかならないように見えた。20世紀に入って間もなく、ニュージーランド出身の物理学者アーネスト・ラザフォードが、アルファ（α）線は正の電荷を持つ粒子であることを明らかにした。そして彼は、1908年にマンチェスター大学で行ったエレガントな実験で、アルファ線の粒子が電子を剥ぎ取られたヘリウム原子であることを示した。

ラザフォードはカナダのマギル大学で化学者フレデリック・ソディと共同研究を行い、

放射性元素のトリウムがアルファ粒子を放出すると、別の元素に変わるように見えることを発見した。彼らは当初、その“別の元素”を「トリウムX」と呼んだ。これは説明しにくい問題だった。それまで、元素は不変であり、自然界の元素の量は決まっていて変えることはできないとされていたからである。しかし今や、元素にはさらなる探求の余地があるように思えた。ラザフォードにとって、元素を別の元素に変えられるという見解は、錬金術師のいかがわしい思考と同じような危険性を感じさせるものであった。しかし同時に、そう結論する以外になさそうに思えた。

上: J.J.トムソンが1897年に電子を発見した時に使用した陰極線管。[Science Museum, London.]

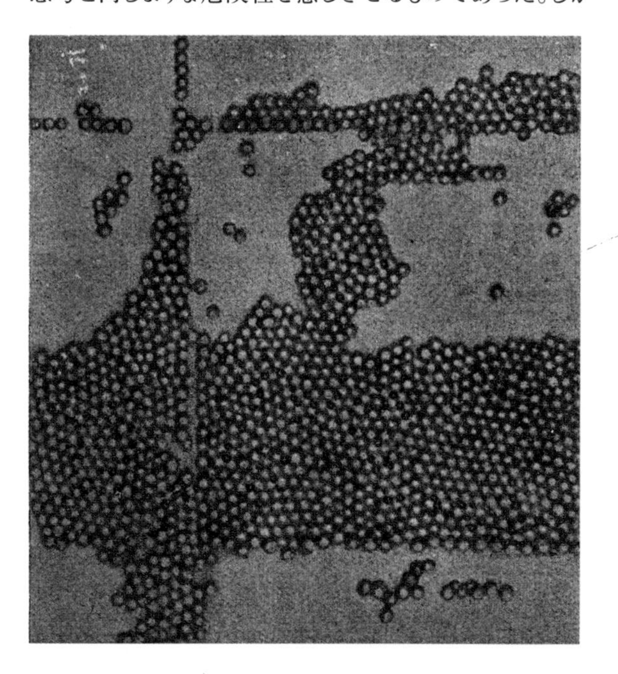

左: カメラ・ルシダ〔見たものを紙に映して描画を助ける光学装置〕での粒子の測定。ジャン・ペラン『原子(*Atoms*)』(1916)より。[University of California Libraries.]

科学者たちは、亜原子粒子で構成される原子の姿を推測しはじめた。1902～1904年に、トムソンとアイルランド系スコットランド人物理学者のケルヴィン卿のどちらもが、原子とは正の電荷を帯びた雲の中に電子が何らかの形でちりばめられているのではないか——ちょうど、ぶどうパンの中に干しぶどうが入っているように——と示唆した。しかし、電子は水素原子のおよそ1700分の1の質量しかないことがトムソンによって示されていた〔現在の値は1800分の1〕。そのため、数年後に原子は原子番号と同じ数の電子しか持たないことが明らかになると、残りの質量のありかが問題になった。

答えを見つけたのはラザフォードだった。彼は1909年に学生のハンス・ガイガーとアーネスト・マースデンとともに、金箔に向けてアルファ粒子（彼が証明したように、ヘリウム原子とほぼ同じ重さ）を弾丸のように発射した。大半の粒子は金箔を素通りし、原子の大部分が空っぽの空間であることを示したが、粒子の一部は進路をそらされ、何個かは巨大な障害物にぶつかったかのように跳ね返ってきた。ラザフォードは、原子の質量のほとんどは非常に密度の高い中心核部分に集中していると結論づ

左: アーネスト・ラザフォード（右）とハンス・ガイガー。間にあるのはアルファ粒子を数える装置。1912年。[Science Museum, London.]

け、その部分をラテン語に由来するnucleus（ニュークリアス）（核）と呼んだ。核の時代の始まりであった。

1911年にラザフォードは、原子はプラスの電荷を帯びた原子核の周りを、同量のマイナスの電荷を帯びた電子が取り囲んでバランスを取ることで、電気的に中性になっているという説を提示した。それは、太陽系の惑星が、はるかに質量の大きい太陽の周りを回っているのに似ていた。違いは、太陽系が重力でまとまっているのに対し、原子は電気的な引力でまとまっていることである。

この「惑星モデル」は、その後数十年の間に少しずつ洗練されていった。原子核自体も複合体であり、他の亜原子粒子で構成されている。そのうちひとつが陽子で、電子と等量で性質が反対の電荷（つまりプラスの電荷）を持つが、質量は電子の1800倍に近い。電子は原子からつまみ取ったり、原子に付け足したりできる（化学反応では通常これが起こっている）。しかし各原子が持つ陽子の数は増えも減りもせず、原子番号と等しい。陽子の数が化学的性質を決め、何の元素かをあらわす——たとえば、水素の原子核には陽子が1個だけあり、炭素の原子核は陽子を6個持っている。

ただし、原子核に存在する粒子は陽子だけではない。普通の水素を除くすべての原子には、陽子と同じ質量を持つが電荷を持たない粒子が含まれており、その粒子は中性子と呼ばれる。中性子が発見されたのは1932年である。中性子が混ざっていないと、原子核の中でプラスの電荷を帯びた陽子同士が強く反発しあって、原子核は一体性を保てない。すべての元素の原子には、少し形の違うもの——つまり、陽子の数は同じだが中性子の数が異なるもの——が存在しうる。これらは同位体と呼ばれる。たとえば水素には、天然に3つの同位体が存在する。最も豊富にある水素（全水素の99.98%）の原子核は陽子が1個で中性子を持たない。重水素（デューテリウムとも呼ばれ、天然に存在する残りの0.02%のほとんどを占める）は陽子1個と中性子1個、三重水素（トリチウム）は陽子1個と中性子2個で原子核が構成される。

放射性元素がアルファ粒子やベータ粒子を放出して壊変すると、原子核の陽子の数が変化する（第3の放射線であるガンマ線を出す場合もあるが、その時は陽子や中性子の数は変わらない）。これらの粒子は原子核から放出され、アルファ粒子が出ると陽子2個と中性子2個が失われて、その原子は周期表で2つ前に位置する元素の原子に変わる。ベータ粒子は電子だが、この場合は原子核から飛び出してくる。中性子が電子と陽子に分裂し、電子が吐き出されて陽子が残るのである。これにより原子核の陽子が1個増え、その原子は周期表のひとつ大きい番号の元素の原子に変化する。

このような核の壊変（崩壊ともいう）は自然界で常に起こっており、壊変が起こる割合は放射性元素ごとに異なるだけでなく、同じ元素でも同位体ごとに異なる。ほぼ無期限に安定な同位体もあるが、たいていの同位体は「半減期」と呼ばれる特定の割合で壊変する。半減期とは、放射性同位元素の原子の集まり（たとえば、ある物質の

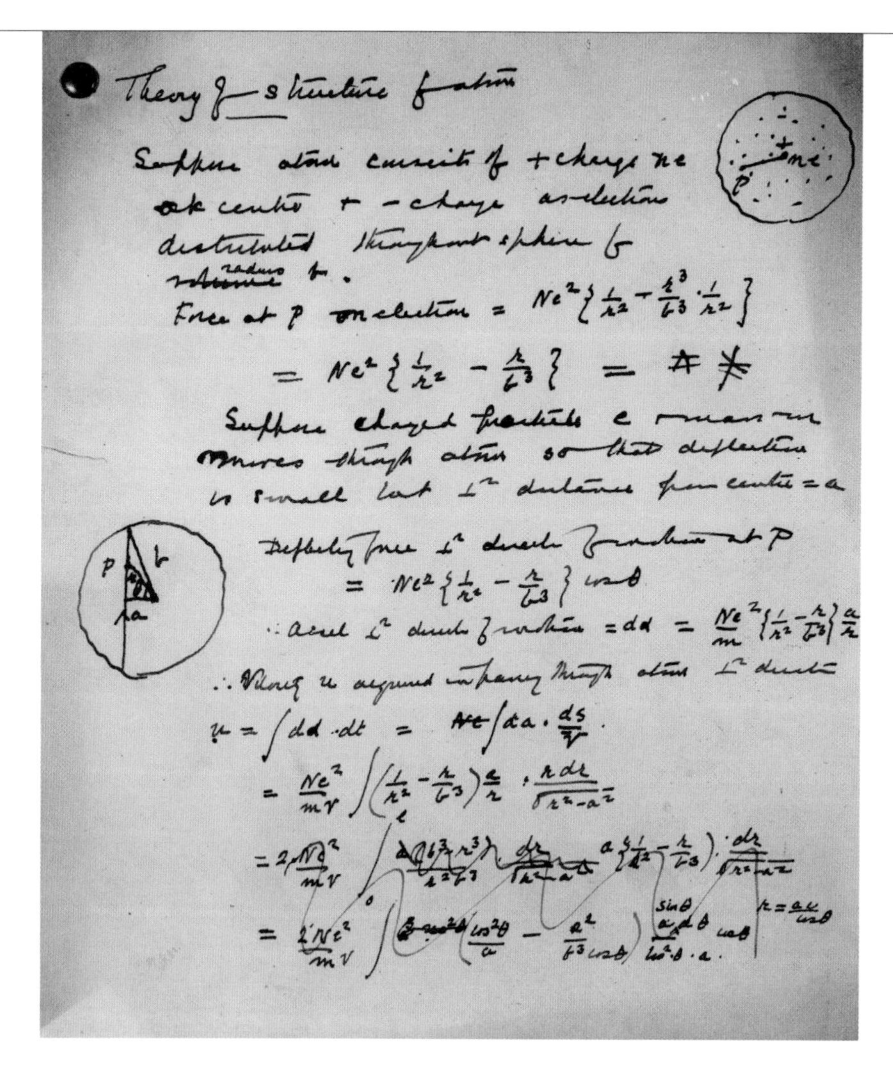
Theory of structure of atom

Suppose atom consists of + charge ne at centre & − charge as electrons distributed throughout sphere of radius b.

Force at P on electron $= Ne^2\left\{\frac{1}{r^2} - \frac{r^3}{b^3}\cdot\frac{1}{r^2}\right\}$

$= Ne^2\left\{\frac{1}{r^2} - \frac{r}{b^3}\right\}$

Suppose charged particle e mass m moves through atom so that deflection is small but ⊥ distance from centre = a

Deflecting force ⊥ direction of motion at P

$= Ne^2\left\{\frac{1}{r^2} - \frac{r}{b^3}\right\}\cos\theta$

∴ Velocity u acquired in passing through atom ⊥ direction

左:アルファ粒子が原子を通りぬける様子に関するアーネスト・ラザフォードの最初の計算。[Rutherford Papers, Cambridge University Library.]

塊に含まれている同位体の数)のうち半分が壊変するのにかかる時間のことである。半減期は、同じ同位体であれば、最初に何個の原子があったかには関係なく、常に同じ時間になる。これを利用した「放射性炭素年代測定法」は考古学の世界でよく使われている。大気中では、宇宙線(宇宙から飛来する素粒子)が窒素原子と衝突することで、絶えず炭素14という炭素の同位体が生成している。これが酸素と結合して二酸化炭素になり、生物の体内に取り込まれる。生物が死んで組織内の炭素14が補充されなくなると、組織内の炭素14の量は一定の割合で(炭素14の半減期は5730年)着実に減少する。骨の化石や木製の遺物などに炭素14がどれくらい残っているかを調べることで、それがおよそ何年前のものかを知ることができるのである。一方、ウラン238の半減期は44億7000万年である。ウラン238は地球上に存在する数多い天然放射性元素のひとつだが、少しずつ壊変する際に放出される放射線のエネルギーは、地球内部が高温でどろどろに融けた状態を保つのに役立っている。それにより、融けた岩石が流動して大陸がゆっくりと移動する。

このように、20世紀初めには科学者たちが原子の内部構造を理解しはじめ、ある元素と別の元素を真に「別々のもの」にしているのは何なのかを解明しはじめた。同時に彼らは、核反応や壊変のプロセスを誘発させたり制御したりする方法をも見い出しはじめた。彼らは原子核の中に閉じ込められたエネルギーの一部を解放する力を手にし、それに加えて、核反応を誘発し、ある元素を別の元素に変換し、これまでに見られなかった新しい元素を作る力をも獲得したのである。かくして人工元素の探索が始まった。

テクネチウム

第7族

43
Tc
テクネチウム

遷移金属

原子番号
43

原子量
(99)

標準温度圧力での状態
固体

19世紀後半には新元素が次々に発見されて周期表が埋まっていったが、それでもいくつかの空欄が頑固に残っていた。そのひとつが、マンガンの真下、モリブデンとルテニウムにはさまれた原子番号43の元素だった。ここに入る元素はおそらく遷移金属であり、それは何ら驚くようなことではないと思われた。ドミトリー・メンデレーエフ自身が、周期表を作成した時にその存在を予言していたほどである。ところが、誰もそれを見つけることができなかった。

研究者たちの努力が足りなかったわけではない。1877年にサンクトペテルブルクで研究していたロシアの化学者セルジュ・キェルンは、この空欄に入ると思われる新しい金属を発見したと主張し、ハンフリー・デーヴィーにちなんでdavyum(ダヴィウム)と名付けた。しかし数十年後、この金属はイリジウムとロジウムの混合物であることが判明した。また、1908年に日本の化学者・小川正孝が43番元素を発見したと発表し、ニッポニウムと命名した。彼もまた勘違いをしていた。彼が発見したのは75番元素のレニウムだったとされている。

一般には、レニウムの発見はベルリンで研究していたドイツ人ヴァルター・ノダック、イダ・タッケ(後にノダックと結婚する)、オットー・ベルクの3人が1925年に報告したとされている。彼らは、プラチナ鉱石やニオブ鉱石(コルンブ石)などからこの元素を発見した。同時に彼らは、コルンブ石に電子ビームを照射したところ、別の新元素の証拠が見つかったと主張した。その物質は弱いX線を発しており、彼らはそれが未知の元素のしるしだと考え、いまだ空欄のままの43番元素だろうと推理した。そして元素名として、ノダックの故郷である東プロイセンのマズーレン地方(現ポーランドのマズールィ地

右: イダ・タッケとヴァルター・ノダック。ベルリン・シャルロッテンブルクの国立物理技術研究所(PTR、1887年創設)の研究室にて。彼らはここでレニウムの分離とその性質の研究を行った。[Stadtarchiv Wesel, Germany.]

左:最初に粒子を加速したサイクロトロン(直径約11センチ、加速エネルギー8万電子ボルト)。[Lawrence Berkeley National Laboratory, California.]

方)にちなむマスリウムを提案した。

43番元素の同定

彼らの主張は当時は信用されなかったが、近年の実験によって、彼らのコルンブ石のサンプルに微量ながら検出可能な43番元素が含まれていた可能性があることが判明した。43番元素は、自然界でウランが自発核分裂をして軽い原子に変わっていく過程で生成することがあり、コルンブ石にはしばしばウランがかなりの量(最大10%)含まれる。1999年、米国ニューメキシコ州のロスアラモス国立研究所のデイヴィッド・カーティスは、43番元素がウラン鉱石中に確かに出現することを明らかにした。彼の推定では、ノダックたちが使ったサンプルにも、検出可能な量の43番元素が含まれていた可能性があるという。また1980年代後半には、オランダの物理学者ピーテル・ファン・アッシェがノダックたちの報告内容を再検討し、この3人の主張は発表当時の人々が考えていたよりも説得力があると主張した。しかし誰もが納得する説にはなっておらず、実のところ、誰が43番元素の発見者かについてはっきりしたことは言えない。

43番元素はマスリウムという名にはならなかった。一般に、この元素の発見者はイタリアの物理学者エミリオ・セグレと、その共同研究者であるパレルモ大学(シチリア島)のカルロ・ペリエとされてきたからである。カリフォルニア大学バークレー校の粒子加速器で重水素原子核を照射されたモリブデン金属を彼らが分析し、人工的な核変換が起きて43番元素ができていることを、1937年に発見したのだ。

これは当時の最先端の核物理学の成果であった。亜原子粒子を原子に衝突させて人工的に核反応を引き起こし、ある元素を別の元素に変換できることは、20世紀初め頃から知られていた。当初は、"弾丸"として、放射性の原子から放出される粒子(アルファ粒子など)が用いられた。1919年、アーネスト・ラザフォードは、ラジウムが壊変する際に出るアルファ粒子を窒素原子にぶつけ、この方法で窒素の原子核を「分解」させることが可能だと結論づけた。よく言われる表現を使えば、彼は「原子を割った」のである。(アルファ粒子が衝突した窒素原子が陽子1個を得て酸素になることをラザフォードの代わりに実際に証明したのは、彼の若き同僚パトリック・ブラケットである)。

しかしこの方法は、もっと重い原子には通用しない。なぜなら、サイズが大きく、より強い正電荷を帯びた原子核は、正電荷を持つアルファ粒子が飛んできても、衝突して原子核に入り込む前にはじき返すからである。この障壁を突破するには、放射性壊変で放出される粒子よりも強いエネルギーを持つ"弾丸"をぶつける必要があった。1929年、カリフォルニア大学バークレー校の米国人物理学者アーネスト・ローレンスが電場を利用して荷電粒子を加速する装置を考案し、サイクロトロンと名付けた。他の研究者たちも、バークレーのサイクロトロンを使って、どのような核変換を引き起こすことができるかを調べはじめた。

セグレ自身は、43番元素を作った核変換実験をしていない。バークレーを訪れた彼は、重陽子を照射されたモリ

上:バークレーにあるカリフォルニア大学放射線研究所で1939年8月に使用されていた1.5メートル・サイクロトロン。[Department of Energy, Office of Public Affairs, Washington, DC.]

ブデンの板をイタリアに送ってもらい、自分の化学のスキルを使って、その中に何か新しいものが含まれていないか分析した。こうして彼とペリエは新元素を発見した。人工的に作られた初めての元素であることから、「人工」をあらわすギリシャ語からテクネチウムと命名された。(セグレの所属するパレルモ大学は、パレルモという地名のラテン語にちなんだ「パノルミウム」を希望していたが、採用されなかった。)

なぜテクネチウムはこれほど見つけにくかったのだろうか？　簡単に言えば、放射性元素だからである。テクネチウムの同位体のうち最も寿命の長いものの半減期は400万年だが、45億年前に地球が形成されたときに存在したテクネチウムが今も地中にある程度の量残っているためには、この半減期は短すぎる。つまり、現在テクネチウムを手に入れたければ、核変換によって自分たちで作るしかないのだ。

ただし、ひとつだけ例外がある。1972年に科学者たちは、アフリカのガボンにあるオクロの天然ウラン鉱床に含まれるウランが、約20億年前に、ゆっくりとした自発核分裂を起こすのに十分な濃度になっていたことを発見した。鉱床は天然の原子炉となり、おそらく100万年かそれ以上かけてゆっくりと「燃料」を燃やした。この核反応で生成した少量のテクネチウムは、今もオクロの鉱石から検出可能である。

その希少性にもかかわらず、テクネチウムには用途が──しかも重要な用途が──ある。1938年、セグレはバークレーの核化学者グレン・シーボーグと共同で、中性子を照射されたモリブデン99が壊変し、「準安定」と呼ばれる「高エネルギー」の形でテクネチウム99になることを発見した。この同位体は^{99m}Tcと表記され〔mは準安定(metastable)を示す〕、半減期6時間の壊変過程で余分なエネルギーをガンマ線として放出し、通常のテクネチウム99になる。^{99m}Tcの各原子はエネルギーの異なる

2種類のガンマ線を放出する。このガンマ線は検出可能で、発生源をピンポイントで特定できる。つまり^{99m}Tc を一種の医療用放射性トレーサーとして使い、体内の画像を撮影できるのである。特定の組織や細胞に取り込まれる分子に^{99m}Tc をくっつけて体内に入れると、ガンマ線が目標の組織や細胞の"地図"を提供してくれる。たとえば、がん細胞に付着する^{99m}Tc 標識タンパク質は腫瘍の画像取得に使用されるし、^{99m}Tc を持つ分子を赤血球に付けて血液循環を調べたり、心筋に取り込ませて心臓発作による損傷の度合いを評価したりもできる。^{99m}Tc イメージングは、肺、肝臓、腎臓、骨、脳など、さまざまな臓器や組織の診断に使用されている。こうした医療用の^{99m}Tc を得るには、主に原子炉でウランからモリブデン99を作る。できたモリブデン99は半減期約67時間で^{99m}Tc に壊変していくが、この間に病院へ輸送される。検査で使われた^{99m}Tc は、尿と一緒に体外に排出される。この重要な用途があるため、化学者たちは、ごく少量しか存在しない元素であるテクネチウムの化学的特性を、一般の人が想像する以上に熱心に研究してきた。^{99m}Tc を目的の組織だけに取り込ませるためには、知識が必要なのである。

下: 90センチ・サイクロトロンを操作するエミリオ・セグレ。1941年6月12日。[Lawrence Berkeley National Laboratory.]

ネプツニウム、プルトニウム

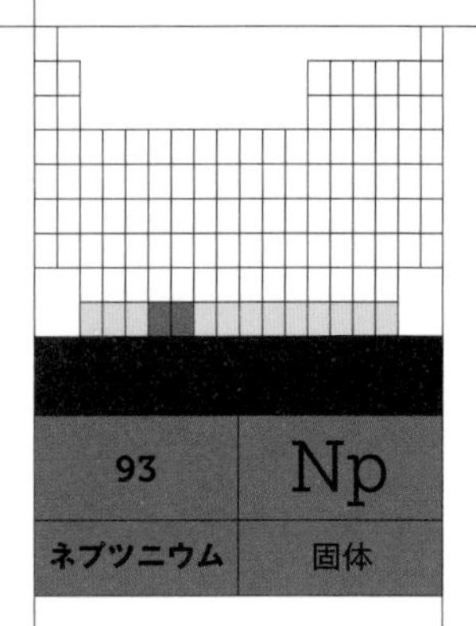

アクチノイド
原子量:(237)

94 Pu
ブルトニウム 固体

アクチノイド
原子量:(239)

1930年代に核反応を誘発し制御する力を手に入れた科学者たちは、次に、自然界で発見されていないまったく新しい元素を作り出せないだろうかと考えた。当時知られていた元素で最も重いものは、92番元素のウランだった。周期表を人間の手でその先まで拡張することは可能だろうか？

“核の錬金術”に使われたのは粒子加速器である。この装置は、電場によって荷電粒子を非常な高エネルギー状態まで加速する。加速した粒子を原子核にぶつければ、陽子と中性子の新しい組み合わせが生まれるのではないか？　バークレーでアーネスト・ローレンスがサイクロトロンを作ったように、英国のケンブリッジ大学では科学者ジョン・コッククロフトとアーネスト・ウォルトンが陽子（水素の原子核）の加速器を建造した。彼らの装置はローレンスの装置とは違って、「線形」——粒子を螺旋状ではなく直線状に加速する仕組み——だった。彼らは1932年にこの装置を使ってリチウム原子に陽子を衝突させ、原子核が割れてヘリウム原子核2個になることを確認した。その8年後、エミリオ・セグレがバークレーのチームと共同でサイクロトロンを使い、ビスマス（83番元素）にアルファ粒子を照射して、未発見だった85番元素の生成に成功した。半減期が約7時間と短いことから、彼らは新元素に「不安定な」という意味のギリシャ語を語源としてアスタチンの名を与えた。

陽子やアルファ粒子を原子核にぶつける以外にも、新元素を作る方法はあった。1932年に英国でジェームズ・チャドウィックによって発見された中性子は、電荷を持たないため、正電荷を持つ陽子やアルファ粒子よりも容易に原子核に入り込める。中性子はウラン原子が放射壊変する際に放出され、他の元素を変換するための“弾丸”として使用できた。

右: ネプツニウム発見の発表時、探索の様子を再現してみせるエドウィン・マクミラン。1940年6月8日。[Lawrence Berkeley National Laboratory, California.]

右ページ: 粒子加速器のパイオニア、ジョン・コッククロフト。1932年、ケンブリッジ大学のキャヴェンディッシュ研究所にて。

原子核が中性子を吸収しても、一見すると原子の化学的性質は変わらないように見える。どの元素の原子かを決めるのは、原子が持つ陽子の数だけであり、中性子が加わっても別の同位体になるだけだ。しかし、原子核がベータ壊変を起こすと、中性子1個が陽子と電子（ベータ粒子）に分裂し、電子はベータ線として放出される。このプロセスでは、ニュートリノと呼ばれる非常に軽くて電気的に中性の、とらえどころのない粒子も放出される。（ベータ壊変には、これとは逆に、陽電子と呼ばれる正電荷を帯びた「反物質」電子を放出して陽子を中性子に変えるタイプもある）。

電子を放出するベータ壊変は、原子核の原子番号を1増やし、周期表の右隣の元素に変化させる。このタイプのベータ壊変は、中性子が優勢な原子核で起こる。

軍事機密

1930年代には、周期表のウランの右には元素がなかった。最も重い元素であるウランに中性子を照射することは、周期表を未知の領域へと拡張する有効な手段のように思えた。1934年、セグレはローマで核物理学者エンリコ・フェルミと組み、この試みに着手した。数ヵ月後、フェルミと同僚のオスカル・ダゴスティーノは、この方法で作られた原子番号93と94の2つの新元素の証拠をつかんだと報告し、アウセニウムとヘスペリウムという名前さえ提案した。しかし、この主張はすぐに間違いだと判明した。実際に彼らが発見したのはウランの核分裂生成物であった。ウランの原子核は、もっと小さな原子核に分裂していたのである。つまり彼らは、オットー・ハーンとフリッツ・シュトラスマンがベルリンでウランの核分裂を報告する4年も前に、はからずもこの重要なプロセスを目にしていたことになる。

セグレとフェルミはともに、1939年までにファシズムの支配するイタリアから米国へ逃れることを余儀なくされた。セグレはバークレーでエドウィン・マクミランとともに、ウランに中性子を照射して「超ウラン元素」を作ろうとした。93番元素は当時の周期表でレニウムと同じ族に属するはずなので、化学的性質も似ているだろうと彼らは考えた。しかし、彼らが同定した元素はランタノイドと呼ばれる希土類金属に近いように見えたため、彼らはその元素もランタノイドのどれかだろうと推測した。

しかし、それは違った。1940年、マクミランに協力するフィリップ・エイベルソンという若き物理学者が、マクミランが中性子を照射した標的ウランを調べ、確かに93番元素が含まれていることを示した。ウランは天王星（ウラヌス）から命名されたので、新元素はその先の海王星（ネプチューン）にちなむのが自然だと考えられ、ネプツニウムの名が選ばれた。実はネプツニウムは完全な人工元素ではなく、天然のウラン鉱石中に微量存在する（ウラン原子の一部が他のウラン原子から放出された中性子によってネプツニウムに変わるため）。だが、最初の発見者はマクミランとエイベルソンである。

その先は?　1941年、若き化学者グレン・シーボーグ率いるバークレーの研究チームは、サイクロトロンを使って重水素の原子核（陽子1個と中性子1個を持つ重陽子）をウランに衝突させた。すると中性子を余分に含むネプツニウムの同位体が生成し、ベータ壊変で94番元素になった。天文学に由来する命名の流れに従い、この元素は太陽系の最も外側の惑星〔現在は準惑星に分類変更されている〕である冥王星（プルートー）にちなんでプルトニウムと名付けられた。

ネプツニウムの時とは違い、プルトニウムの発見はすぐには発表されなかった。この頃には、核反応で生じる莫大なエネルギーの軍事利用の可能性は明白になっていた。その種の研究は機密であり、もはや科学雑誌に掲載されるようなものではなかったのだ。プルトニウムの発見を記した論文が発表されたのは1946年になってからである。シーボーグとマクミランは、超ウラン元素の研究で1951年にノーベル化学賞を受賞した。同年の物理学賞は、コッククロフトとウォルトンに授与された。

軍事機密扱いが正当化されたのは、ハーンとシュトラスマンが1938年にウランの核分裂を報告すると、連合国もドイツも、それを前代未聞の破壊力を持つ爆弾に利用できると気付いたからである。セグレを含むバークレーのチームは、プルトニウムの同位体のひとつであるプルトニウム239が、ウラン235と同様の核分裂性を持つことを——核爆弾に使えることを——じきに発見した。プルトニウム239はウランに中性子を照射して人工的に作らね

上：プルトニウム爆弾のトリニティ実験。1945年7月16日。

ばならない。すぐさまプルトニウム239の製造工場がテネシー州オークリッジに建設され、1945年までに核爆弾の試作に十分な量（数キログラム）が作られた。最初のプルトニウム爆弾は同年7月16日、ニューメキシコ州の砂漠で行われたトリニティ実験で爆発した。2発目は「ファットマン」のコードネームを与えられて8月9日に長崎に投下され、同年12月末までに7万人以上を死に追いやった〔8月6日に広島に投下されたのは、プルトニウムではなくウラン235の原爆〕。人間が作り出した超ウラン元素には、想像を絶するほど恐ろしい力があった。

加速器で作られた元素
アメリシウム、キュリウム、バークリウム、カリホルニウム

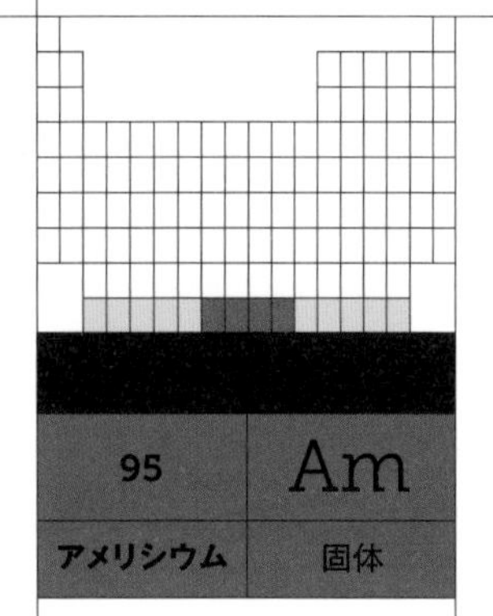

95	Am
アメリシウム	固体

アクチノイド
原子量:(243)

96	Cm
キュリウム	固体

アクチノイド
原子量:(247)

97	Bk
バークリウム	固体

アクチノイド
原子量:(247)

98	Cf
カリホルニウム	固体

アクチノイド
原子量:(252)

ウランの原子核に陽子と中性子を追加して超ウラン元素を作れることがわかると、科学者たちはそのプロセスをさらに先へ進めることも可能だと気付いた。最初に見つかった超ウラン元素であるネプツニウムとプルトニウムを作り、それにさらに粒子を加えればよい。

1944年にカリフォルニア大学バークレー校でグレン・シーボーグのチームが、その方法で95番と96番の元素を作った。先に生成したのは96番元素で、同年夏、プルトニウム239にアルファ粒子をぶつけて作られた。次に、プルトニウムに中性子を2個加えて作られたのが95番元素である。どちらも終戦まで機密扱いとされた。人工元素に過去の偉大な科学者の名前を付ける習慣は、96番元素から始まった。その最初の名誉に浴する科学者として、放射化学という分野をまるごと開拓したピエールとマリーのキュリー夫妻以上にふさわしい者がいるだろうか? 96番元素はキュリウムと命名された。一方95番元素は、19世紀後半の命名法の遺産であるナショナリズムを背負わされた。しかも冷戦の始まりによって、背負う荷はより重くなった。それが、アメリカという国名に由来するアメリシウムである。

この2つの元素は、戦時中に作られた際の秘密主義とは全く逆に、おそらくこれまでで最もさりげなく公表された。1945年11月にシーボーグが米国の子供向けラジオ番組に出演した際、リスナーの質問に答える形でこの2つの元素についてしゃべってしまったのだ。新元素の発見が米国化学会でおごそかに発表されるより、数日早かった。

新時代の放射化学者たちは、化学物質としての新元素について研究しはじめた。これらの元素は、他の元素とどのように結合するのか? 周期表が「周期」の名を持つ所以(ゆえん)である規則性や、縦列ごとに共通する傾向は、維持されているか? 天然元素と同じ化学的論理性に従っているか? キュリウムとアメリシウムの発見により、シーボーグはそれらの化学的性質に予想外のパターンがあることに気付きはじ

右: 放射化学(放射性元素の研究)における業績で1951年のノーベル賞を受賞したグレン・シーボーグ(左)とエドウィン・マクミラン。受賞発表直後の写真。[Lawrence Berkeley National Laboratory, California.]

上： テネシー州オークリッジ国立研究所の研究用原子炉で作られたバークリウム249が13ミリグラム入ったバイアル。これを使って、2009年に117番元素テネシンが作られた（216ページ参照）。

めた。どちらの元素も、周期表ですぐ上に位置しているように見える元素（イリジウムと白金）とは似ておらず、むしろランタノイド元素――ランタンからルテチウムまでの15の元素の系列――に似た化合物を形成することが判明したのだ。シーボーグは、これらの新元素がランタニド〔当時の呼び方で、「ランタンに似た」を意味し、ランタンを含まない〕に似た系列の一部で、その系列はアクチニウムの次のトリウム（90番元素）から始まるという説を提唱し、同様の命名法に従ってアクチニドと呼んだ〔現在のIUPAC命名法ではランタノイド、アクチノイドと呼び、それぞれランタンとアクチニウムを含む。本書はIUPAC命名法に準拠している〕。

シーボーグとアルバート・ギオルソが率いるバークレーのチームは、今度はアメリシウムとキュリウムにアルファ粒子をぶつけることで、1949年に97番元素を、翌年には98番元素を作り、97番元素をバークリウム、98番元素をカリホルニウムと呼んだ。これに『ニューヨーカー』誌がユーモアを込めて反応し、カリフォルニア大学バークレー校（University of California at Berkeley）で生成されたのだから、なぜ「ユニバーシチウム〔University由来〕」、「オフィウム〔of由来〕」と命名し、その後の2つの名前をさらなる新元素のために取っておかなかったのか、とからかった。バークレーのチームは、もし次の2個の新元素がニューヨークの科学者に先を越され、「ニューイウム」と「ヨーキウム」と命名されたら馬鹿みたいだから、と切り返した。

この逸話はむろんジョークだが、元素の命名の核心に触れてもいた。元素に、国名だけでなく発見された地域や都市の名前をつける伝統は、古くからあった。しかしバークレーのチームは、研究施設の名前にちなんで——「われわれが最初に見つけた」という勝利宣言として——元素を命名してもよいという考えを打ち出した。というのも、たとえニューヨークとの熾烈な競争がなかったとしても、元素発見レースの参加者は彼らだけではなかったからだ。新元素作成は国際的な“競技種目”になっており、当時の多くの競技がそうであったように、冷戦下の緊張と対抗意識に悩まされていた。

どんどん狭くなる窓

この時代の人工新元素のいくつかはかなり安定で、着実に蓄積され、肉眼で見えるほどの量を単離することすらできた。最初期に作られた同位体のひとつであるアメリシウム241の半減期は432年で、アメリシウム243の半減期は7370年である。そのため、この元素は実用的用途に使えるくらいの量を生成することができる。アメリシウムの用途で最も有名なのは、煙感知式火災報知器のガンマ線源である。ガンマ線は空気中の分子から電子をたたき出し、イオン化させて、火災報知器の回路内の2つの電極間にごく小さな電流を流す。煙の粒子がチャンバーに入ると、この電流が遮断されてアラームが作動する仕組みである。キュリウムの場合は、同位体の中で最初に作られたキュリウム242は半減期がわずか160日ほどだが、もっと重い同位体の中には半減期が数千年や千数百万年のものもある。

しかし、バークリウムに至ると、その安定性は失われはじめる。最初に作られたバークリウム243の半減期はわずか4時間半、カリホルニウムも、最初に作られた同位体の半減期は45分だった〔ただし、バークリウム247の半減期は1380年、カリホルニウム251は898年など、長寿命の同位体も存在する〕。化学者がこれらの超ウラン元素を研究しようとしても、元素が重くなるにつれて、研究のチャンスへ向けて開かれている窓の幅がどんどん狭まっていくことは明らかであった。

右： カリフォルニア州のローレンス・バークレー国立研究所に設置された円形加速器「ベヴァトロン」〔数十億電子ボルトまで陽子を加速するシンクロトロン〕の遮蔽材の上に立つエドウィン・マクミラン（左）とエドワード・ロフグレン。1950年代。

TR 4
WT 58,000
TR 4
WT 58,000
TR 1
WT 58,000
O.R.4
WT 55,400
O.R.4
WT 57,500
ET 14
WT 6000 LBS.
E IV 13
WT 15 500 LBS

核実験で生まれた元素
アインスタイニウム、フェルミウム

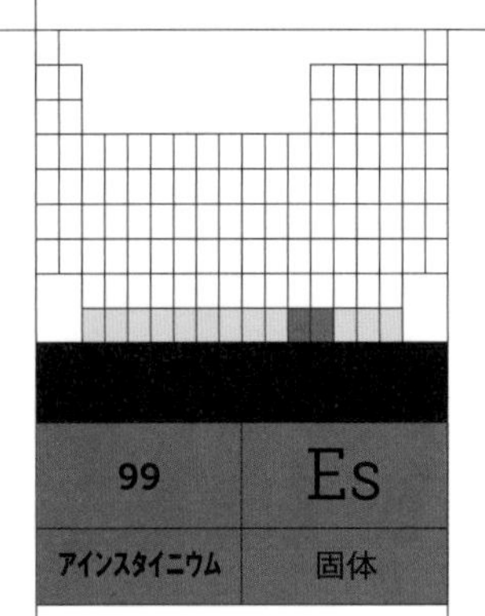

アクチノイド
原子量:(252)

100	Fm
フェルミウム	固体

アクチノイド
原子量:(257)

原子核に膨大な量のエネルギーが閉じ込められていることは、20世紀初め頃から知られていた。1938年に発見されたウランの核分裂は、核分裂プロセスを制御する方法を学べば、そのエネルギーを“手なずけ”、必要に応じて放出できることを示した。第2次大戦末期になると、科学者は、核エネルギーをゆっくりと放出する原子炉と、核エネルギーを1回の恐ろしい爆発で一気に放出する核爆弾の、両方の製造方法を理解していた。

さらに別の可能性も存在した。英国の物理学者フランシス・アストンは、1919年に1個1個の原子や分子の質量を非常に正確に測定する装置を発明し、水素の原子核(陽子)で構成されているはずの他の原子核(たとえばヘリウム)の質量が、水素原子の質量の正確な整数倍ではなく、それよりわずかに軽いことを発見した(陽子とともに原子核を構成する中性子は、当時まだ知られていなかった)。アストンは、核融合と呼ばれるプロセスで核粒子が集まってより重い原子核を形成する際に、アインシュタインの象徴的な関係式である$E=mc^2$によって、失われた質量がエネルギーに変換されたのだと考えた。質量の減少は非常に小さいが、それでもなお、核融合で解放されるエネルギーは莫大であることを意味していた。「コップ1杯の水の中の水素をヘリウムに変えれば、クイーン・メリー号が大西洋を全速力で往復するのに十分なエネルギーが放出されることになるだろう」とアストンは書いている。

間もなく研究者たちは、太陽をはじめとする恒星のエネルギーを生み出しているのがこの核融合プロセスであることを突き止めた。恒星は高密度の水素でできており、その水素は核融合でヘリウムに変化している。太陽の場合、毎秒約6億トンの水素がヘリウムになっている。星の水素の大部分が融合してヘリウムになると、星は収縮し、質量の大きい星では今度はヘリウムの核融合が始まって、炭素や酸素などもっと重い元素ができる。その後の段階では、それらの元素が融合してナトリウム、マグネシウム、ケイ素、鉄などが作られる。太陽の8倍以上の質量を持つ星の場合、その後は超新星爆発を起こし、その過程で中性子捕獲などによって鉄より重い元素が合成される。星は天然の元素工場で、すべての天然元素が核融合によって作られる場なのだ。

フォールアウト(放射性降下物)

核科学者たちは、核融合の際に、核分裂で出るよりも大きなエネルギーが得られる可能性があることに気づいた。このエネルギーを放出させるには、水素を途方もない高密度かつ高温にする必要があるが、それを制御されたやり方で実現するのは容易ではない。水素が核融合している太陽の中と同じ条件を作り出すことはおよそ非現実的だが、重水素(デューテリウム)と三重水素(トリチウム)という同位体は、そこまで極端な条件でなくとも核融合をする。1942年にエンリコ・フェルミとハンガリー系米国人物理学者のエドワード・テラーが、このプロセスをウラン核分裂爆弾の何倍もの威力を持つ「超強力爆弾」に使えることに気付いた。テラーは米国政府に、ナチスやソヴィエト連邦がその方法を発見する前にこのアイディアを追求するよう進言した。

大戦中の「マンハッタン計画」は核分裂爆弾の開発に焦点を合わせていたため、水素爆弾（熱が核反応を誘発することから、熱核爆弾とも呼ばれる）の開発はその後に行われた。最初の水爆実験は「マイク」のコードネームで呼ばれ、1952年に太平洋のマーシャル諸島のエニウェトク環礁で行われた。広島原爆の1000倍の威力を持つ水爆は、爆心地の小島を蒸発させた。その3年後、ソヴィエト初の水爆実験が行われる。互いに核を手にしての睨み合いと相互確証破壊の時代が始まった〔相互確証破壊とは、2つの核保有国の双方が、相手方から先制核攻撃を受けても、残存する核で相手方に耐えがたい損害を与えるだけの報復能力を確保できている状態〕。

ただ、この「マイク」実験では、新しい科学的収穫があった。実験の際にきのこ雲の中を飛んだ航空機に取り付けられていた濾紙と、近くの環礁で採取されたサンゴが、放射性降下物の分析のためにバークレーに送られた。（濾紙のサンプルを採取したジェット機のうち1機は、水爆の電磁パルスで電子機器が攪乱されて進路をはずれ、燃料切れで海に不時着してパイロットが死亡した）。放射化学者たちは、サンプルから原子番号99と100の2つの新元素の証拠を発見した。99番元素は、水爆への道筋を示した有名な方程式$E=mc^2$を唱えた科学者にちなんで、アインスタイニウムと名付けられることになる。100番元素には、原子力の理解と利用に先駆者として貢献したフェルミを称えて、フェルミウムという名が提案された。安全保障上の理由から、この発見は1955年まで発表されなかった。アインシュタインもフェルミも元素名が提案された時にはまだ生きていたが、どちらも新元素の公式発表を見ることはかなわなかった。

超重元素へ向かって

これらの重い元素は、水爆の放射性降下物の中で何をしていたのだろうか？　この水爆では、重水素と三重水素の核融合を開始させるための起爆装置として原爆が使われた。その原爆のウラン原子が中性子を浴びて、新元素が生成したのである。1954年、バークレーの研究チームは、実験室でプルトニウムとカリホルニウムに中性子を照射してこの2つの元素を作ったことを報告した。

上：黒板の前のエンリコ・フェルミ。1940年代頃。[US Department of Energy, Washington, DC.]

その数ヵ月前、スウェーデンのストックホルムにあるノーベル物理学研究所のチームもフェルミウムの生成に成功していた。彼らのアプローチは、超ウラン重元素を作る新しい方法を示すものだった。中性子やアルファ粒子を標的の原子核にぶつけて原子番号を1つあるいは2つ増やしていくのではなく、粒子加速器で酸素イオンをウラン原子核に衝突させて、かなりの数の粒子からなるかたまりを取り込ませたのである。バークレーのグループもその方法を研究していた。これなら、超ウラン元素の列に沿って一気に何ステップも先へ進むことができる。2個の比較的重い原子核を融合させる手法は、その後数十年の間、新しい「超重元素」を作る最大の手段となる。

超フェルミウム元素（108番元素まで）

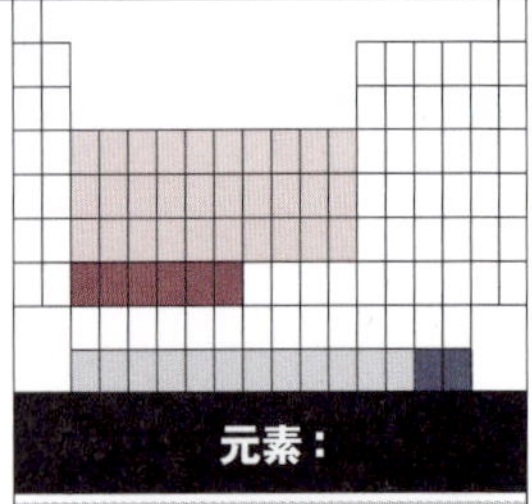

元素：

メンデレビウム 101
ノーベリウム 102
ローレンシウム 103
ラザホージウム 104
ドブニウム 105
シーボーギウム 106
ボーリウム 107
ハッシウム 108

スウェーデンの科学者たちが1954年に「ウランに酸素イオンを衝突させて100番元素を作った」と報告した時、米国やソ連の大規模な研究所で働く手練（てだ）れの元素ハンターたちは、新参の弱小勢力にしてやられた気分になった。しかし、潤沢な資金も高度に充実した設備も持たなくとも、スウェーデン人たちは揺るがぬ決意に支えられた競争者であった。1957年、ストックホルムのチームは102番元素を作った証拠を発表し、ノーベル賞を創設した化学者アルフレッド・ノーベルにちなんでノーベリウムという名前を提案した。しかし、彼らのデータは信頼性が不十分だったため、他の研究者たちはその主張を信じず、確認作業も行われなかった。

いずれにせよ、ソ連のグループがすでに発見の先取権を主張していた。彼らの元素合成研究の中心地はモスクワ近郊のドゥブナにある合同原子核研究所（JINR）で、そこはソ連の国家的科学拠点のひとつであった。研究チームを率いていたのは、ソ連の核爆弾開発計画に携わった経歴を持つ核物理学者のゲオルギー・ニコラエヴィチ・フリョロフである。1956年、フリョロフのチームは、プルトニウムに酸素イオンを照射して102番元素を作ったと発表し、ジョリオチウムという元素名を提案した。この名前は、マリーとピエール・キュリーの娘で、母に続いて1930年代から1940年代にかけて核科学の中心的研究者のひとりとなったイレーヌ・ジョリオ＝キュリーと、その夫の物理学者フレデリック・ジョリオにちなむ（彼は共産主義者だった）。

一方バークレーのチームは1958年に、人工元素キュリウムを含む標的に炭素イオンを衝突させて102番元素を合成し、説得力のある初めての証拠を得たと主張した。競い合うチーム同士が、自分たちの発見した新元素の証拠を発表する一方で、相手の提出した証拠には疑問を投げかけるというこのパターンは、それ以後20年ほどの間、典型として繰り返されることになった。こうした主張のぶつかり合いを、どう解決すればいいだろうか?　当時も現在も、元素発見の報告を評価するのは国際純正・応用化学連合（IUPAC（アイユーパック））である。IUPACは、専門家会議に証拠の評価を依頼する。しかし冷戦時代には、この国際機関さえも東西の争いと無縁ではいられなかった。IUPACは1957年に、102番元素の名称としてスウェーデンが提案した「ノーベリウム」を承認し、その後になって、1956年のドゥブナの発見がスウェーデンの主張より先だったとも認めた。1993年にIUPACは、確実に102番元素の発見を示したのは1966年のドゥブナの論文が最初であるとする報告を出す〔ノーベリウムという名前は、すでに定着しているとしてそのまま残された〕。1980年代末まで、こうした論争によって周期表の最後尾では混乱やいさかいが頻発していた。

104番元素を例に取ろう。ソ連は1964年にプルトニウムとネオンイオンを融合させてこの元素作ったと主張し、ソ連核科学計画の責任者にしてソ連初の核爆弾製造の中心人物だったイーゴリ・クルチャトフにちなんで、クルチャトビウムと呼んだ。しかし、バークレーのアルバート・ギオルソのチームはソ連の主張に異議を唱え、自分たちが1969年に

注：101番以上の元素を「超フェルミウム元素」といい、その中でも104番以上を「超重元素」という。

カリホルニウムと炭素を衝突させて作ったのが104番元素の最初の確実な証拠だと主張した。彼らはこれを原子核の発見者アーネスト・ラザフォードにちなんでラザホージウムと呼んだ。ソ連人も米国人も自分たちの付けた元素名を使って論文や記事を書いたので、やがて、こうした104番以上の超重元素に関する文献は混乱だらけになった。

上: 周期表の更新。103番元素の欄に「Lw」（ローレンシウムの当初の元素記号）を追加する アルバート・ギオルソと、共同研究者のロバート・ラティマー、トルビョルン・シッケラン、アルモン・ラーシュ。1961年。[Photograph by Donald Cooksey, The US National Archives.]

混迷はさらに深まる。JINRのフリョロフのチームは1967年に105番元素合成の証拠を報告し、3年後にニールスボーリウムという長い名前を提案した。この名前は、1912年に量子力学の理論で原子の電子配列を説明できると唱えたデンマークの物理学者ニールス・ボーアに由来する。ギオルソ率いるバークレーのチームは3年後に自分たちの実験の成果を発表し、核分裂の発見者オットー・ハーンにちなむハーニウムを提案した。106番元素でも同じことが繰り返された。107番元素の時には、第三の参戦者としてドイツのダルムシュタットにある重イオン研究所（ドイツ語略称GSI）が現れた。GSIは重いイオン（カルシウムやクロムなど）をビスマスなどの標的に衝突させることに特化した粒子加速器を持っており、それを使って、重い原子核（ウランなど）に小さな塊（炭素など）を加えるのではなく、中間的な大きさの原子核2個を合体させる新戦略を打ち立てた。GSIのチームは107番元素を1981年に作ったと発表したが、ドゥブナのグループは、自分たちはその5年前に作っていたと主張した。

1985年、IUPACはIUPAP（国際純粋・応用物理学連合）と共同で、101～112番元素に関する多様な主張を評価するための「超フェルミウム作業部会」を設置した。作業部会は1992年に決定を発表し、一部のケースでは先取権の明確な決定は不可能だと宣言した。どんな科学にも、ある結果の信憑性が高いと考えることはできても、決定的に正しいとは言い切れない場合はたしかにある。しかし、名前は決めねばならない。作業部会は1994年に、104番元素をソ連グループに敬意を表してドゥブナにちなむドブニウム、105番元素をジョリオチウム、106番元素を104番元素に提案されていたラザホージウムと呼ぶという裁定を示した。107番元素はボーリウム、108番元素はハーニウムとされた。

たちまち反対意見が噴出した。108番元素の先取権を得たドイツのチームは、オットー・ハーン由来の元素名を望まず、かわりに重イオン研究所の所在地であるドイツのヘッセン州にちなむハッシウムを主張した。それ以上に物議を醸したのは、バークレーの米国人たちが、1994年から106番元素をグレン・シーボーグにちなんでシーボーギウムと呼びはじめていたことである。この分野におけるシーボーグの多大な貢献には誰も文句のつけようがなく、適切な名前だとも言えるが、問題はシーボーグがその時まだ生きていたことだった。

論争は続く

それまで、存命者にちなんで命名された元素はなかった。その点に関するルール自体がなかった。アインスタイニウムもフェルミウムも、提案された時にはふたりとも生きていた。どうやらIUPACは、存命者の名前をつけないことをこの時点で伝統として定めるつもりだったようである。しかし、米国化学会の反発に直面して、IUPACは折れた。かくして1997年に名前の付け直しが行われ、104番はラザホージウム、105番はドブニウム、106番はシーボーギウム、108番はハッシウムになった。

一連の出来事は「超フェルミウム戦争」と呼ばれ、核化学の世界がナショナリズム、ショーヴィニズム、勝利至上主義、利己主義の温床であることを露呈しているように見えて、核化学にとっていいことはなかった。そのうえ、先取権や命名に関する議論ばかりが目立ち、これらの元素が化学的にどのようなものかという真に重要な問題を背後に追いやってしまう危険性があった。超重元素は、質量が大きくなるにつれて寿命がどんどん短くなり、その生成の頻度は少なくなった。そのため、答えを見つけるために必要な技術と工夫も、ますます増えていった。

シーボーギウムの場合、GSIでの典型的な生成率は1日にわずか原子数個で、しかも1990年代に知られていた同位体の中で最も半減期の長いものですら、単位は秒であった（現在の最長記録は、2018年にJINRが報告したシーボーギウム269の14分）。そこでGSIの研究者たちは、元素生成のための衝突の残骸の中からシーボーギウム原子を非常に迅速に分離して取り出し、ガスの流れる管を通して実験チャンバーに運び、わずかな数の原子を酸素のような化学物質と反応させて化合物を作り、それを即座に分析するまでの全プロセスを数秒で行う、特殊な実験システムを考案した。この実験でシーボーギウム原子を捉えることを可能にしているのは、シーボーギウム原子が壊変するという事実そのものである。壊変時に特徴的なエネルギーレベルのアルファ粒子が放出されることで、シーボーギウムの存在を確認できる。このようにして、研究者たちはシーボーギウムの化合物の組成や溶解度などの性質を解明してきた。彼らはボーリウムやハッシウムもこの方法で研究することに成功しているが、109番元素以上の原子になると、一般に半減期が短すぎて、十分な実験結果が得られる前に時間切れになる。

超重元素の化学的性質を解明しようとするあくなき探求心の原動力になっているのは、人工的な超重元素という特殊な領域においてもなお元素の周期の体系は機能しているのかどうか、という疑問である。元素を組織的に分類するための枠組みである周期律が、超重元素という極端な領域では崩壊しはじめることがあるのだろうか？

右ページ：カリフォルニア州のローレンス・バークレー国立研究所で、超ウラン元素を黒板に記すグレン・シーボーグ。1951年11月。[The US National Archives.]

94-Plutonium
95-Americium-63-Europium
96-Curium -64-
97- -65-Terbium
-66-

周期表の最果て

元素：

マイトネリウム 109
ダームスタチウム 110
レントゲニウム 111
コペルニシウム 112
ニホニウム 113
フレロビウム 114
モスコビウム 115
リバモリウム 116
テネシン 117
オガネソン 118

冷戦の終結とともに超フェルミウム戦争も終わり、新しい超重元素の探索はずっと協力的に行われるようになった。これは地政学的な関係の変化だけを反映したものではなく、探索の難度の高さからくる必然という面もある。周期表を108番元素の先まで拡張するのは非常に困難な作業で、異なる国々のチームが助け合う必要がある。サンプルを共有し、互いに主張のチェックや検証を行い、専門的な知識や技術を提供しあわなければ、目的を達成できないのである。

それ以上に重要なのは、このゲームが「次の超重元素を最初に発見すること」以上に大きな意味を持っている点である。新元素発見という恐るべき難題に立ち向かう各チームは、これまでに判明した内容をより強固で確実なものにすることにも大きな力を注いでいる。すなわち、既知の超重元素をより多くの量作ってその性質を研究したり、肥大して分裂しやすいこれらの原子の安定性は何によって決定されているのかをより深く理解しようとしたりしている。

1981年から1996年にかけて、ドイツの重イオン研究所（GSI）のチームは107番から112番までのすべての元素を作った。112番元素は、16世紀に太陽を中心とする宇宙モデルを提唱した天文学者ニコラウス・コペルニクスにちなんで、コペルニシウムと名付けられた。（コペルニクスは原子とも化学とも関係がないので、興味深い選択だった）。この元素は、1996年に亜鉛イオンのビームを鉛原子の標的に衝突させることで初めて発見された。中程度の大きさで同じくらいの質量を持つ2種類の元素の原子核の融合は、「冷たい核融合」法と呼ばれる。非常に重い元素の原子核を出発点にして、そこにもっとずっと小さな原子核を撃ち込む場合よりも、核同士の融合に必要なエネルギーが少なくて済むからである。112番元素の発見を検証する多くの実験が行われた末、公式にGSIの主張が確認されたのは、2009年になってからだった。

いまや世界の元素合成者たちは、周期表の最下段の右端まで、118種類の元素のリストをすべて完成させる偉業を成し遂げた。118番元素は、貴ガスの列の一番下に位置する。2002年に初めてこの元素を同定したのはユーリィ・オガネシアン率いるロシアのJINRのチームで、2006年にJINRとローレンス・リバモア国立研究所（米国）の共同研究で確認された。そのため118番元素はオガネソンと命名された。存命中の科学者にちなむ命名はシーボーギウムに続いて2例目である。カリホルニウムとカルシウムイオンの融合によって生成した118番元素が初めて検出された時、できた原子はたった1個か2個で、半減期わずか0.69ミリ秒でアルファ壊変を起こした。

このようなかすかで一瞬の“元素目撃”は、確信を持つことも確認することも難しい。2015年12月、IUPACとIUPAPの審査委員会は、ドゥブナとリバモアの共同研究が、115番、117番、118番元素について説得力のある証拠を報告したと宣言した。2003年にJINRで初めて確認された115番元素は、モスコビウムと命名された（ドゥブナはモスクワ州にある）。最も新しく発見された117番元素は、2016年にテネシンの名を得

右ページ：ドイツのダルムシュタット近郊にあるGSIヘルムホルツ重イオン研究センターで新元素の合成に使われている線形加速器UNILAC（UNIversal Linear ACcelerator）の構造部。

た。合成された場所はJINRだが、実験で使われた標的用バークリウムは米国テネシー州のオークリッジ国立研究所で製造されたからである。2008年12月に、オークリッジで22ミリグラムのバークリウムが抽出された。バークリウムの半減期は330日で、そのうち90日はこの元素の精製に費やされた。JINRのコライダー〔粒子衝突型加速器〕で実験するためには、それをドゥブナまで輸送せねばならない。鉛の容器に密封された強い放射能を持つ物質を国際小包で送るには、厳しい事務手続きが必要である。ニューヨークからモスクワへの最初のフライトでは、書類が米国に置き去りにされたことで、荷物は返送された。2度目の発送ではロシアの税関職員が書類の不備を発見し、再び荷は米国に送り返された。合計で5回の大西洋横断飛行をしてついに通関を認められるまでの間に、貴重なバークリウムの原子はどんどん減っていった。過度に仕事熱心なロシアの税関職員は、通関時に開封して確認しようとまでしたが、それは非常にまずいと説得されてあきらめた。150日間にわたってカルシウムイオンをバークリウムに照射し続けたのちの2010年4月、ロシアとアメリカのチームは、117番元素の原子を6個確認したと発表した。

IUPAC／IUPAP委員会はまた、2004年に日本の和光市にある理化学研究所仁科加速器研究センターのチームによって113番元素が初めて作られたことを発表した。理研チームは、GSIが開拓した「冷たい核融合」アプローチ（理論はユーリィ・オガネシアンが開発）を用いて、亜鉛イオンをビスマス標的に照射して融合させた。これは日本で発見された初めての元素で、国名にちなんでニホニウムと命名された。

これらの極端な超重元素をめぐる重要な疑問のひとつは、周期表の根底にある「化学的挙動の周期性」が維持されているのかどうかという点である。重い元素では、1905年にアインシュタインが提唱した特殊相対性理論（高速で移動する物体に関する理論）に従って、周期表の傾向が崩れる可能性があるのだ。これらの原子の最も内側にある電子のエネルギー、ひいてはその速度は、高電荷の原子核との強い静電相互作用のために非常に大きくなりうるため、特殊相対性理論の予言どおり、電子の質量も大きくなっている可能性がある。それはつまり、電子はより原子核に近い位置へと引き寄せられ、外側にある電子を原子核の電荷からより効率的に遮蔽するということである。この「相対論的効果」は外側の電子のエネルギーを変化させ、原子の化学反応性に影響を及ぼす。相対論的効果は、私たちがよく知っている元素の性質にも見て取ることができる。たとえば、金が金色をしていることや水銀の融点の低さなどがそうである。ドブニウム（105番元素）のような超フェルミウム元素の化学的挙動にも、相対論的効果の影響が見られる。

しかし、極めてサイズの大きい超重元素は一度に原子1個か2個しか生成せず、しかも急速に壊変するため、化学的性質の解明はほとんど不可能である。それでも、これまでにいくつかの手がかりは得られている。比較的シンプルで迅速な手法として、原子が気体から固体表面にどの程度強く吸収されるかを測定するというものがある。たとえば、GSIの実験では、フレロビウム（114番元素）はすぐ上の元素（鉛）に似て金属的であるが反応性は低いことや、ニホニウム（113番元素）は金の表面に強い化学結合を形成することが示されている。

こうした極端に重い原子では、最終的には化学的挙動の規範が完全に崩れてしまうかもしれない。元素がどのように反応するかは、電子がどのように電子殻に配列されているかによって決まる。しかし、原子核があまりにも巨大になると、電子殻そのものがぼやけ始め、電子の軌道はこれまでのイメージと全く違ったものになり、単純な説明が一切通用しなくなるかもしれない。オガネソンはそういう状態だと予測されている。オガネソンは、これまでに実験的に観測されている唯一の同位体も半減期が1ミリ秒未満で、その化学的性質について実験ではまだ何もわかっていない。そのため、研究者は量子力学の方程式から計算で導かれる予測に頼らざるを得ない。そうした予測によれば、オガネソンは電子の雲がどろどろした混沌状態かもしれず、周期表の同じ列の上の方にある貴ガスとは異なっているとみられる。他の貴ガスよりも化学結合をしやすく、もしも多数のオガネソン原子を一度に作ることができれば、原子同士がバラバラに離れた気体ではなく、集まって固体を形成するだろうとする説もある。

安定性を求めて

多くの研究者は、今後何年かのうちに119番元素と

上：113番元素の発見で命名権を認められ、周期表の113番の位置を指さす日本の理研グループのリーダー、森田浩介。2015年。後にこの元素はニホニウムと命名された。

120番元素を発見できる見込みがあると楽観視している。しかし、その生成率はごくわずかになると予想される。1日に原子1～2個の検出ではなく、現在の技術では数ヵ月から1年に1個見つかるかどうかという程度だろう。これは長期にわたって続くゲームであり、並はずれた辛抱強さが必要なのだ。

ただし、核科学者たちは「安定性の島」と呼ばれる場所――原子核の陽子と中性子を「特別な」数だけ持つ同位体――が存在すると推測している。実は、原子の内部で電子の配列が殻構造をなしているように、原子核の陽子と中性子にも殻構造がある。電子の殻構造は、特定の電子配列の元素に特別な安定性を与える（最外殻が完全に電子で満たされた貴ガスはその最たる例）。同様に、原子核に安定性を与える陽子と中性子の「魔法数」が存在する。推定される「安定性の島」の焦点は、超重元素のなかで「二重の魔法数」を持つ（つまり、陽子数と中性子数の両方が魔法数の）原子核である。

二重の魔法数を持つ原子核の最有力候補は、陽子114個、中性子184個のフレロビウム298という同位体である。このような同位体が特に安定であることが証明されれば、そのなかには、できた原子を徐々に蓄積してそれなりの量にできるくらい長寿命のものがあるかもしれない。しかし、超重元素の空間に安定性の島が本当にあるかどうかはまだわからないし、あったとしても、すぐにそこに到達するのは非常に難しいだろうと科学者たちは考えている。何世紀にもわたって続いてきた新元素の探求はずっと続くのだろうか、それとも私たちはもう道の果てに近づいているのだろうか？　ひとつたしかなのは、新元素発見を目指す元素ハンター（今ではむしろ元素合成者）たちの決意が揺らぐことはないだろうということである。

引用の出典

p.14: 宇宙の身体は〜 =プラトン『ティマイオス』。

p.16: 初期の哲学者のほとんどは〜 =アリストテレス『形而上学』第1巻第3章

p.18: 組み合わさり、凝固し、世界に存在するものを〜 =B. Pullman, *The Atom in the History of Human Thought*, p.14. Oxford University Press, 1998.

p.19: 164ポンドの木、樹皮、根が〜 =J. B. van Helmont, *Oriatrike or Physick Refined*, transl. J. Chandler. Lodowick Loyd, London, 1662.

p.21: 地球を取り巻く空気は、必然的に〜 =アリストテレス『気象論』第1巻第3章

p.22: すべてのものごとは、争いと必然に〜 =Text designated DK22B80 in the collection of Presocratic sources collected by Hermann Diels & Walther Kranz, *Die Fragmente der Vorsokratiker*. Weidmann, Zurich, 1985.

p.24: すべては土から生まれ〜 =Pullman, p.19。

p.25: 土は中心に位置し〜 =J. C. Cooper, *Chinese Alchemy*, p.89. Sterling, New York, 1990.

p.27: これらすべての物体は〜 =プラトン『ティマイオス』

p.28: 神はこれを天全体の〜 =プラトン、同上

p.33: もしわれわれの欲望が〜 =R. P. Multhauf, *The Origins of Chemistry*, p95. Gordon & Breach, 1993.

p.45: 折り重なる狼のように〜 =Lord Byron, 'The Destruction of Sennacherib' (1815).　同頁: 紀元前6世紀のギリシャ文明は〜 =T. K. Derry & T. I. William, *A Short History of Technology*, p.122. Clarendon Press, Oxford, 1960.

p.46: 浸炭鋼とは、鉄が〜 =C. S. Smith, 'The discovery of carbon in steel', *Technology and Culture* 5, 149-175 (1964), here p.171.

p.52: 死者を目覚めさせることが〜 =H. M. Pachter, *Paracelsus: Magic Into Science*, p.137. Henry Schuman, New York, 1951.

p.54: 奈落(タルタロス)の硫黄と異様な火 =J·ミルトン、『失楽園』(1667)、第2巻

p.61: 火から取り出したばかりの〜 =J. Emsley, *The Shocking History of Phosphorus*, p.32. Macmillan, 2000.　同頁: 人間の体内 =ibid, p.34.

p.62: 血のように赤い雫、甘さにおいて〜 =L. Thorndike, *A History of Magic and Experimental Science*, Vol. III, p.360. Columbia University Press, New York, 1934.

p.72: 私が、同じキミスト〜 =R·ボイル『懐疑的な化学者』(1661)

p.73: 四元素を取り出せない物質〜 =『懐疑的な化学者』　同頁: ある種の原始的で単純な〜 =同上

p.78: 古代の人々には知られて〜 =P. Wothers, *Antimony, Gold, and Jupiter's Wolf*, p.32. Oxford University Press, 2019.　同頁: Bissamuto と呼ばれる〜 =A. Barba, *The Art of Metals*, pp.89-90. S. Mearne, London, 1674.

p.83: もうひとつ、一般には知られて〜 =G. Agricola, *De Re Metallica*, p.409. transl. H. C. Hoover & L. H. Hoover. Dover, 1950.　同頁: Zinkは、Calamy(カドミア)よりも〜 =G. E. Stahl, *Philosophical Principles of Universal Chemistry*, p.335. John Osborn & Thomas Longman, London, 1730.　同頁: スズによく似ているが〜 =Wothers, p.58.　同頁: ヨーロッパのキミストには知られて〜 =R. Boyle, *Essays of the strange subtility great efficacy determinate nature of effluviums*, p.19. M. Pitt, London, 1673.

p.84: 非常に腐食性が強い〜 =Agricola, 前掲書p.113.

p.87: 同じ色のさまざまな =Theophilus, *On Diver Arts*, p.59. Dover, New York, 1979.

p.88: 本当に毒性が強い(…)注意せよ =Cennino Cennini, *The Craftsman's Handbook*, transl. D. V. Thompson, p.28 . Dover, New York, 1933.

p.90: これと付き合うのは避ける〜 =ibid, p.28.

p.93: 完全に火で融かされた〜 =J. B. van Helmont, *Oriatrike, or, Physick Refined*, p.615. Lodowick Loyd, London, 1662.　同頁: 新種の金属の金属灰 =T. Bergman, *Physical and Chemical Essays*, Vol. 2, p.202. J. Murray, London, 1784.

p.98: 新しい惑星の発見が〜 =M. Klaproth, *Analytical Essays Towards Promoting the Chemical Knowledge of Mineral Substances*, Vol. 1, p.476. T. Cadell, London, 1801.

p.106: 病的なまでに内気で〜 =C. Jungnickel & R. McCorrmach, *Cavendish: The Experimental Life*, p.304. Bucknell, 1999.

p.110: しばらくの間、私の呼吸は〜 =J. Priestley, *Experiments and Observations of Different Kinds of Air*. J. Johnson, London, 1775.

p.119: このふたつの〜 =S. Tennant, 'On the nature of the diamond', *Philosophical Transactions of the Royal Society* 87, 123-127, here p.124 (1797).

p.127: 1823年の冬の厳しい寒さ〜 =M. Faraday, 'On fluid chlorine', *Philosophical Transactions of the Royal Society* 113, 160-165, here p.160 (1823).

p.128: 火はそれを融かし~ =G. Agricola, *De natura fossilium*, transl. M. C. Bandy & J. A. Bandy, p.109, footnote. Mineralogical Society of America, New York, 1955.

p.132: 灰色で非常に硬く~ ='H. V. C. D.', *Journal of Natural Philosophy, Chemistry, and the Arts*, July, pp.145-146 (1798). 同頁: この物質の美しいエメラルド色~ =R. Newman, 'Chromium oxide greens', in E. West Fitzhugh (ed.), *Artists' Pigments: A Handbook of Their History and Characteristics*, Vol. 3, p.274. National Gallery of Art, Washington, DC, 1997.

p.134: 絵画に役立つと期待できる =F. Stromeyer, 'New details respecting cadmium', *Annals of Philosophy* [translated from *Annalen de Physik*], 14, pp.269-274 (1819).

p.140: 原子とはドルトン氏が~ =W. H. Brock, *The Fontana History of Chemistry*, p.128. Fontana, 1992. 同頁: 科学の利益と(ドルトン)自身の~ =J. Dalton, *A New System of Chemical Philosophy*, Preface, v. R. Bickerstaff, London, 1808.

p.147: はっきりした金属光沢を持つ(…)爆発的に燃えた =H. Davy, 'The Bakerian Lecture: On some new phenomena of chemical changes produced by electricity, particularly the decomposition of the fixed alkalies…', *Philosophical Transactions of the Royal Society* 98, 1-44, here p.5 (1808). 同頁: 部屋の中で狂喜乱舞した =H. Davy (ed. J. Davy), *The Collected Works of Sir Humphry Davy*, Vol. I, p.109. Smith, Elder & Co., London, 1839-40. 同頁: 瞬時に爆発して~ =Davy, 'The Bakerian Lecture', p.13.

p.148: 水に投げ込むと~ =Davy, *The Collected Works*, op. cit., p.245.

p.150: その方が広く知られて~ =L. B. Guyton de Morveau, *Method of Chymical Nomenclature*, transl. S. James, p.49. G. Kerasley, London, 1788.

p.155: 何人かの冷静で思慮深い~ =H. Davy, *Elements of Chemical Philosophy*, p.350. J. Johnson & Co., London, 1812. 同頁: 暗灰色の金属膜 =ibid.

p.156: 濃いオリーブ色 =Davy, *Elements of Chemical Philosophy*, p.316. 同頁: ホウ素は他のどの物質より~ =ibid, p.314.

p.158: それらに作用する別の手段~ =Davy, *Collected Works*, op. cit., Vol. IV, p.116. 同頁: 金属物質の膜=ibid., p.120 同頁: 金属的な輝きを持たない~ =ibid., p.121. 同頁: 黒鉛に似た黒い粒子 =ibid., p268. 同頁: 金属的な光沢を持つ~ =*Elements*, p.263.

p.159: 金属の性質を持つことを~ =T. Thomson, *A System of Chemistry*, Vol. I, p.252. Baldwin, Cradock & Joy, London, 1817.

p.163: 目からうろこが落ちたよう~ =W. A. Tilden, 'Cannizzaro Memorial Lecture', in D. Knight (ed.), *The Development of Chemistry 1798-1914*, 567-584, here p.579. Routledge, London, 1998.

p.164: 夢の中で、すべての元素が~ =B. M. Kedrov, 'On the Question of the psychology of scientific creativity (on the occasion of the discovery of D. I. Mendeleev of the periodic law)', *Soviet Psychology* 5, 18-37 (1966-67).

p.170: 均質で均一で透明な媒質~ =T. Birch, *The History of the Royal Society*, Vol. 3, 10-15, here p.10 (1757). 同頁: 惑星間や恒星間の広大な~ =W. D. Niven (ed.), *The Scientific Papers of James Clerk Maxwell*, Vol. 2, LIV, pp.311-323, here p.322. Cambridge University Press, 1890.

p.171: 電線も電柱もケーブルも~ =W. Crookes, 'Some possibilities of electricity', *Fortnightly Review* 51, 175 (1892).

p.173-174: 互いに近接した2 本の見事な青い線 =G. Kirchhoff & R. Bunsen, 'Chemical analysis by spectrum-observations', Second Memoir, *The London, Edinburgh, and Dublin Philosophical Magazine and Journal of Science*, 22, p.330. 1861. 同頁: その元素の白熱した蒸気が~ =ibid.

p.176: 発見されるのを待っている =W. H. Brock, *William Crookes (1832-1919) and the Commercialization of Science*, p.63. Ashgate, Aldershot, 2008. 同頁: 疑いがあるスペクトルを~ =ibid.

p.176: タリウムのスペクトルが見せてくれる =W. Crookes, 'Further remarks on the supposed new metalloid', *The Chemical News* 3(76), p.303 (1861).

p.181: 何かにおうぞ、と~ =M. W. Travers, *A Life of Sir William Ramsay*, p.145. Edward Arnold, London, 1956.

p.182: 少なくとも、(そうした)化合物が~ =W. Ramsay, *The Gases of the Atmosphere: The History of Their Discovery*, p.195. Macmillan, London, 1915.

p.183: 3本の明るい輝線を持つ~ =H·G·ウェルズ『宇宙戦争』

p.184: 真紅の光の炎 =M. W. Travers, *The Discovery of the Rare Gases*, pp.95-6. Edward Arnold, London, 1928.

p.186: この問題はまったく新しく~ =C. Nelson, *The Age of Radiance: The Epic Rise and Dramatic Fall of the Atomic Era*, p.25. Scribner, New York, 2014.

p.187: 私はこの新しい仮説を~ =R. W. Reid, *Marie Curie*, p.65. Collins, London, 1974.

p.187: この金属の存在が確認された~ =S. Quinn, *Marie Curie: A Life*. Da Capo Press, 1996.

p.188: 濃縮したラジウムを含む~ =M. Curie, *Pierre Curie*, p.49. Dover, New York, 1963. 同頁: 私たちの楽しみのひとつは~ =ibid., p.92.

p.208: コップ1杯の水の中の水素~ =R. Rhodes, *The Making of the Atomic Bomb*, p.140. Simon & Schuster, New York, 1986.

もっと知りたい人のために

G. Agricola, *De Re Metallica*, transl. H. C. Hoover & L. H. Hoover. Dover, 1950.

H. Aldersey-Williams, *Periodic Tales*. Penguin, 2011.（邦訳:ヒュー・オールダシー＝ウィリアムズ『元素をめぐる美と驚き』安部恵子ほか 訳、早川書房、2012）

P. Ball, *The Elements: A Very Short Introduction*. Oxford University Press, 2004.

W. H. Brock, *The Fontana History of Chemistry*. Fontana, 1992.（邦訳:W・H・ブロック『化学の歴史 I・II』大野誠、梅田淳、菊池好行 訳、朝倉書店、2003、2006）

K. Chapman, *Superheavy: Making and Breaking the Periodic Table*. Bloomsbury, 2019.（邦訳:キット・チャップマン『元素創造——93〜118番元素をつくった科学者たち』渡辺正 訳、白揚社、2021）

J. Emsley, *Nature's Building Blocks*. Oxford University Press, 2001.（邦訳:John Emsley『元素の百科事典』山崎昶 訳、丸善株式会社、2003）

M. D. Gordin, *A Well-Ordered Thing: Dmitrii Mendeleev and the Shadow of the Periodic Table*. Basic Books, 2004.

T. Gray, *The Elements*. Black Dog, 2009.（邦訳:セオドア・グレイ『世界で一番美しい元素図鑑』武井摩利 訳、若林文高 監修、創元社、2010）

R. Mileham, *Cracking the Elements*. Cassell, 2018.

R. P. Multhauf, *The Origins of Chemistry*. Gordon & Breach, 1993.

B. Pullman, *The Atom in the History of Human Thought*. Oxford University Press, 1998.

E. Scerri, *The Periodic Table: Its Story and Its Significance*, 2nd edn. Oxford University Press, 2020.（初版の邦訳:Eric R. Scerri『周期表 —成り立ちと思索—』馬淵久夫ほか 訳、朝倉書店、2018）

E. Scerri, *The Periodic Table: A Very Short Introduction*. Oxford University Press, 2019.（初版の邦訳:Eric R. Scerri『周期表 -いまも進化中』渡辺正 訳、丸善出版、2013）

E. Scerri, *A Tale of Seven Elements*. Oxford University Press, 2013.

P. Wothers, Antimony, *Gold, and Jupiter's Wolf*. Oxford University Press, 2019.

写真クレジット

複製された作品については著作権者を突き止めるために最善の努力を払ったが、もしも不注意による見落としがあれば出版社として遺憾に思うものである。以下に記載する画像は、その所有者、使用許諾者、または以下の所蔵機関の好意により提供された。

Alamy Stock Photo: 16 (The Picture Art Collection); 21 (Granger Historical Picture Library); 35 top (Album); 44 (www.BibleLandPictures.com); 45 (FLHC 40); 55 top (Laing Art Gallery, Newcastle-upon-Tyne/Album); 55 bottom (Biblioteca Medicea Laurenziana, Florence); 56 (CPA Media Pte Ltd); 70–71 (Science History Archive), 76 top (Interphoto); 125 (Institution of Mechanical Engineers/Universal Images Group North America LLC)

© akg-images: 42 (SMB, Antikenmuseum, Berlin/ Bildarchiv Steffens); 87 (Topkapi Museum, Istanbul/Roland and Sabrina Michaud); 74–75 (Annaberg, Sachsen, Stadtkirche St. Annen)

Annaberg-Buchholz (St Ann's Church) / Wikimedia Commons (PDM): 96–97

Bayerische Staatsbibliothek München, Chem. 118 d-1, p.457 (detail): 162 bottom

Bethseda, The National Library of Medicine: 188 bottom

Biblioteca Civica Hortis, Trieste (PDM): 57 top

Biblioteca General de la Universidad de Sevilla (CC 1.0): 47

Bibliothèque nationale de France, département Estampes et photographie: 157 top

The British Library, London (PDM 1.0): 14, 53

Cavendish Laboratory, University of Cambridge, after J. B. Birks, ed., Rutherford at Manchester (London: Heywood & Co., 1962) p.70: 195

Deutsches Museum, Munich: 178

Edgar Fahs Smith Collection, Kislak Center for Special Collections, Rare Books and Manuscripts, University of Pennsylvania: 162 top

© E. Galili: 40

© Ethnologisches Museum der Staatlichen Museen zu Berlin – Preußischer Kulturbesitz (bpk); Photo: Ines Seibt: 33

Finnish Heritage Agency – Musketti (CC by 4.0): 139

Francis A. Countway Library of Medicine, Harvard: 129, 186

Gerstein – University of Toronto: 79, 120

Getty Images: 18 (© DEA / G. Nimatallah/De Agostini); 59 (Derby Museum and Art Gallery); 99, 133 (Fine Art Images/Heritage Images); 149 (Hulton Archive); 160–161 (Bettmann); 164 bottom, 184 bottom; 190–191 (Corbis); 193 top; 194 (© Science Museum /SSPL); 217 (Kazuhiro Nogi/Afp)

Getty Research Institute, Los Angeles: 15, 23, 41, 63, 64 (right), 80

GSI Helmholtzzentrum für Schwerionenforschung GmbH; photo: A. Zschau: 215

© Gun Powder Ma/Wikimedia Commons (CC0 1.0): 43

© History of Science Museum, University of Oxford: 11

Homer Laughlin China Company, 'Fiesta' is a registered trademark of the Fiesta Tableware Company; Photo: courtesy Mark Gonzalez: 100

© Institute of Nautical Archaeology, Texas: back cover left, 86 bottom

J. Paul Getty Museum, Villa Collection, Malibu, California: 12–13, 35 bottom

Library of Congress, Washington DC: 49, 119, 185 (Prints and Photographs Division); 107 (Rare Book and Special Collections Division)

The Linda Hall Library of Science, Engineering & Technology, courtesy of: 130, 201

Manna Nader, Gabana Studios, Cairo, by kind permission: 30–31

Marco Bertilorenzi, after 'From Patents to Industry. Paul Héroult and International Patents Strategies,1886-1889' (2012): 159 right

Marzolino/Shutterstock.com: front cover

The Metropolitan Museum of Art, New York: 34, 38, 46 bottom, 90, 111

© Michel Royon / Wikimedia Commons (CC BY 2.0): 153 top

Ministry of Tourism and Antiquities, Cairo, courtesy Egymonuments.gov.eg; Photo: Ahmed Romeih – MoTA: 153 bottom

Musée Curie (Coll. ACJC), Paris: 188 top

Naples, by permission of the Ministry for Cultural Heritage and Activities and for Tourism – National Archaeological Museum; photo: Luigi Spina, inv. 5623: 20

National Central Library of Florence: 117

National Galleries of Scotland: 114

National Gallery of Art, Washington, DC. Samuel H. Kress Collection: 87

National Gallery, London: 134

Natural History Museum Library, London: 123, 179, 180

National Library of Norway, via Project Runeberg, DRM Free: 86 top

National Museum of China, Beijing/photo: BabelStone//Wikimedia Commons (CC BY-SA 3.0): 57 bottom

National Portrait Gallery, Mariefred, Södermanland: 84

Oak Ridge National Laboratory, PDM: 205

Philip Stewart, 2004, by kind permission: back cover centre, 166–167

© The President and Fellows of St John's College, Oxford: 21

Qatar National Library: 126

Rawpixel Ltd (CC0), via Flickr: 168–169

© 2010-2019 The Regents of the University of California, Lawrence Berkeley National Laboratory: 198, 200, 211 (Photo: Donald Cooksey); 199, 120 (Photo: Marilee B. Bailey); 204, 206–207 (Photolab); 197 (Photo: Roy Kaltschmidt).

The National Library of Scotland, Reproduced with the permission of: 155

The Royal Library, Stockholm, Archive of Swedish cultural commons: 138

The Royal Society, London: 56 bottom (CLP/11i/21 – detail), 127

Schlatt, Eisenbibliothek: 89

Science & Society Picture Library – All rights reserved: 141 (© Museum of Science & Industry); 165, 177 (Science Museum, London)

Science History Institute, Philadelphia (PDM 1.0), courtesy of: 48 top, 72, 64 left, 65, 72, 93, 95, 105, 109, 116 (Douglas A. Lockard), 124, 135, 163, 172, 173, 175, 181

Science Photo Library, London: front cover left, 121; 148 (Royal Institution Of Great Britain); 150–151 (Sheila Terry); 174 (Rhys Lewis, Ahs, Decd, Unisa / Animate4.Com)

SLUB Dresden / Deutsche Fotothek: 50–51

Smithsonian Libraries, Washington, courtesy of, via BHL: 27, 76 bottom, 92, 154

Stadtarchiv Wesel, O1a, 5-14-5-02: 196

Stanford Libraries, courtesy, David Rumsey Map Center (PURL https://purl.stanford.edu/bf391qw5147): 26 (The Robert Gordon Map Collection), 28 (The Barry Lawrence Ruderman Map Collection); front cover centre, 29 (Glen McLaughlin Map Collection of California)

Statens Museum for Kunst, Copenhagen: 158

© Szalax / Wikimedia Commons (CC by 4.0): 37

Tekniska museet, Photo: Lennart Halling, 1960-11: 137

Topkapi Sarayi Ahmet III Library, Istanbul/ Wikimedia Commons (CC BY 4.0): back cover right, 7

© The Trustees of the British Museum: 39, 82

University of California Libraries, via BHL: 183, 193 bottom

University of Illinois Urbana-Champaign, via BHL: 17

University of Miskolc: 66

United States Department of Energy, Office of Public Affairs, Washington: 198, 209; 203 (Special Engineering Detachment, Manhattan Project, Los Alamos, Photo: Jack Aeby)

United States Patent and Trademark Office, www.uspto.gov: 48 bottom, 159 left

Vassil/Wikimedia Commons (PDM): 85

Victorian Web, photo: Simon Cooke: 184 top

The Walters Art Museum, Baltimore (CC0): 24, 62

Wellcome Collection, London (CC BY 4.0): front cover right, endpapers, 25, 67 both, 68, 72, 77, 81, 83, 91, 101, 102–103,108, 112, 115, 128, 132, 140, 142–143, 144, 145, 146, 147, 152, 164 top, 170, 176, 182, 187 both, 189

Wikimedia Commons (PDM): 122

Yoshida-South Library, Kyoto University: 10

さくいん

斜体の数字は図版

28 jours — tube capillaire, pour mettre lang

2 jours — ½

0,7 mm diamètre intérieur

en ouvrant pas odeur ozone

après 0 — violent

½ heure après après 61 (3e) — 2000 — 18s

2 jours (175)

agissant à travers aluminium

rien

6h avec air à travers galaz

2000 — 3s (app 0)

le même que pour vide mais galaz changé aspect

6h avec air à travers paraf

de même que pour vide

2000 3s ap. 0